U0221266

先进陶瓷自固化凝胶成型

王士维 著

科学出版社

北京

内 容 简 介

  自固化凝胶成型源于笔者团队发现的陶瓷浆料自发凝胶固化现象,已发展成为一种新型的陶瓷浆料原位固化成型方法,其基本原理是通过吸附在陶瓷颗粒表面的分散剂分子链间的弱作用(疏水缔合)实现浆料的凝胶固化,具有普适性和适于常温大气环境操作的特点,已引领国内外研究者开展各类先进陶瓷的成型工作。本书从实验现象出发,阐明机理,设计和合成系列分散凝胶固化成型剂,开发了国际领先的大尺寸陶瓷部件制备技术,自成体系;相关技术实现推广应用,取得了良好的经济效益和社会效益。

  本书适合从事先进陶瓷研究和生产的科研人员、企业技术人员及相关专业高年级大学生和研究生阅读。

图书在版编目(CIP)数据

先进陶瓷自固化凝胶成型 / 王士维著. — 北京:科学出版社, 2025. 3.
ISBN 978-7-03-079255-6

Ⅰ. TQ174.75

中国国家版本馆 CIP 数据核字第 2024XN7997 号

责任编辑:张淑晓 高 微/责任校对:杨 赛
责任印制:徐晓晨/封面设计:东方人华

科 学 出 版 社 出版
北京东黄城根北街 16 号
邮政编码:100717
http://www.sciencep.com
北京中科印刷有限公司印刷
科学出版社发行 各地新华书店经销
*
2025 年 3 月第 一 版 开本:720 × 1000 1/16
2025 年 3 月第一次印刷 印张:16 1/4
字数:328 000
定价:118.00 元
(如有印装质量问题,我社负责调换)

序

陶瓷作为人类最早发明的重要材料之一，拥有上万年的历史，至今依然与我们的生活息息相关。它源于人类对火的掌握，伴随着文明的进程，成为华夏智慧的结晶。近几十年来，伴随着先进陶瓷的问世与发展，其在航空航天、集成电路、汽车制造、生物医药、信息产业及尖端装备等多个领域发挥了不可替代的作用。

成型是将起始颗粒原料变成烧结块体的桥梁。成型不仅决定了陶瓷产品的宏观形状，还深刻影响着其微观结构和性能。因此，成型技术一直是陶瓷从业者和研究者关注的重点。尽管近年来先进陶瓷的种类、性能和应用发生了深刻的变化，但有机物少添加（低成本、环境友好）的新兴成型技术仍然屈指可数。多年前，我便得知王士维教授发明了"自固化凝胶成型"新技术，随后便开始关注其发展与应用。如今见证《先进陶瓷自固化凝胶成型》一书问世，十分欣慰。

《先进陶瓷自固化凝胶成型》系统地论述了自固化凝胶成型的理论基础、工艺方法、实际应用和成果推广，为研究人员提供了全面的知识框架，也为实际生产提供了有力的技术支持。书中内容结构严谨、条理清晰，既涵盖了理论研究，又注重实践应用，使读者能够在掌握基本原理的同时，将其灵活运用于具体的工程实践中。

该书还深入探讨了未来的研究方向，为后续的学术探索指明了方向。激励更多年轻科研人员投身于这一充满潜力的领域，助力先进陶瓷行业的技术创新与进步。

清华大学教授

中国工程院院士

2024 年 12 月

前　　言

成型是先进陶瓷制备过程中最为重要的工艺之一，成型的目的是获得高颗粒堆积密度和高均匀性的素坯，并赋予素坯一定的强度以满足机械加工和搬运。成型是提高陶瓷部件可靠性、降低成本的关键工艺。

湿法成型是一类重要的陶瓷成型方法，其特征是实现浆料（悬浮液）向湿坯的转变。根据固化方式的不同，湿法成型主要分为两种类型：一种是通过固液分离的途径获得湿坯，包括注浆成型和压滤成型等；另一种是通过浆料原位固化形成湿坯，包括注凝成型（或称凝胶注模成型）、直接凝固注模成型和自固化凝胶成型等，这类成型方法不存在由固液分离引起的密度梯度问题，具有颗粒堆积均匀的特征，为制备显微结构均匀的陶瓷奠定了基础。但注凝成型和直接凝固注模成型需要温度、pH 或引发剂等条件诱发浆料状态变化，增加了实际操作上的技术难度。

自 2003 年开始，笔者带领团队开展陶瓷浆料的原位固化成型技术探索研究，发展了基于亲核加成聚合反应的环氧树脂-多胺注凝体系，比基于自由基聚合反应的丙烯酰胺注凝体系减少了两种添加剂。根据此体系开发的致密氧化铝陶瓷、半透明氧化铝薄板和泡沫氧化铝陶瓷成型技术已实现推广应用。

为了进一步减少有机物的添加，简化工艺步骤，降低生产成本，笔者团队继续开展新型凝胶固化体系的探索工作。2011 年，发现用一种异丁烯与马来酸酐共聚物的酰胺-铵盐（分子量 55000～65000，商品名 Isobam 104）作为分散剂制备的氧化铝陶瓷浆料发生了凝固，形成具有较大变形性的湿坯，也因此申报并获授权一项中国发明专利；同时具备分散和凝胶固化的功能，适于常温空气环境下操作，工艺流程简单，且添加量小。但是，当时的认知是该分散剂不具备能在水中形成凝胶化网络的官能团，无法解释清楚凝固的机理，首篇文章没有被经典的陶瓷类刊物接收，而是在 *J. Mater. Res.* 发表（2013 年）。

尽管如此，该发现还是引起了笔者团队极其浓厚的兴趣和关注。随即开展了普适性、凝胶固化机理和改性研究，最终确认这是一种可以广泛应用于先进陶瓷的新型湿法成型方法。进一步地，设计合成了系列分散-凝固双功能以及分散-发泡-凝固三功能成型剂，形成了具有自主知识产权的自固化凝胶成型体系。该体系已逐渐被国内外三十多个研究团队用于不同材料的成型研究。

笔者团队同时开展了湿坯的干燥、脱粘和烧结研究，以及面向实际应用的关键技术开发；开发了陶瓷浆料制备技术，可应用于粉体造粒，满足干压和等静压成型；开发了满足不同颗粒尺寸陶瓷粉体的自固化凝胶成型技术，可用于致密陶瓷、透明陶瓷以及泡沫陶瓷的制备。其中，大尺寸氧化铝陶瓷载盘的自固化凝胶成型技术处于国际领先水平；部分技术已推广至江西萍乡、河南洛阳等国内陶瓷主产区，为企业技术的更新换代发挥了引领作用，经济和社会效益显著。

在自固化凝胶成型技术的研发过程中，首先得到了中国科学院上海硅酸盐研究所平湖新材料中心和江西萍乡市丰达实业有限公司的经费支持。随后陆续得到上海市优秀技术带头人计划项目"半导体制造装备用大尺寸氧化铝陶瓷部件注凝成型"（14XD1421200）、国家重点研发计划项目"透明、闪烁陶瓷材料制备关键技术"的子课题"大尺寸/复杂形状透明陶瓷光学窗口制备技术"（2017YFB0310501）、国家自然科学基金面上项目"多官能团共聚物一元凝胶体系的固化机理及干燥微观水输运和结构演化"（51772309）和中国科学院 STS 区域重点项目"芯片制造用大尺寸高性能氧化铝陶瓷载盘产业化"（KFJ-STS-QYZD- 151）等的支持。培养了博士生 7 人、硕士生 11 人，教学相长，我们共同为自固化凝胶成型体系和相关技术添砖加瓦。

在自固化凝胶成型技术成书之际，由衷感谢日本东芝陶瓷公司研发部原部长、中国科学院上海硅酸盐研究所客座教授岛井骏藏博士引入 Isobam104 分散剂，并长期与团队开展合作研究，感谢杨燕助理工程师做的第一个分散实验，感谢毛小建研究员为该凝胶固化成型体系命名，感谢二十年来团队的同事以及所有研究生们付出的努力。由于水平有限，难免存在疏漏和不足之处，欢迎读者批评指正。

王士维

2024 年 9 月

目　　录

第1章　先进陶瓷成型方法及原理

1.1　基本概念与原理

1.1.1　先进陶瓷

先进陶瓷也称精细陶瓷、特种陶瓷、高技术陶瓷和现代陶瓷等，是指采用高纯度、超细人工合成或精选的无机化合物为原料，添加适当的烧结助剂，在十分严格的工艺条件下制备的多晶烧结体。先进陶瓷主要分为结构陶瓷和功能陶瓷两大类，结构陶瓷又称工程陶瓷，具有高强度、高硬度、耐磨、耐腐蚀、耐高温、绝缘、透明和生物相容等特性，已经在航空航天、化工、冶金、精密机械、国防军工和生命健康等领域发挥不可替代的作用。功能陶瓷是以电、磁、光、声、热、超导、化学或生物功能的多晶陶瓷，主要包括铁电、压电、介电、热释电、热电、半导体、电光和磁性陶瓷，是电子信息、集成电路、移动通信、能源技术和国防军工等现代高新技术领域的重要基础材料。先进陶瓷的制备工艺主要包括：粉体制备、坯体成型、干燥、脱粘、高温烧结以及机械加工等。其中，坯体成型是先进陶瓷制备过程中最为重要的工艺之一。

成型是将陶瓷粉体制成一定形状的颗粒集合体的工艺。类似于食品行业以面粉为原料，先制备各种形状的饼干或面包，再送入高温烘箱烘烤制成食品。坯体成型工艺作为一个承上启下的关键环节，是制备高性能陶瓷材料的前提。除了制成一定形状之外，成型还需满足如下基本要求：①成型坯体具有尽可能高的颗粒堆积密度，且分布均匀无缺陷。高颗粒堆积密度有利于低温烧结致密化，以获得细晶高强陶瓷；颗粒堆积分布均匀可以避免后续干燥或烧结时因收缩不均匀导致的宏观和微观缺陷（变形、开裂等）。②成型坯体的尺寸以及形状应尽量接近最终产品要求，以减少后续机械加工的成本，这就必须考虑坯体干燥和烧结的收缩率。③成型坯体具有一定的强度，以满足搬运或坯体加工的要求，避免坯体的损坏或引入缺陷；强度过大，易造成坯体加工的困难。④无污染。透明陶瓷和半导体制造装备中使用的陶瓷部件对杂质要求极高，因此在成型阶段尽量避免杂质离子的引入。⑤低成本。成型方法的选择主要取决于最终产品的尺寸大小、形状的复杂性以及使用性能，尽量选择低成本的方法制备坯体。另外，先进陶瓷的成型必须借助有机添加剂，适量添加满足成型需求即可。若多添加，成本高，而且增加了后续脱粘的难度和环境负荷。

1.1.2 成型的基本原理

众所周知，传统陶瓷（日用瓷）的原料黏土矿物由多种水合硅酸盐及一定量的氧化铝、碱金属氧化物和碱土金属氧化物组成，并含有石英、长石、云母及硫酸盐、硫化物和碳酸盐等杂质。黏土矿物（如高岭土等）的颗粒细小，常在胶体尺寸范围内，呈晶体或非晶体，大多数是片状，少数为管状、棒状。黏土矿物用水湿润后可以制备成悬浮的泥浆，泥浆脱水后形成的泥团具有可塑性，可直接拉坯成型。泥浆的流动性和泥团的可塑性与黏土颗粒带负电荷有关[1]。

然而，先进陶瓷的原料粉体如氧化铝和碳化硅等与水或乙醇等溶剂混合不能悬浮成浆料，脱溶剂后不具有可塑性，无法像黏土那样成型，必须通过添加有机高分子辅助等手段，赋予陶瓷颗粒的悬浮性和坯体的可塑性。

1. 颗粒悬浮

先进陶瓷的粉体原料基本都是瘠性料，要使这样的粉体颗粒悬浮成具有流动性的浆料，必须使粉体颗粒表面带电荷，颗粒带同样的负电荷或正电荷而互相排斥，经过机械搅拌，颗粒与水等溶剂可以形成在一定时间内稳定分散的陶瓷浆料。颗粒带电的方法有两种。①在陶瓷颗粒表面吸附阴离子表面活性剂（分散剂），如聚丙烯酸铵、烷基苯磺酸钠使颗粒带负电；或吸附阳离子表面活性剂，如四甲基氢氧化铵，使颗粒带正电。②酸处理。例如，利用盐酸处理氧化铝，在颗粒表面生成三氯化铝，然后三氯化铝水解，最后在颗粒表面形成带正电荷的 $Al(OH)_2^+$。

2. 坯体塑化

塑化是指在陶瓷浆料中添加有机高分子（或颗粒与之直接混合）使原来无塑性的坯体具有塑性的过程。添加的有机高分子塑化剂包括：羧甲基纤维素（CMC），能溶于水；聚乙烯醇（PVA），能溶于 70℃热水；聚乙酸乙烯酯，能用于酮、醇、酯和苯；石蜡，熔点 50～70℃，加热熔化后具有一定的流动性。塑化剂一般是水溶性（亲水）的，同时具有极性，这种分子在水中能生成水化膜，经吸附，在颗粒表面形成一层很强的有机高分子，可以将松散的颗粒黏结在一起，又由于水化膜的存在，颗粒具有流动性，从而使得坯体具有塑性。塑化的方法有两种：一种是在陶瓷浆料中添加塑化剂；另一种是粉体颗粒与塑化剂直接混合，如石蜡加热熔化后与陶瓷颗粒直接混合。

1.2　成型方法分类

陶瓷的成型方法通常可归纳为干法成型和湿法成型，以及介于两者之间的塑性成型（图 1-1）。干法成型包括干压成型和冷等静压成型，湿法成型包括注浆成型以及原位固化成型等。塑性成型包括挤出成型、压延成型、热压铸成型和注射成型等。近年来，又兴起了 3D 打印等无模成型（增材制造）技术。

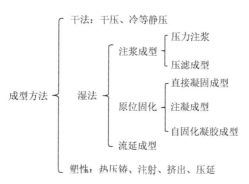

图 1-1　先进陶瓷成型方法分类

1.2.1　干法成型

干法成型主要包括干压成型和冷等静压成型，即在一定压力下将陶瓷颗粒压制成型的方法。干法成型得到的素坯质量主要取决于粉料的性质，为了保证素坯的成型密度高和显微结构均匀，粉体首先需要制成浆料，然后进行喷雾造粒处理，使 0.5～1 μm 的粉体颗粒变成几十微米的球状颗粒［造粒料（granule）］，具有流动性和良好的填充性能。

1. 干压成型

干压成型（dry pressing molding）是将陶瓷粉体填入模具中加压并使其密实成型。按加压方式可分为单向加压和双向加压，成型压力一般小于 100 MPa。干压成型工艺简单，周期短且容易连续自动化生产。缺点是只适合成型形状简单的产品，对产品的长径比有限制。由于颗粒之间以及颗粒与模具之间的摩擦力，压力传递在成型体内造成颗粒堆积密度分布不均。对于单向加压，压力（P_h）随模具深度的变化如式（1-1）所示[2]：

$$P_h = P_a \exp\left(-\frac{4fKh}{D}\right) \tag{1-1}$$

式中，P_a 为成型压力；f 为摩擦系数；D 为模具直径；K 是常数。压力同时沿着模具径向和轴向变化，素坯容易出现分层、开裂和密度不均等缺陷。

2. 冷等静压成型

冷等静压成型（cold isostatic pressing molding）是常温下通过对陶瓷粉体施加

各向同性压力使粉体密实成型。在成型过程中，将包封于塑料、橡胶等柔性模具材料中的粉体置于液体介质中，采用高压泵将压力通过液体介质（油或水）各向均匀地传递到模具上，随着模具的弹性变形使粉体成型。另一种做法是在干压成型的基础上，将素坯用柔性材料包封后再置于冷等静压设备中。冷等静压成型的压力在 50～300 MPa，这种方法避免了干压成型加压的单向性，所获素坯密度高且均匀性好，可以成型长径比大或球形、圆柱等简单形状的坯体。同时，冷等静压成型设备投入大，成型在高压下进行，对容器设备需要特别的防护。

1.2.2　湿法成型

湿法成型是一类重要的陶瓷成型方法，其特征是实现浆料（悬浮液）向湿坯的转变。根据固化方式，湿法成型主要可以分为两种类型：一种是通过固液分离的途径获得湿坯，包括注浆成型、压滤成型和离心沉淀等；另一种是通过浆料原位固化形成坯体，包括注凝成型、直接凝固注模成型和自固化凝胶成型等。

1. 浆料的固液分离

注浆成型（slip casting）的本质是浆料固液分离实现坯体成型的典型代表。注浆（浇注）成型是将粉料与分散剂和溶剂混合制备成具有流动性且稳定的陶瓷浆料，然后陶瓷浆料注入具有吸水功能的模具（如石膏模具）中，由于模具有吸水和透气功能，浆料中的水分逐渐被吸走，粉体颗粒逐渐吸附沉积成一定厚度的坯体。待吸附沉淀在模内的坯体厚度达到预期后，即可将剩余的浆料倒出，干燥后，即可将坯体脱模取出。早在民国时期从国外引进注浆成型，主要用来制备日用瓷，后来逐渐引入先进陶瓷领域。决定注浆成型好坏的关键在于浆料性质，浆料在满足高的粉体堆积密度的同时，还要具有良好的流动性，从而保证坯体的均匀性以及工艺的可操作性。注浆成型的成本较低，操作简单，易于生产控制，实验室常用的氧化铝坩埚就是注浆工艺制备的。

图 1-2 是笔者团队采用注浆工艺制备的用于熔炼白金的氧化锆坩埚以及陶瓷金卤灯放电管——半透明氧化铝管。该工艺周期长，坯体密度和强度不高。同时，由于水分凭借毛细管力从模具吸出，在壁厚方向容易造成坯体密度的不均匀性，换句话说，注浆成型不适合成型壁厚的制品。为了提高注浆效率，并解决壁厚不均匀的问题，发展了压力注浆技术；同时，采用多孔树脂模具替代传统的石膏模具，可以承受更大的压力。目前卫生洁具马桶就是由压力注浆成型的，已进入工业化生产。

压滤成型（pressure filtration molding）是在注浆成型基础上结合干压成型而发展起来的一种成型方法。在外加机械压力条件下，模腔中陶瓷浆料的溶剂通过多孔滤层滤出部分溶剂，使陶瓷颗粒排列固化成一定形状的坯体。通过压滤成型制备的陶瓷坯体密度高，含水量少，显微结构均匀，能够有效提高陶瓷制备工艺的可靠性。

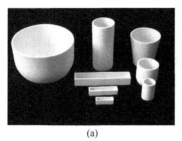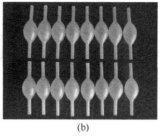

（a）   （b）

图 1-2 笔者团队通过注浆成型制备的氧化锆坩埚（a）和半透明氧化铝管（b）*

2. 浆料的原位固化成型

原位固化成型的基本原理是陶瓷浆料中有机物分子之间发生物理或化学作用形成三维网络（如图 1-3 所示，类似于聚酯豆腐）；或改变颗粒表面电荷至等电点而发生凝固（类似于卤水豆腐），从而原位固定陶瓷颗粒形成湿坯；或利用升温改变分散剂特性实现絮凝，利用降温促使溶剂凝固等。与经典的冷等静压和注浆成型相比，原位固化成型具有突出的优点：①素坯微结构更均匀，为制备高可靠性陶瓷部件提供了基本保证；②素坯密度高，有利于后续预烧和烧结等工艺；③近净尺寸成型，可以降低机械加工成本和难度等。原位固化成型是低成本制备高可靠性先进陶瓷部件最具研究价值的成型方法，已成为陶瓷科学家的研究热点。原位固化成型包括 1991 年美国橡树岭国家实验室发明的注凝成型[3]、1995 年苏黎世联邦理工学院发明的直接凝固注模成型[4]和 2011 年中国科学院上海硅酸盐研究所发明的自固化凝胶成型[5]等。

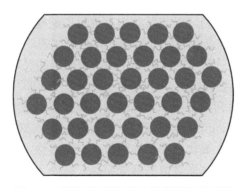

图 1-3 有机网络原位固化陶瓷颗粒示意图

1）注凝成型

1991 年，美国橡树岭国家实验室开发出一种近净尺寸成型技术——注凝成型

（gelcasting），也称凝胶注模成型。它是将陶瓷工艺学、高分子化学和胶体化学结合在一起的一种原位固化成型方法。该方法原理基于在高固含量、低黏度的陶瓷浆料中加入有机单体，在一定条件下诱导单体发生自由基聚合反应，形成三维网络结构，浆料原位固化成陶瓷坯体。注凝成型技术所制备的陶瓷坯体具有显微结构均匀、强度高、有机物含量低等优点。注凝成型一经出现即受到广泛的关注，本章 1.5 节详细介绍注凝成型。

2）直接凝固注模成型

1995 年，瑞士联邦理工学院的 Gauckler 教授课题组发明了一种近净尺寸成型工艺——直接凝固注模成型（direct coagulation casting，DCC）。首先是在远离陶瓷粉体等电点处制得高固含量、低黏度的陶瓷浆料，然后将可延时反应的试剂加入浆料中，完成浇注后改变条件参数，使浆料中的 pH 靠近等电点或增加体系离子浓度，陶瓷浆料由稳定状态向絮凝态转变，最终实现直接凝固注模成型。该方法使用的有机物少，不需要专门的脱脂步骤，而且坯体显微结构均匀可控，产品质量好。但是，直接凝固注模成型工艺的固化时间较长，容易产生沉降现象，成型坯体强度较低，大大限制了该方法的实际应用。本章 1.6 节详细介绍直接凝固注模成型。

3）温度诱导絮凝成型

瑞典表面化学研究所的 Bergstrom 教授课题组发明了温度诱导絮凝成型（temperature induced gelation molding），利用特殊的分散剂随温度的变化来促使浆料发生絮凝的一种近净尺寸成型方法[6]。选用的分散剂溶解度随温度的变化而变化，分散剂在高温时溶解度大，分散性好；在温度降低时溶解度减小，失去分散能力。因此，可以通过控制浆料的温度提高浆料的黏度，最终实现温度诱导下的固化成型。该方法的优势是浆料的分散和固化是可逆的，可重复利用浆料。但是，根据不同的陶瓷体系，分散剂的选取和使用具有一定的局限性。

4）胶态振动注模成型

1993 年，美国加利福尼亚大学 Lange 教授等提出了胶态振动注模成型（colloidal vibration casting，CVC）工艺[7]。首先，制备 20 vol%*的低固含量陶瓷浆料，然后向浆料中加入氯化铵使粉体颗粒失去稳定性，浆料发生絮凝，再通过压滤或者离心的手段获得高固含量的陶瓷浆料。在外力作用下浆料有一定的流动性，利用陶瓷浆料在外力作用下流变性能发生改变的特性，在注模后静置实现原位凝固。对于制备高固含量浆料较困难的陶瓷体系，胶态振动注模成型展现了独特的优势。但是胶态振动注模成型制备的坯体力学性能较低，脱模时容易发生形变和开裂，这些问题一直没有得到很好的解决。

---

* vol%表示体积分数，wt%表示质量分数，全书同。

5）水解辅助固化成型

水解辅助固化成型（hydrolysis assisted solidification，HAS）是由斯洛文尼亚的 Kosmac 等提出的陶瓷胶态成型方法[8]。首先，向陶瓷浆料中添加 1 wt%～5 wt% 的氮化铝，氮化铝迅速发生水解，其水解方程式如下：

$$AlN + 3H_2O === Al(OH)_3 + NH_3 \qquad (1-2)$$

利用氮化铝在水中发生水解的过程，逐渐消耗浆料中的水，导致浆料的固含量升高；同时氮化铝的水解反应释放的氨气会使浆料 pH 逐渐向等电点偏移，最终实现浆料的快速凝固。水解辅助固化成型可以实现快速固化，且坯体致密化效果较好，微观结构均匀，力学性能优异；该成型工艺并不适用于所有陶瓷体系，且固化速率难以控制，不能保证升温过程中悬浮体的均匀性，并且由于反应产生氨气，需要额外附加氨气的接收和中和装置，这阻碍了工业化生产。

6）自固化凝胶成型

2011 年，上海硅酸盐研究所发现一种异丁烯与马来酸酐共聚物的酰胺-铵盐（一种 PIBM，分子量 55000～65000，商品名 Isobam 104），分子链上有烷基、酰胺、羧酸铵和酸酐等多种官能团，它同时具备分散和凝胶固化的功能[5]，即分散剂与固化剂合二为一，简化了工艺流程，适于常温空气环境下操作，且添加量小、无毒害。自固化凝胶成型，又称自发凝固成型（spontaneous coagulation casting，SCC），其基本机理是氧化铝颗粒参与形成凝胶网络，吸附在相邻颗粒上的 PIBM 分子链之间通过疏水缔合和氢键等分子间作用力发生聚合，从而原位固化颗粒形成湿坯；颗粒间形成的有机网络密度低，有利于干燥脱水和脱粘。本书从第 2 章起主要介绍自固化凝胶成型。

1.2.3　塑性成型

1. 挤压成型[9, 10]

挤压成型（extrusion molding）是将粉体和黏结剂、溶剂等充分混合后得到塑性料，然后通过外力推动塑性料从刚性模具中挤出得到不同形状的成型体。通过挤出法能够制造管状、柱状以及板状等坯体。该方法广泛应用于高强度气体放电灯用半透明氧化铝灯管、汽车尾气净化用蜂窝陶瓷以及热电偶护套管和炉管等的成型。但是塑性料强度低，成型后的坯体强度低且易变形，需要调整挤出速率和承运速率，同时结合适当的干燥以保证坯体不变形。图 1-4 是笔者团队采用挤出成型和氢气氛烧结制备的高压钠灯用半透明氧化铝陶瓷灯管。

2. 热压铸成型

热压铸成型是先进陶瓷生产应用较为广泛的一种成型工艺，其基本原理是利用石蜡受热熔化和遇冷凝固的特点，将无可塑性的瘠性陶瓷粉料与热石蜡液均匀混合形成可流动的浆料，在一定压力下注入金属模具中成型，冷却待蜡浆凝固后脱模取出成型好的坯体。采用热压铸成型工艺制备的氧化铝喷嘴［图 1-5（a）］广泛应用于制造汽车火花塞。形状各异的纺织瓷件［图 1-5（b）］也大多采用热压铸成型工艺。

图 1-4　笔者团队制备的高压钠灯用半透明氧化铝陶瓷灯管

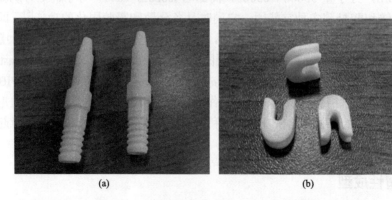

(a)　　　　　　　　　　　　　　(b)

图 1-5　（a）氧化铝火花塞；（b）纺织瓷件

3. 注射成型[11]

注射成型（injection molding）是在热压铸的基础上发展起来的，具有更大的注射压力。利用热塑性的聚合物作黏结剂，在加热时使瘠性物料具有与聚合物相似的流动性和塑性，在外加压力下将物料注满填入模具中，在冷却后物料固化成型并脱模得到坯体。注射成型技术的优势在于：原材料利用率高，能够自动化批量生产；可制备不同形状且尺寸精度高的坯体；坯体显微结构和性能相对均匀。施剑林等利用注射成型技术制备出满足化纤纺织业用的 ZrO_2 导线轮[12]。注射成型已广泛应用于氧化锆光纤套筒和插芯的批量生产（图 1-6）。但是，注射成型不仅需要黏结剂，还需要塑化剂和润滑剂，坯体的有机物含量较高（可达 30 vol%～50 vol%），因此，坯体的脱粘周期较长，且在脱粘过程中坯体容易产生开裂、起壳等缺陷。同时，注射成型的设备投资大、损耗高，且设备受物料的磨损大，设备的维护费用较高。

图 1-6　上海硅酸盐研究所制备的氧化锆光纤套筒和插芯

4. 流延成型

流延成型（tape casting）是一种比较成熟的制备高质量陶瓷薄片的成型方法。它是将陶瓷粉体、分散剂、增塑剂、黏结剂与溶剂相混合，制备出具有流动性的浆料。成型时把浆料均匀地流到基带上，并通过基带和刮刀的相对运动形成膜片，待膜片干燥后，有机添加剂在陶瓷颗粒间作用形成网络结构，得到具有一定强度和韧性的膜片。膜片的厚度一般为 0.01～1 mm，可通过调节刮刀来控制膜片的厚度，得到的膜片在烧结前可进行切割、打孔和叠层。流延成型是目前生产带状或片状陶瓷材料的一种有效工艺手段，具有生产效率高等优点。该成型方法广泛用于生产集成电路板、电容器、铁电材料、催化剂载体等[13]。图 1-7 是笔者团队采用流延成型制备的氧化铝和氮化铝基片（4 英寸，1 英寸 = 25.4 mm）。

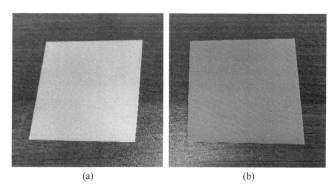

(a)　　　　　　　　　　　　　　(b)

图 1-7　笔者团队采用流延成型制备的 4 英寸氧化铝（a）和氮化铝（b）基片

按照溶剂的种类可将流延成型分为水基和非水基（有机）两种。目前广泛应用的是非水基流延成型技术，因为非水溶剂的表面张力小，易挥发，有利于后续的干燥。但有机溶剂的使用不利于环保，因此流延成型的发展重点转向水基流延成型。

5. 3D 打印成型

3D 打印成型是近年来出现的一种成型方法，也称无模成型。基于自由成型的思想，固体无模成型技术打破了传统成型的限制。它是一种增材成型制造方法，首先使用计算机绘制出实体的三维模型，然后将三维模型分解为一层层的二维平面信息；再根据材料特性（折射率、固化深度、屈服应力和热导率等）调节打印参数（层厚、线宽和成型速度等），计算机控制设备逐层有序地制造出三维实体。目前应用于陶瓷领域的固体无模成型技术可分为：选区凝胶成型（selective gelation，SG）、分层制造成型（laminated object manufacturing，LOM）以及三维打印（three-dimensional printing，简称 3D 打印）成型等。3D 打印成型技术近些年受到广泛关注[14]，是目前最具代表性的新型制造技术，可以分为立体光刻（stereo lithography，SLA）、数字光处理（digital light processing，DLP）、激光选区烧结（selective laser sintering，SLS）、直接墨水书写（direct ink writing，DIW）以及喷墨打印（ink jet printing，IJP）成型等。它具有高度自由化、快速制造化和技术智能化等优势，图 1-8 是笔者团队李工采用 3D 打印并烧成的氧化铝材质的龙，展示了 3D 打印在制备复杂构型材料方面的优势。但是，目前 3D 打印遇到了发展瓶颈，包括设备和耗材价格高、对粉体或浆料特性要求高、陶瓷产品容易出现变形和开裂等。

图 1-8　通过 3D 打印成型经烧结制得的氧化铝材质的龙

综上所述，干法成型、湿法成型和 3D 打印成型中的直接墨水书写和喷墨打印等几乎所有的成型方法都离不开陶瓷浆料的制备，接下来简述陶瓷浆料制备的胶体化学基础。

1.3　湿法成型的胶体化学基础

1.3.1　分散系统

胶体化学是物理化学的一个重要分支，它的研究对象是高度分散的多相系统，即一种或几种物质的颗粒（粒子）分散在另一种物质中所构成的分散系统。前者称为分散相，后者称为分散介质。根据分散相颗粒的大小，通常把分散体系分为分子或离子分散体系（半径小于 1 nm）、胶体分散体系（半径为 1～100 nm）和粗分散体系（半径大于 100 nm）等。分散相颗粒半径为 1～100 nm 的分散体系称为胶体，它是物质以一定分散程度而存在的一种状态。我们制备的陶瓷浆料大多属于粗分散体系。

1. 胶团结构

任何溶胶颗粒（胶粒）的表面上都是带有电荷的。如图 1-9 所示，m 表示胶核中所含 AgI 的分子数，n 表示胶核所吸附的 I^- 离子数。若制备 AgI 时 KI 过量，则 I^- 在胶核上优先吸附，胶核带负电。溶液中的 K^+ 又可以部分吸附在 I^- 周围，$(n-x)$ 为吸附层中带相反电荷的离子数（K^+），x 是扩散层中的带相反电荷的粒子数（K^+）。带负电的胶核和吸附层中的带相反电荷的粒子构成胶粒。胶粒与扩散层构成胶团，也称胶束（micelle）。在溶胶中胶粒是独立运动单位。通常所说溶胶带正电或负电是指胶粒的带电情况，整个胶团是电中性的。基于胶团结构上的复杂性，溶胶貌似均匀的溶液，实际上胶粒和分散相之间存在着明显的物理界面，是超微不均匀的系统。

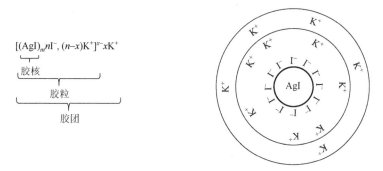

图 1-9　碘化银胶团结构示意图（KI 过量）[15]

2. 凝胶特性

凝胶是固液或固气所形成的一种分散系统，其中分散相互相连接成网状结构，分散介质填充于其中。在凝胶中分散相和分散介质都是连续的，分散介质是水的，称为水凝胶（hydrogel）。凝胶具有溶胀、离浆、触变、扩散、吸附和"限域"（即凝胶内部的液体不能自由流动）等现象。其中与陶瓷浆料原位固化成型密切相关的现象有离浆和触变。

溶胶或高分子溶液胶凝后，在放置过程中，凝胶的性质还在不断发生变化，这种现象称为老化，宏观表现为脱水收缩或自发脱水（syneresis）。即水凝胶在不改变原来形状的前提下，分离出一部分水，构成凝胶网络的分散相互相靠近，导致体积收缩，这就是离浆现象。我们在研究自固化凝胶成型氧化铝湿坯的干燥工艺初期，发现在密闭条件下湿坯的自发脱水，并伴随着坯体收缩，利用该现象开发了分段干燥工艺，以解决陶瓷湿坯干燥易变形开裂的难题[16]。

有些凝胶受到搅动时变为流体，停止搅动后又逐渐恢复成凝胶。例如，这些凝胶包括浓度超过一定程度的泥浆、油漆以及 Al(OH)$_3$ 等。在搅动时网状结构遭到破坏，分散相互相离散，系统出现流动性；静置后分散相之间又重新交联成网状结构。这种溶胶与凝胶互相转化的性质称为凝胶的触变性（thixotropy）。

1.3.2　胶体稳定性

1. 双电层理论和 Zeta 电位

如上节所述，当固体与液体接触时，固体从液体中选择性吸附某种离子，或固体分子的电离作用使离子进入溶液，导致固液两相分别带有不同符号的电荷，在固液界面上形成双电层。1879 年 Helmholtz 提出平板型模型。固体的表面电荷与带相反电荷的离子（反离子）构成平行的两层，称为双电层。在此基础上，Gouy 和 Chapman 提出了扩散双电层模型。由于静电吸附和热运动两种效应的结果，溶液中与固体表面离子电荷相反的离子只有一部分紧密地排列在固体表面上，另一部分离子与固体表面保持一定距离分散在本体溶液中。因此，该双电层实际上包括紧密层和扩散层两部分。在扩散层中离子的分布可用 Boltzmann 分布公式表示。当在电场作用下，固液之间发生电动现象时，移动的动切面（或称滑动面）为 AB 面（图 1-10），动切面与溶液本体之间的电势差称为电动电势，或称 Zeta 电势、Zeta 电位（Zeta potential，ζ）。

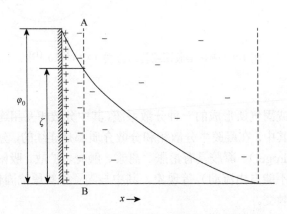

图 1-10　Gouy-Chapman 扩散双电层模型

2. 描述胶体稳定性的 DLVO 理论

从热力学角度看，胶体是不稳定系统，粒子之间有相互聚沉而降低其表面能的趋势。另外，由于粒子很小，具有强烈的布朗运动，能阻止其在重力场中的沉降，因而该系统又具有动力学稳定性。

20 世纪 40 年代 DLVO（Derjaguin-Landau-Verwey-Overbeek）理论问世，提出了各种形态粒子之间相关吸引能与双电层排斥能的计算方法。胶粒之间存在着使其互相凝结的吸引能量，同时又有阻碍其聚结的相互排斥能量。胶粒间的总势能是吸引势能 V_A 和排斥势能 V_R 之和，即 $V = V_A + V_R$。总势能变化大致如图 1-11 所示。胶体的稳定性就取决于胶粒之间这两种能量的相对大小。这两种能量都与胶粒间的距离有关。当胶粒接近时，排斥能大于吸引能，总势能与距离（D）的关系曲线上出现势垒。当势垒足够大时，就能阻止胶粒的聚集和沉降，使胶体系统趋于稳定。当势垒高度为零时，胶体将变得不稳定。

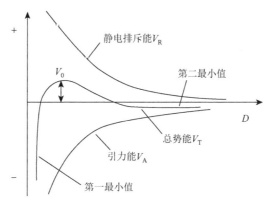

图 1-11　胶粒间作用势能的示意图

1.4　浆料（悬浮液）的稳定性

严格地讲，用于湿法成型的陶瓷浆料中粉体颗粒尺寸是微米或亚微米级，并不能满足胶体的定义，属于粗分散体系。但总体上，陶瓷浆料与胶体类似，系统内部都存在大量的两相界面，有着基本相同或相似的物理、化学性质，都具有热力学的不稳定性和动力学的稳定性。浆料热力学的不稳定性包括两个方面：陶瓷颗粒与溶剂相的密度差造成的沉降趋势，以及陶瓷颗粒与溶剂相极大的总界面能和颗粒间范德瓦耳斯引力造成的聚结趋势。浆料动力学的稳定性是由于布朗运动对陶瓷颗粒沉降的干扰，以及颗粒间的各种稳定作用包括静电排斥作用、空间稳定作用、空位稳定作用和这些作用的组合对颗粒聚结的抑制。

1.4.1　颗粒间的相互作用力和分散原理

对于浆料的原位固化成型而言，低黏度、高固含量的分散稳定浆料是制备高质量陶瓷素坯的前提。同时，黏度低、流动性好的浆料可以顺利实现浇注，是成型复杂形状陶瓷部件的必要条件。浆料固含量高，固化后凝胶湿坯的密度与浆料的密度基本一致，在干燥过程中收缩小，残余应力小，对应的坯体密度高，有利于后期在较低的温度下烧结致密，可以大幅降低陶瓷的变形、开裂风险。

浆料的性质取决于颗粒在溶剂中的分散状态，也取决于颗粒间的相互作用力，包括范德瓦耳斯力、静电斥力和空间位阻等。关于浆料的稳定分散机理主要有如下几种[17-20]。

1. 双电层静电稳定机理（double layer electrostatic stabilization mechanism）

根据 DLVO 理论，颗粒在体系中的稳定性取决于范德瓦耳斯引力势能（van der waals attraction）和静电斥力势能（electrostatic repulsion）的总和。两种作用力的共同作用决定了浆料中颗粒分散的稳定性。图 1-11 为颗粒间相互作用势能的示意图。当颗粒接近时，引力势能和斥力势能同时增加，但速率不同，使得总势能产生两个最小值和一个最大值。最大值 V_0 即为势垒，相邻颗粒要聚集，必须越过势垒。势能值 V_0 取决于颗粒表面的电荷分布。可以通过增加势垒高度 V_0，也就是增加颗粒表面电荷，形成双电层，增加 Zeta 电位来增加颗粒间静电势能实现浆料体系的静电稳定。如图 1-12 所示，由于颗粒间静电斥力的存在，颗粒不会相互聚集沉降，可以稳定悬浮。

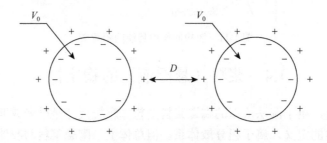

图 1-12　静电稳定示意图

一般，起静电稳定作用的分散剂为分子量小、离子带电量高的电解质，如柠檬酸盐、焦磷酸钠、抗坏血酸等[21-23]。

2. 空间位阻稳定机理（steric hindrance stabilization mechanism）

空间位阻稳定是通过添加高分子聚合物作为分散剂，高分子一端吸附在陶瓷颗粒表面，另一端伸展在溶剂中，在颗粒表面形成吸附位阻层，阻止颗粒间聚集和沉降，实现空间位阻稳定，稳定示意图见图 1-13。

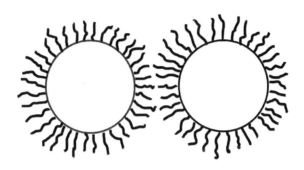

图 1-13　空间位阻稳定示意图

聚合物分子和陶瓷粉体需要有一定的吸引作用，可以将聚合物吸附在颗粒表面，同时聚合物分子在溶剂中有较好的溶解性，能够尽可能充分伸展，形成一定厚度的位阻层。当颗粒靠近碰撞时，聚合物交叉或压缩产生渗透压和弹性效应，阻止颗粒进一步聚集。聚合物分子量对体系稳定有重要的影响，既要保证吸附层有一定的厚度起到空间位阻作用，同时分子量不能过大避免引起浆料黏度增加，固含量降低。

通常，起单一空间位阻作用的分散剂是具有一定分子量的非离子型聚合物，如明胶、羧甲基纤维素钠、聚乙二醇等[24, 25]，这类物质对粗颗粒分散体系有较好的分散稳定作用。

3. 静电位阻稳定机理（electrosteric hindrance stabilization mechanism）

静电位阻稳定是选用离子型聚合物分子，既通过静电双电层形成排斥能，又通过聚合物分子层的位阻效应来稳定分散颗粒，二者协同作用。此时，颗粒在体系中的稳定性取决于范德瓦耳斯引力势能、静电斥力势能和位阻斥力势能的总和。静电稳定和位阻稳定共同作用是分散陶瓷浆料最常见、最有效的方法。常用的静电位阻分散剂有聚丙烯酸盐、聚甲基丙烯酸盐和海藻酸盐等[26, 27]。

浆料的 pH、分散剂的含量等都会影响陶瓷颗粒表面的电荷分布和分散剂的分子结构，从而影响浆料的稳定性[28, 29]。全全峰等[30]在制备高固含量氧化铝浆料过程中发现，在等电点位于 pH 5 附近时，颗粒表面电位低，静电斥力小，颗粒间的范德瓦耳斯力使颗粒趋向于团聚，稳定性差，浆料黏度较高；pH 到 9 时，颗粒表面电位增加，颗粒间静电作用最强，浆料处于相对稳定状态。刘学建等[31]在制备氮化硅浆料的过程中发现，分散剂含量较低时，颗粒表面电荷密度低，静电斥力小，浆料流动性差，黏度大；随着分散剂含量增加，颗粒表面电荷密度增加，静电斥力增加，浆料流动性得到改善，黏度减小；但是随着分散剂的进一步增加，过量的分散剂形成桥连结构，导致浆料黏度增大。目前，研究者主要通过分散剂的选择、分散剂含量的控制、浆料 pH 的调节和颗粒表面修饰等手段[32-34]优化浆料性能。

4. 疏水作用（hydrophobic interaction）

一般情况下，常用的凝胶体系都是以水为溶剂的水系凝胶体系。这时颗粒在水中的分散悬浮就必须考虑疏水作用，包括陶瓷颗粒间的疏水作用和添加剂有机分子链间的疏水作用。

疏水作用是指水中的非极性分子或疏水颗粒与水发生排斥作用，它们同时相互吸引，这一引力主要是由水分子间氢键引起的[35]。疏水基团与水分子作用弱，远小于氢键，疏水基团周围水分子势能高。按照热力学定律，自由能高的状态不稳定，会向自由能状态低转化。因此，水分子企图将疏水基团排斥开，重新形成氢键，表现为疏水基团的相互吸引。

疏水作用是水溶剂的作用导致的，范德瓦耳斯作用和静电作用都是由于颗粒或者吸附有机分子本身的作用导致的。颗粒间的疏水作用距离比其他键要远，一般在距离小于 $20\sim30$ nm 处开始显著，其作用能比范德瓦耳斯作用能大 $1\sim2$ 个数量级[36]。例如，两个互相接触的甲烷分子，在自由空间相互作用的范德瓦耳斯作用能为 -2.5×10^{-21} J，在水中的相互作用能为 -14×10^{-21} J；碳氢化合物一般表面自由能为 $15\sim30$ mJ/m^2，在水中的界面能为 $35\sim50$ mJ/m^2。疏水作用的强度主要取决于颗粒表面的疏水性。

1.4.2　颗粒的分散方法

基于 1.4.1 节的分散原理，通过调节 pH 和添加分散剂赋予陶瓷颗粒表面电荷，通过静电排斥以及空间位阻使陶瓷颗粒悬浮于溶剂中，达到分散效果，分散过程离不开机械研磨。特别地，纳米粉体存在团聚体，在研磨作用下，团聚体得以打开成为单分散的陶瓷颗粒。分散效果与研磨装备及其参数密切相关。业已证明，常见几种研磨设备的分散（解团聚）效率是：滚筒球磨＜行星磨＜搅拌磨＜砂磨。对于同一种研磨设备和同一种粉体，研磨参数对分散效果的影响是很大的。刘梦玮[37]较系统地研究了搅拌磨参数包括研磨时间、磨球大小、分散剂种类和浆料固含量、分散剂含量等对镁铝尖晶石纳米粉体的分散影响。

1. 搅拌磨研磨时间对分散效果的影响

以镁铝尖晶石粉体（牌号 S25CR，一次粒径为约 70 nm）为原料，Dolapix CE64 为分散剂，配制固含量为 50 vol% 的 $MgAl_2O_4$ 陶瓷浆料，分散剂含量为 1.6 wt%，研磨球为直径 3 mm 的高纯 Al_2O_3 球。在研磨过程中每隔 1 h 取样进行粒径分析。图 1-14 为经过不同时间研磨的 S25CR 粒径分布图。从图中可以看出，经过 $1\sim12$ h 研磨时间研磨的粉体 S25CR 均呈双峰分布。大峰分布于 $0.1\sim0.2$ μm 范围内，小峰分布于 $0.5\sim5$ μm 范围内。这表明研磨打开了 $MgAl_2O_4$ 原料粉体中存在的一些软团聚，团聚现象得到显著改善。随着研磨时间的延长，浆料中粉体颗粒始终呈双峰分布，大峰越来越大，小峰越来越小，表明浆料中细颗粒含量越来越高，团聚体含量越来越少，研磨过程对粉体颗粒解聚起到了显著作用。经过长时间研磨打开的团聚体一般为强度较高的硬团聚，这种硬团聚打开的难度较大。即使经过12 h 的充分研磨，也未能完全消除粉体中的团聚体。

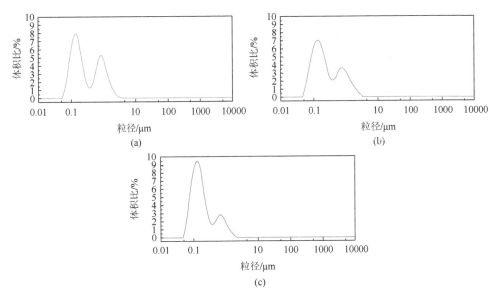

图 1-14　搅拌磨研磨（3 mm 研磨球）不同时间的粉体 S25CR 粒径分布
（a）研磨 1 h；（b）研磨 6 h；（c）研磨 12 h

　　根据上述经搅拌磨研磨后的 S25CR 粉体粒径分布数据可知，采用 3 mm 研磨球研磨 1 h 即可实现原料粉体中软团聚的充分打开，达到良好的分散效果。尽管随着研磨时间的延长，硬团聚也能进一步打开，但是，硬团聚始终不能完全消除。并且长时间的高能球磨会导致研磨球磨耗大幅度增加，从而影响原料粉体的纯度。另外，研磨过程是一种持续放热的过程，尽管有水冷系统降温，但持续的发热仍然会导致浆料中水分的部分蒸发，影响浆料固含量的稳定性。

　　2. 搅拌磨研磨球大小对分散效果的影响

　　以粉体 S25CR 为原料，Dolapix CE64 为分散剂，配制固含量为 50 vol% 的 $MgAl_2O_4$ 陶瓷浆料，分散剂含量为 1.6 wt%，将直径 3 mm 的高纯 Al_2O_3 球换为直径 5 mm 的高纯 Al_2O_3 球，以此来研究研磨球大小对分散效果的影响。图 1-15 为经过不同时间研磨的 S25CR 粉体粒径分布图。可以看出，经过搅拌磨 1 h 研磨的粉体粒径分布为双峰分布，但是两个峰的位置难以区分。当延长研磨时间至 2 h

和 3 h 时，在 100 μm 以上区域出现了大的粒径峰，表明长时间研磨导致浆料中产生了一些大的团聚体。进一步延长研磨时间至 4 h，大于 100 μm 的大峰消失。当研磨时间为 2~4 h 时，5 mm 研磨球研磨的粉体粒径主峰比 3 mm 研磨球研磨的粉体粒径更小。

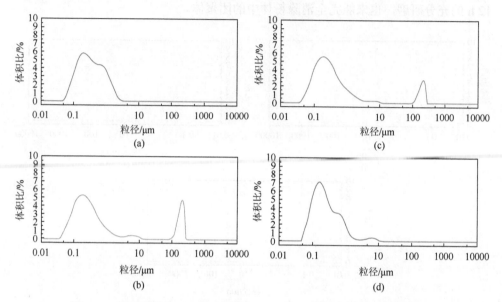

图 1-15　搅拌磨研磨（5 mm 研磨球）不同时间的粉体 S25CR 粒径分布

(a) 研磨 1 h；(b) 研磨 2 h；(c) 研磨 3 h；(d) 研磨 4 h

5 mm 研磨球质量大，在相同的转速条件下，研磨球动能更高，采用 5 mm 研磨球有利于打开硬团聚。因此，研磨时间为 2~4 h 时，5 mm 研磨球处理的 MgAl$_2$O$_4$ 粉体主峰粒径更小。但使用 5 mm 研磨球必然比 3 mm 研磨球产生更多的间隙体积。因此，一些大的团聚也容易在这些较大的间隙位置聚集而难以消除。此外，较高的研磨球动能也会导致更大的研磨球磨耗，磨耗产生的杂质也会对浆料性质产生一些影响。综合 5 mm 研磨球和 3 mm 研磨球的研磨效果，可以得出 3 mm 研磨球在短时间内即可获得良好分散效果的结论。

3. 分散剂种类对分散效果的影响

以粉体 S25CR 和粉体 S30CR 为原料，A30SL 和 Dolapix CE64 为分散剂，去离子水为分散介质，系统研究了分散剂对粉体颗粒分散性和浆料流变性的影响。以直径为 3 mm 的高纯 Al$_2$O$_3$ 研磨球为搅拌磨的研磨介质进行研磨，研磨时间设定为 1 h。

首先表征了粉体 S25CR 和粉体 S30CR 的 Zeta 电位和经分散剂 A30SL 分散后的 Zeta 电位（图 1-16），分散剂 A30SL 的添加量均为 1.5 wt%。由图可知，粉体 S25CR

和粉体 S30CR 的 Zeta 电位随 pH 的变化曲线类似，等电点位于 pH 8～10 范围内。经 A30SL 分散后，粉体 S25CR 和粉体 S30CR 的 Zeta 电位随 pH 的变化曲线仍然类似，等电点位于 pH 2～4 范围内。当 pH 约为 10 时，粉体 S25CR 和粉体 S30CR 的 Zeta 电位均约为−50 mV，粉体颗粒间可以形成较大的静电斥力，因此，可以判断 1.5 wt% 的分散剂 A30SL 可以实现对粉体 S25CR 和粉体 S30CR 的良好分散。

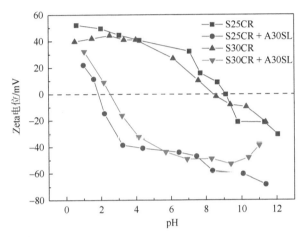

图 1-16　分散剂 A30SL（1.5 wt%）对粉体 S25CR 和 S30CR Zeta 电位的影响

图 1-17 为由粉体 S25CR 和 S30CR 制备的固含量为 38 vol% 的浆料黏度随剪切速率变化情况，分散剂 A30SL 含量为 1.5 wt%。由图可见，由两种粉体制备的浆料都呈剪切变稀行为。当剪切速率为 100 s^{-1} 时，由粉体 S25CR 制备的浆料黏度为 0.17 Pa·s，由粉体 S30CR 制备的浆料黏度则为 0.34 Pa·s。通常，剪切速率为 100 s^{-1} 时的黏度值可以作为判断浆料是否适合注凝成型操作的依据，若黏度值低于 1 Pa·s，则认为该浆料适合于注凝成型操作。陶瓷浆料的黏度受粉体比表面积的影响。当粉体具有较高的比表面积时，浆料制备过程中需要更多的水分来铺满颗粒的表面。因此，在相同的工艺条件下，由高比表面积的粉体制备的浆料则会具有较高的黏度。粉体 S25CR 的比表面积为 22.3 m^2/g，粉体 S30CR 的比表面积为 28.9 m^2/g，显然，粉体 S30CR 的比表面积更高，所制备的陶瓷浆料具有更高的黏度。

由上述讨论可知，通过分散剂 A30SL 的使用，实现了陶瓷浆料的制备，并且浆料具有较低的黏度，可以满足注凝成型操作。但是，对于注凝成型操作而言，38 vol% 的固含量是较低的。更高固含量的陶瓷浆料中含有更低的水分，通过高固含量浆料制备的陶瓷素坯在干燥过程中水分排出的压力也会相对减小，同时减小素坯干燥变形或开裂的风险。提高浆料的固含量有利于制备具有更高颗粒堆积密度的陶瓷素坯，进而有利于实现低温度的致密化烧结，实现制备细晶粒陶瓷材料的目标。总之，提高陶瓷浆料的固含量既有利于实现陶瓷性能的提高，又有利于节约能源。

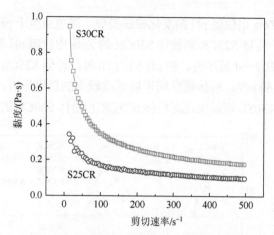

图 1-17　由粉体 S25CR 和 S30CR 制备的固含量为 38 vol%的浆料黏度（1.5 wt% A30SL）

此外，分散剂的分子量（链长）与陶瓷粉体颗粒大小的匹配与否对陶瓷浆料的固含量有显著影响。当分散剂的分子量较大时，分散剂分子链相应较长。对于纳米级 MgAl₂O₄ 粉体，若使用分子量较大的分散剂来分散，会发生分散剂分子在陶瓷粉体颗粒上缠绕、分散剂分子包裹陶瓷粉体颗粒等现象，影响分散效果。A30SL 的分子量为 6000，Dolapix CE64 的分子量仅为 350，两者分子量差异较大。理论上来说，使用低分子量的分散剂 Dolapix CE64 分散纳米级 MgAl₂O₄ 粉体，有利于制备具有更高固含量并且较低黏度的陶瓷浆料。

4. 固含量和分散剂含量对分散效果的影响

为了研究固含量对陶瓷浆料分散效果的影响，首先表征了经 1.8 wt% Dolapix CE64 分散剂分散后粉体 S25CR 的 Zeta 电位。由图 1-18 可知，经 Dolapix CE64 分散后，粉体 S25CR 的 Zeta 电位随 pH 的升高而下降，等电点位于 pH 4～6 范围

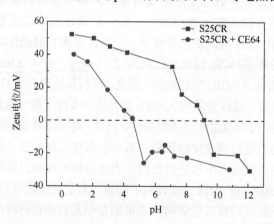

图 1-18　分散剂 Dolapix CE64（1.8 wt%）对粉体 S25CR Zeta 电位的影响

内。当 pH 约为 11 时，粉体 S25CR 的 Zeta 电位为-30 mV，粉体颗粒间可以形成较大的静电斥力。因此，可以判断 1.8 wt% Dolapix CE64 分散剂可以实现对粉体 S25CR 的良好分散。

图 1-19 是粉体 S25CR 制备的不同固含量陶瓷浆料的黏度。在固含量为 50 vol%的陶瓷浆料中，调节分散剂含量分别为 1.2 wt%、1.4 wt%、1.6 wt%和 1.8 wt%；在分散剂含量为 1.6 wt%的陶瓷浆料中，调节固含量分别为 50 vol%、52 vol%和 54 vol%。由图可见，所有浆料均表现为剪切变稀。在浆料固含量为 50 vol%时，随着分散剂含量的提高，浆料的黏度不断降低。例如，当剪切速率为 100 s⁻¹ 时，分散剂含量为 1.2 wt%的 50 vol%固含量陶瓷浆料黏度为 1.19 Pa·s，分散剂含量提高到 1.6 wt%时，50 vol%固含量陶瓷浆料黏度降低为 0.48 Pa·s。当分散剂含量进一步提高到 1.8 wt%时，陶瓷浆料的黏度没有显著变化。因此，可以通过黏度值来判断分散剂含量 1.6 wt%～1.8 wt%为获得较低黏度陶瓷浆料的最佳含量。控制陶瓷浆料的分散剂含量为 1.6 wt%，固含量为 50 vol%、52 vol%和 54 vol% 的陶瓷浆料在剪切速率为 100 s⁻¹ 时，黏度分别为 0.48 Pa·s、0.76 Pa·s 和 1.31 Pa·s。可见随着固含量的提高，陶瓷浆料的黏度不断提高。

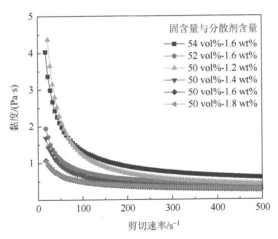

图 1-19　粉体 S25CR 制备的浆料黏度（分散剂 Dolapix CE64）

为了研究分散剂含量和固含量变化对浆料中粉体颗粒分散效果的影响，在上述陶瓷浆料中取样，使用激光粒径仪进行了粒径分析。图 1-20 为 50 vol%固含量、分散剂含量不同以及分散剂含量为 1.6 wt%而固含量不同的陶瓷浆料中颗粒粒径分布的情况。由图可见，所有的颗粒粒径均呈双峰分布，不同的分散剂含量和固含量对粉体颗粒粒径的影响不明显。因此，可以认为在该实验条件下，不同分散剂含量和固含量的陶瓷浆料中粉体颗粒的分散较为稳定，对后续注凝成型操作和素坯烧结影响较小。

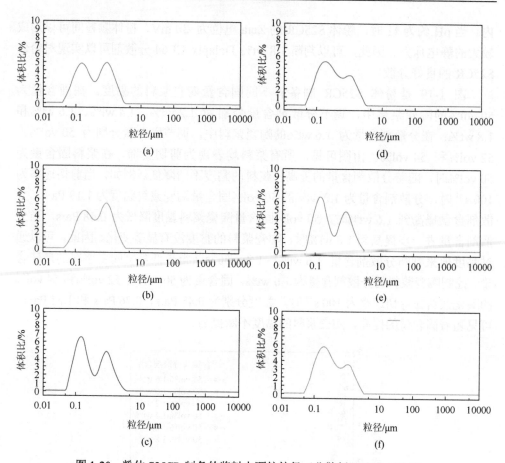

图 1-20　粉体 S25CR 制备的浆料中颗粒粒径（分散剂 Dolapix CE64）

（a）50 vol%，1.2 wt%；（b）50 vol%，1.4 wt%；（c）50 vol%，1.6 wt%；（d）50 vol%，1.8 wt%；（e）52 vol%，1.6 wt%；（f）54 vol%，1.6 wt%

　　对于注凝成型工艺而言，50 vol%固含量的陶瓷浆料即可看作高固含量浆料。尤其当使用纳米粉体为原料时，提高固含量至 50 vol%以上难度非常大。该实验以粉体 S25CR 为原料，采用小分子量的短链分散剂 Dolapix CE64 来分散，并用搅拌磨充分研磨，实现了固含量高达 54 vol%陶瓷浆料的制备。

1.5　注凝成型

1.5.1　五元凝胶体系——自由基聚合凝胶体系[7]

　　自由基聚合凝胶体系的基本原理是通过有机单体发生自由基聚合反应生成高分子网络，原位固化陶瓷颗粒。添加物包括分散剂、单体、交联剂、引发剂和催化剂等。以最常用的丙烯酰胺（acrylamide，AM）单体、交联剂 N, N'-亚甲基双丙烯酰胺（MBAM）、引发剂过硫酸铵（APS）和催化剂 N, N, N, N-四甲基乙二胺体系为例，凝胶固化过程包括链引发、链增长和链终止三个基元反应，同时伴随链转移反应。具体反应过程如图 1-21 所示：①引发剂在一定条件下（加热、催化等）分解，形成初级自由基，以此与单体反应生成单体自由基；②单体自由基与其他单体继续加成，形成新的自由基，如此不断重复加成过程，进入链增长阶段；③随着反应进行，自由基浓度增加，会彼此相互作用，形成稳定的聚合物，链终止。生成的三维凝胶网络将浆料中的陶瓷颗粒原位固化。

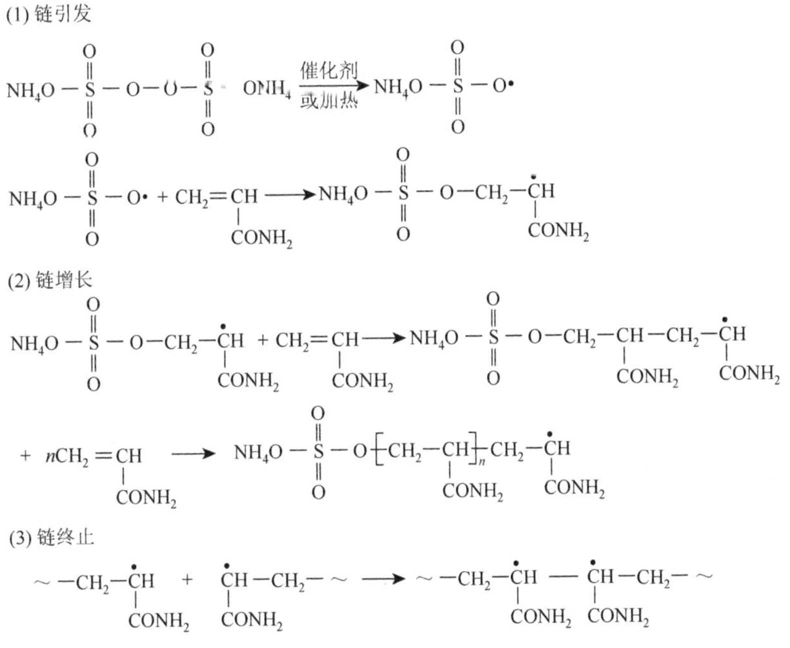

图 1-21　自由基聚合反应过程

成型后陶瓷凝胶的组成包括陶瓷颗粒、有机网络和溶剂（水）。经过脱模和干燥后，得到具有一定强度的陶瓷素坯，再经过预烧和烧结制备出所需的陶瓷产品。基于自由基聚合反应的五元凝胶体系成型的素坯强度高，但是丙烯酰胺单体毒性较高且有机物添加量大（4 wt%～5 wt%）（在干压成型或注浆成型中，有机物的添加量一般≤1 wt%），不满足绿色环保的要求。另外，该凝胶体系还存在氧阻聚问题，导致与空气接触的素坯表面发生起皮和剥落，为了获得无缺陷的陶瓷素坯，成型过程需要在真空或者惰性气氛保护下进行，增加了工艺装备复杂程度。近三十年来，科研人员不断探索新型凝胶体系，希望减少有机物的加入种类和用量，解决氧阻聚问题从而简化操作，同时，期望开发出无毒、绿色环保和价格低廉的凝胶体系。

在丙烯酰胺体系的研究基础上，研究人员开发出一系列低毒性的丙烯酰胺类衍生物或丙烯酸类单体作为替代[38, 39]。表 1-1 所示为有潜力应用到注凝成型中的低毒单体。此外，针对丙烯酰胺体系在空气中氧阻聚导致坯体起皮的问题，研究人员加入适量的聚乙二醇或水溶性聚丙烯酰胺，有效解决了坯体起皮现象[40, 41]。

表 1-1　注凝成型的水溶性单体[38, 39]

	单体	英文缩写	功能性基团
单官能团	丙烯酸	AA	丙烯酸酯
	二甲基氨基异丁烯酸盐[酯]	DMAEMA	丙烯酸酯
	甲基丙烯酸盐[酯]	DMAPMAM	丙烯酸酯
	羟乙基丙烯酸酯	HEA	丙烯酸酯
	羟乙基异丁烯酸盐[酯]	HEMA	丙烯酸酯
	甲氧基聚乙烯-甲丙烯酸脂	MPEGMA	丙烯酸酯
	甲基丙烯酰胺	MAM	丙烯酸酯
	N, N-二甲基丙烯酰胺	DMAM	丙烯酸酯
	三甲基色氨酸/刺桐子氨酸铵	MAETAC	丙烯酸酯
	p-磺酸基苯乙烯酸（钠盐）	SSA	乙烯基
双官能团	N-乙烯基吡络烷酮	NVP	乙烯基
	二烯丙基酒石酸钾铵	DATDA	烯丙基
	N, N-亚甲基双丙烯酰胺	MBAM	丙烯酸酯
	聚乙烯（乙烯，二乙醇）酯	PEGDA	丙烯酸酯
	甲基丙烯酸盐[酯]	DMA	丙烯酸酯

1.5.2　三元凝胶体系

1. 环氧树脂-多胺凝胶固化体系

水溶性环氧树脂是目前应用范围较广的一类凝胶体系，它通过水溶性环氧树脂和多胺固化剂之间的亲核加成反应，形成三维凝胶网络从而原位固化陶瓷浆料。该体系包含分散剂、环氧树脂（epoxy）和多胺（amine）固化剂三种添加剂，故称之为三元体系。反应方程式如式（1-3）所示[42]，多胺固化剂中氨基进攻环氧基团中的碳，环氧基被打开并与氨基的活泼氢生成羟基，剩余的氨基与环氧基继续反应直至生成网络大分子。

$$R_1-NH_2+CH_2-\underset{\underset{O}{\diagup}}{CH}-R_2 \xrightarrow{K_1} R_1NH-CH_2-\underset{\underset{OH}{|}}{CH}-R_2 \qquad (1\text{-}3)$$

在 M. Takeshita 等[43]研究的自硬化注浆体系基础上，中国科学院上海硅酸盐研究所的毛小建利用水溶性环氧树脂凝胶体系进行致密陶瓷、半透明氧化铝和多孔陶瓷的注凝成型研究[42]。其成型工艺流程为：在分散剂水溶液中依次加入陶瓷粉体、水溶性环氧树脂以及多胺固化剂；球磨混合浆料后真空除气，浇注在一定形状模具中；静置浆料充分固化后脱模并干燥。整个工艺在室温空气条件下即可进行，且所制坯体表面光滑，显微结构均匀，适用于不同形状陶瓷部件的成型。以环氧树脂-多胺为代表的三元凝胶体系，解决了早期凝胶体系单体毒性大和氧阻聚的难题，适于在空气中操作。水溶性环氧树脂与多胺固化剂的毒性较小，适合工业化推广。该三元体系已成功推广至洛阳欣珑陶瓷有限公司，生产的产品有泡沫氧化铝耐火砖、致密氧化铝和半透明氧化铝薄片等。随后，中南大学的谢睿等以水溶性环氧树脂乙二醇缩水甘油醚树脂为基础，成功制备了素坯强度高、显微结构均匀的氧化铝陶瓷[44]。

2. 其他三元凝胶体系

聚乙烯醇（PVA）分子链上含有大量极性羟基，可以通过与交联剂的耦合或氢键作用形成化学或物理凝胶。据此，Morissette 等[45]将其应用于陶瓷体系的凝胶成型。选用的交联剂为有机钛酸螯合物（tyzor-TE），二者耦合反应形成 C—O—Ti—O—C 键，如式（1-4）所示。PVA 毒性低，是陶瓷工艺过程中常用的黏结剂，但反应需要通过加热或者调节 pH 来引发。凝胶体的性能与浆料固含量和添加剂含量、比例等密切相关。Chabert 等[46]选用 2,5-二甲氧基四氢呋喃（DHF）作为交联剂，将浆料加热至 60～80℃，凝胶成型了 Al_2O_3 陶瓷。前驱体溶液中有机物添加量少（1 wt%～3 wt% PVA/Al_2O_3），成型的素坯强度约 1 MPa，足够复杂形状样品脱模和素坯加工。

步骤1：

$$Ti(OR)_4 + \begin{matrix}-OH\\-OH\\-OH\end{matrix} \longrightarrow \begin{matrix}-O-Ti(OR)_3\\-OH\\-OH\end{matrix} + ROH$$

完全水解的PVA

步骤2：

$$\begin{matrix}-O-Ti(OR)_3\\-OH\\-OH\end{matrix} + \begin{matrix}HO-\\HO-\\HO-\end{matrix} \longrightarrow \begin{matrix}-O-\underset{\underset{OR}{|}}{\overset{\overset{OR}{|}}{Ti}}-O-\\-OH\quad HO-\\-OH\quad HO-\end{matrix} + ROH \qquad (1\text{-}4)$$

Bengisu 等[47]报道了一种壳聚糖（chitosan）-戊二醛（glutaraldehyde）凝胶体系，壳聚糖是一种天然有机高分子多糖，无毒。在酸性条件下，壳聚糖的氨基（—NH$_2$）和戊二醛的羧基[—C(＝O)—]反应生成亚胺键（—C＝N—），形成凝胶网络。固化过程可以在室温空气中进行，通过控制壳聚糖浓度调节凝胶反应速率。用该体系成型了形状复杂、表面质量好的 Al$_2$O$_3$ 陶瓷，但是戊二醛有一定毒性。Johnson 等[48,49]研究了壳聚糖 DHF 凝胶体系。在酸性条件下，DHF 分解得到丁烯二醛，分子链上的羧基[H—C(＝O)—R$_1$]与壳聚糖的氨基（R$_2$—NH$_2$）发生席夫碱反应（R$_2$—N＝CH—R$_1$ + H$_2$O），生成交联网络。凝胶固化最佳条件为 pH = 4.5，温度 80～90℃，成型素坯强度较低，为 0.2～0.3 MPa。Jia 等[50,51]选用天然无毒的多糖类聚合物海藻酸钠和多价金属离子反应固化陶瓷浆料。凝胶过程中磷酸钙的 Ca^{2+}取代海藻酸钠中的 Na$^+$，将海藻酸交联成三维网络。由于反应过程不可逆，为了控制凝胶速率，可以加入螯合剂[(NaPO$_3$)$_6$]控制 Ca^{2+}的释放。干燥过程收缩率小，仅为 2%～3%，成型素坯的强度来源于海藻酸分子链之间 Ca^{2+}的络合作用，并且与浓度有关，当磷酸钙浓度为 1.8 vol%时，强度为 8 MPa。这个体系也被应用于碳化硅（SiC）[52]、锆钛酸铅（PZT）[53]、碳化钨（WC）[54]等陶瓷的制备。

到目前为止，已有 PVA-有机钛酸酯、PVA-DHF、PVA-二醛、壳聚糖-DHF 和环氧树脂-多胺等三元凝胶体系问世。然而，以这些凝胶体系所制备的浆料的流变性能较差。例如，以 PVA-DHF 为代表的三元凝胶体系，在配制浆料时需要强酸介质调节浆料的酸度（pH = 1.5～2.0）并加热至 60～80℃，而且浆料的黏度大、固含量低。

1.5.3　二元凝胶体系

二元凝胶体系中含有分散剂和凝胶固化剂各一种，固化剂通常为有机大分子，可以通过改变温度等物理条件使分子链间发生物理交联形成凝胶网络。

琼脂糖[55,56]、明胶[57,58]、卡拉胶[59]和蛋白质[60,61]等都属于无毒的天然多糖大分子，在加热时可以溶解在水溶液中，冷却时固化，形成凝胶网络原位成型陶瓷素坯。Xie 等[62]研究了琼脂糖凝胶大分子在陶瓷原位成型中的应用。琼脂糖分子链构型随温度变化的凝胶化过程如图 1-22 所示：3%琼脂糖在 80℃时完全溶解；降温过程中，无规则线团状的高分子链段形成螺旋体，相互间产生范德瓦耳斯力和氢键引力，浆料黏度增大；当温度冷却至 37℃（凝胶临界温度点）时，形成三维网络结构，得到坚实的凝胶。凝胶强度与琼脂糖浓度呈现线性关系。成型的氧化铝素坯干燥强度约 3.2 MPa，有机物含量少，烧结前不需要单独排胶，可制得均匀致密的异形陶瓷部件。

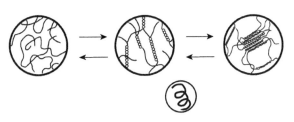

图 1-22　琼脂糖在凝胶化过程中的结构变化

　　明胶也具有类似琼脂糖的凝胶特性，Chen 等[63]研究了 Al$_2$O$_3$ 固含量为 53 vol%、明胶含量为 1 wt%的体系。在 40℃时，明胶即可完全溶解，冷却至 15～20℃时，凝胶分子形成三维网络。明胶、琼脂糖类凝胶大分子无毒、环保，但是浆料制备需要在较高温度下进行，容易造成水分蒸发，浆料黏度增大，工艺操作不便。为此，Xie 等[64]采用尿素作为氢键阻断剂，阻止热明胶浆料冷却过程中凝胶固化的发生，待浆料浇注后，再加入尿素酶分解尿素，使得明胶分子重新获得氢键键合能力，3 h 左右实现凝胶固化成型。该工艺成型的素坯微结构均匀、完整性好，且有机添加剂量少（0.5 wt%明胶/Al$_2$O$_3$），不用排胶即可烧结。

　　类似地，Millan 等[65]报道的卡拉胶在 65℃完全溶解，降温至 30℃时开始凝胶，只需要 10～20 s 即可完全固化，有利于将浆料的均匀性保持至素坯中。同时，卡拉胶添加量为 0.25 wt%时即可获得完整的陶瓷凝胶，并且制得的素坯具有较高的相对密度。果胶凝胶体系[66]与改变温度实现凝胶固化的体系不同，需要通过调节浆料 pH 来实现凝胶化过程。其大分子链上存在—COOH、—OH 及—COOCH$_3$ 等极性基团，在碱性条件下无法相互接近，果胶凝胶体系需要在中性或者碱性水溶液中溶解，再调节溶液 pH 至 4.0 以下，从而实现凝胶化。注模后，升温至 40℃，即发生凝胶化反应，形成立体网络结构的凝胶体。Lyckfeldt 等[67]利用鸡蛋清在高温条件下变性固化的特性，将蛋白质运用到陶瓷的注凝成型技术中。淀粉[68]、葡萄糖[69]、吉兰糖胶[70]和凝结多糖[71]等也具有凝胶特性，被应用于陶瓷的原位固化成型。但是，这类凝胶体系浆料的固含量和素坯强度较低，固化时间长，而且浆料制备时需要加热，易造成水分蒸发，工艺操作不便。

1.6　直接凝固注模成型

1.6.1　改变 pH

　　1995 年，瑞士联邦理工大学 Gauckler 教授课题组提出了一种新型近净尺寸陶瓷原位固化成型方法——直接凝固注模成型（DCC）[8]。胶体化学 DLVO 经典理论能够很好地说明直接凝固注模成型的基本原理。浆料中陶瓷粉体颗粒之间主要存在范德瓦耳斯引力和双电层产生的静电排斥力，范德瓦耳斯引力和静电排斥力的大小决定着浆料的稳定性。当范德瓦耳斯引力占主导时，浆料表现为固化倾向；当静电排斥力占主导时，浆料则表现为分散倾向。外界条件对范德瓦耳斯引力的影响很小，但静电排斥力与浆料的 pH、离子强度密切相关。因此，通过调节静电排斥力大小可以使浆料达到颗粒稳定悬浮分散或固化的效果。

如图 1-23 所示，通过调节浆料的 pH 向等电点（IEP）靠近，或者增加浆料中离子强度，由于静电排斥力降低，范德瓦耳斯引力占据主导作用，浆料逐渐由液态向固态转变。在低固含量的陶瓷浆料中颗粒发生聚沉，表现为絮凝；在高固含量的陶瓷浆料中则直接表现为固化。即通过改变悬浮体的 pH 和增加离子强度的方式，均可以实现陶瓷浆料原位固化的效果。

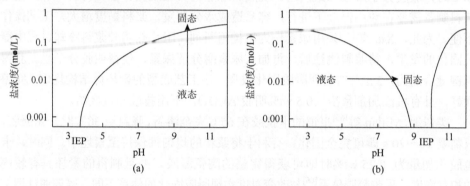

图 1-23　直接凝固注模成型的固化原理[72]
（a）调节 pH；（b）增加离子强度

直接凝固注模成型的工艺流程包括三个主要步骤：一是将陶瓷粉体、分散剂和水充分混合球磨，在远离陶瓷粉体等电点的 pH 位置制备高固含量、低黏度的陶瓷浆料。一般认为，分散良好的陶瓷浆料在 $100\ s^{-1}$ 的剪切速率下，黏度应低于 $1\ Pa·s$ 才能达到注模要求。二是经过除气，向浆料中添加能够降低 Zeta 电位的试剂，之后注模。三是经过可控的固化手段，实现陶瓷浆料的原位固化。Gauckler 教授课题组首次将生物酶技术融入陶瓷原位固化成型工艺。他们将尿素添加至悬浮体中，调节温度至 5℃ 左右添加尿素酶，此时尿素酶活性很低。当尿素酶在悬浮体中均匀散开之后，升高温度至 20～50℃，激发尿素酶的活性，使悬浮体中的尿素发生分解，导致悬浮体的 pH 逐渐向等电点靠近，颗粒间排斥力减小；同时尿素分解释放的离子与粉体颗粒表面电荷相反，通过增加反离子的强度，压缩陶瓷颗粒的双电层，使总势能下降，范德瓦耳斯引力占优，使浆料从稳态变成凝聚态。尿素酶催化尿素分解反应方程式如下：

$$CO(NH_2)_2 + H_2O \xrightarrow{\text{尿素酶}} NH_3 + CO(NH_2)OH \tag{1-5}$$

$$CO(NH_2)OH + H_2O \longrightarrow NH_3 + H_2CO_3 \tag{1-6}$$

$$NH_3 + H_2O \longrightarrow NH_4^+ + OH^- \tag{1-7}$$

浆料的固含量较低时，陶瓷颗粒的间距过大，体系的势能降低会导致浆料失去稳定，但仅发生局部团聚，无法实现浆料的原位凝固。利用不同的酶催化体系可以实现不同陶瓷浆料的原位固化，该方法已经成功运用于不同类型的氧化物和非氧化物陶瓷体系[73, 74]。例如，石磊等[75]详细考察了水基氧化铝浆料特性及适合氧化铝浆料成型的固含量、pH 和浆料离子浓度，采用 $NH_3 \cdot H_2O$ 分解出 NH_3 并使之自然挥发改变 pH 直接凝固注模成型。他们选用 $NH_3 \cdot H_2O$ 将氧化铝浆料的 pH 提高到 11 左右，浆料的临界固含量达到 60 vol%，浆料流动性良好，有利于注模。注模后，$NH_3 \cdot H_2O$ 的挥发使得浆料 pH 逐渐达到 6.5 左右，浆料黏度迅速增加，促进凝固的发生。

一些酯类、酰胺类和内酯类试剂的水解反应可改变体系 pH，也可以作为底物加入陶瓷浆料中。

1.6.2　反价离子

在陶瓷浆料原位固化成型过程中，低黏度、高固含量的陶瓷浆料的制备是获得高致密度、高均一性坯体的关键，也是降低烧结温度，减少陶瓷内应力，进而提高陶瓷材料应用稳定性的行之有效的方法。陶瓷粉体中高价反离子的存在，限制了低黏度陶瓷浆料固含量的提高。

杨金龙课题组[76, 77]曾经报道用离子交换树脂去除氧化铝浆料中的高价反离子 SO_4^{2-}，最终获得了固含量高达 65 vol% 的氧化铝浆料。用离子交换树脂去除氮化硅浆料中的高价反离子 Ca^{2+} 和 Mg^{2+} 后，固含量达到 58 vol%、浆料在剪切速率为 $100\ s^{-1}$ 时黏度仍然保持在 1 Pa·s 以下。目前绝大多数相关研究都关注高价反离子对陶瓷浆料的负面影响，尤其是对浆料黏度的升高作用。

另外，正是由于高价反离子的这一性质，通过缓慢释放高价反离子使浆料黏度升高进而实现液固转变成为一种很有希望的新的陶瓷浆料固化成型方法。针对缓慢控制释放高价反离子在陶瓷直接凝固注模成型中的应用，温宁[78]研究了高价反离子对 Al_2O_3 陶瓷浆料流变性能的影响，高价反离子的缓慢控制释放及其对陶瓷浆料的固化作用。该项工作研究了脂质体作为递送媒介对 $Ca_3(PO_4)_2$ 的包覆以及控制释放性能，得出的主要研究结论包括：①高价反离子对陶瓷浆料有强烈的聚沉作用，少量高价反离子的加入即可使浆料黏度升高。高价反离子在浆料中临界聚沉浓度在 5~30 mmol/L 之间，高价反离子含量在临界聚沉浓度以下时浆料黏度（剪切速率 $100\ s^{-1}$）均不高于 1 Pa·s。②高价反离子对陶瓷浆料的作用除受到价态影响外，还受到离子种类、浆料固含量、离子水解常数及浆料中其他与高价离子反应的组分的影响。当采用柠檬酸铵（TAC）分散 Al_2O_3 浓悬浮体时，相比于 Mg^{2+}、

Cu^{2+}、Al^{3+}、Y^{3+}、Cr^{3+}和Fe^{3+}，Ca^{2+}的临界聚沉浓度更低。③可以利用脂质体缓慢释放高价反离子固化陶瓷浆料，38℃水浴 3.5 h 可使浆料黏度升高至 3.5 Pa·s。但浆料固化过程较慢，坯体脱模需要 8~24 h。

1.6.3　消耗分散剂

在陶瓷浆料的制备过程中，加入分散剂的目的是提高粉体颗粒表面斥力，使颗粒在水中均匀稳定分散。直接凝固注模成型原理是改变悬浮体中颗粒间作用力，降低表面斥力，同时通过范德瓦耳斯力使颗粒相互吸引直接聚沉固化。因此，研究者开始把目光投向消耗掉浆料中的分散剂。例如，Prabhakaran 等[79]在以丙烯酸盐为分散剂的氧化铝浆料的直接凝固注模成型工艺中，加入 MgO 作为凝结组分，分析了 MgO 对氧化铝浆料流变性的影响。研究表明，0.2 wt%的 MgO 显著增加了浆料的黏度并最终使之固化形成坯体。Laucournet 等[80]通过羟基乙酸铝在水中电离出来的 Al^{3+}与浆料中的分散剂 4, 5-$(OH)_2C_6H_2$-1, 3-$(SO_3Na)_2$ 形成稳定的配合物，促进了陶瓷浆料的凝固。

干科[81]以分散剂对陶瓷悬浮体的分散机理为依据，围绕陶瓷悬浮体的分散稳定机理，系统研究了陶瓷分散剂失效原位凝固注模成型新工艺。首先以四甲基氢氧化铵为分散剂制备了静电稳定的氮化硅、碳化硅悬浮体；以三聚磷酸钠为分散剂制备了静电稳定的氧化锆悬浮体；以聚乙烯吡咯烷酮为分散剂制备了空间位阻稳定的氧化锆陶瓷悬浮体；以聚乙烯亚胺为分散剂制备了静电空间位阻稳定的碳化硅悬浮体；以正辛烷为溶剂、油酸为分散剂制备了半空位稳定的非水基氧化铝悬浮体。所制备的五种陶瓷浆料固含量大于等于 50 vol%、黏度低于 1 Pa·s。

通过分散剂的可控反应、水解、交联和析出等方式使分散剂脱附或失效，成功地实现了五种陶瓷分散剂失效原位凝固陶瓷悬浮体的成型。其中，在氮化硅和碳化硅浆料中，通过控制温度使二乙酸甘油酯水解释放乙酸，乙酸与分散剂四甲基氢氧化铵发生中和反应，通过温度控制二乙酸甘油酯的水解速率实现了非氧化物悬浮体的可控和均匀固化。在氧化锆浆料中，利用三聚磷酸钠分散剂在高温下水解的特性，通过控制温度变化，使稳定分散的陶瓷悬浮体实现分散剂水解失效固化。针对半空位稳定的非水基氧化铝陶瓷悬浮体，利用分散剂与溶剂熔点的差值，通过控制温度实现了低温诱导分散剂失效原位凝固非水基氧化铝陶瓷悬浮体，获得了高均一性、低收缩的氧化铝陶瓷坯体。

1.7　本章小结

本章首先介绍了先进陶瓷的基本概念、特性和应用领域。成型是先进陶瓷制备的重要工序之一，成型高质量的坯体是获得高性能陶瓷的必要条件，即成型的坯体应具有颗粒堆积密度高且均匀的微观结构和较高的宏观力学性能（如强度和塑性等），以满足搬运、存储和机械加工的需求。

日用瓷黏土原料颗粒表面带负电荷，与水混合后具有悬浮性，脱水后泥团具有可塑性，能够满足注浆、拉坯和压延等成型工艺需求。然而，先进陶瓷的粉体原料缺乏黏土属性，必须添加有机高分子化合物辅助才能够成型。有机高分子化合物的添加方式有两种，一种是添加到水等溶剂中与陶瓷颗粒混合形成悬浮液（或称浆料），经喷雾造粒，用于干法成型（包括干压和冷等静压），或直接进行湿法成型，湿法成型又分为固液分离和原位固化两大类；另一种是直接与陶瓷颗粒混合，用于塑性成型，如热压铸和注射成型等。

上述成型方法中，绝大部分都离不开陶瓷浆料的制备，离不开有机高分子在陶瓷颗粒表面的吸附及其对表面荷电的影响。因此，本章简略介绍了胶体化学基础和陶瓷颗粒分散的主要影响因素。原位固化成型是自 1991 年兴起的一类新型湿法成型方法，包括注凝成型、直接凝固注模成型和自固化凝胶成型。这种方法成型的坯体具有微观结构均匀、坯体强度高等优势，烧结后的陶瓷具有更高的性能。为此，专门设置两节分别介绍注凝成型和直接凝固注模成型，为本书后续章节介绍自固化凝胶成型奠定基础。

参 考 文 献

[1] 徐熙武. 卫生陶瓷原料与泥釉料配方. 北京：化学出版社，2018.

[2] Reed J S. Introduction to the Principles of Ceramic Processing. Toronto：John Wiley & Sons，1988：346.

[3] Young A C，Omatete O O，Janney M A，et al. Gelcasting of alumina. Journal of the American Ceramics Society，1991，74（3）：612-618.

[4] Graule T J，Baader F H，Gauckler L J. Casting uniform ceramics with direct coagulation. Chemtech，1995，25（6）：31-37.

[5] Yang Y，Shimai S Z，Wang S W. Room-temperature gelcasting of alumina with a water-soluble copolymer. Journal of Material Research，2013，28（11）：1512-1516.

[6] Bergström L，Sjöström E. Temperature induced gelation of concentrated ceramic suspensions：Rheological properties. Journal of the European Ceramic Society，1999，19（12）：2117-2123.

[7] Lange F F，Velamakanni B V. Method for preparation of dense ceramic products：US 5188780. 1993-2-23.

[8] Kosmac T，Novak S，Sajko M. Hydrolisis-assisted solidification（HAS）：A new setting concept for ceramic net-shaping. Journal of the European Ceramic Society，1997，17（2）：427-432.

[9] 刘高兴，严泉才，孟德安，等. 塑性挤压成型 90 氧化铝陶瓷工艺研究. 现代技术陶瓷，2002，92（2）：40-42.

[10] 江东亮. 精细陶瓷材料. 北京：中国物资出版社，2000.

[11] Schwartzwalter K. Injection molding of ceramic materials. American Ceramics Society Bulletin，1949，28：459.

[12] 施剑林，蒋丹宇，徐兵，等. 注射成型氧化锆制品的制作方法：CN 03115163.9. 2003-01-24.

[13] Wentworth C，Taylor G W. Processing parameters and electrical properties of doctor-bladed ferroelectronic ceramics. American Ceramics Society Bulletin，1967，46：1186-1196.

[14] 吉浩浩. 复杂构型激光陶瓷的制备和性能研究. 北京：中国科学院大学，2023.

[15]　傅献彩，沈文霞，姚天扬，等. 物理化学（下册）. 5 版. 北京：高等教育出版社，2006.

[16]　彭翔. 大尺寸氧化铝陶瓷的注凝成型研究. 北京：中国科学院大学，2016.

[17]　Napper D H. Polymeric Stabilization of Colloidal Dispersions. New York：Academic Press，1983.

[18]　陈宗淇. 胶体与界面化学. 北京：高等教育出版社，2001.

[19]　Lewis J A. Colloidal processing of ceramics. Journal of the American Ceramic Society, 2000, 83（10）：2341-2359.

[20]　Chou K S，Lee L J. Effect of dispersants on the rheological properties and slip casting of concentrated alumina slurry. Journal of the American Ceramic Society，1989，72（9）：1622-1627.

[21]　Luther E E，Yanez J A，Franks G V，et al. Effect of ammonium citrate on the rheology and particle packing of alumina slurries. Journal of the American Ceramic Society，1995，78（6）：1495-1500.

[22]　Çınar S，Akinc M. Ascorbic acid as a dispersant for concentrated alumina nanopowder suspensions. Journal of the European Ceramic Society，2014，34（8）：1997-2004.

[23]　Liu X，Wang H，Chen D，et al. Study of nanocrystalline TiO_2 prepared with raw and modified gelatin dispersants. Journal of Applied Polymer Science，1999，73（13）：2569-2574.

[24]　Salahinejad E，Hadianfard M，Macdonald D，et al. Zirconium titanate thin film prepared by an aqueous particulate sol-gel spin coating process using carboxymethyl cellulose as dispersant. Materials Letters，2012，88：5-8.

[25]　Li F，Chen H，Wu R. Effect of polyethylene glycol on the surface exfoliation of SiC green bodies prepared by gelcasting. Materials Science and Engineering A，2004，368（1）：255-259.

[26]　Pettersson A，Marino G，Pursiheimo A，et al. Electrosteric stabilization of Al_2O_3, ZrO_2, and 3Y-ZrO_2 suspensions：effect of dissociation and type of polyelectrolyte. Journal of Colloid and Interface Science，2000，228（1）：73-81.

[27]　Akhondi H，Taheri-Nassaj E，Taavoni-Gilan A. Gelcasting of alumina-zirconia-yttria nanocomposites with Na-alginate system. Journal of Alloys and Compounds，2009，484（1）：452-457.

[28]　Cesarano III J，Aksay I A，Bleier A. Stability of aqueous α-Al_2O_3 suspensions with poly(methacrylic acid) polyelectrolyte. Journal of the American Ceramic Society，1988，71（4）：250-255.

[29]　Hackley V A. Colloidal processing of silicon nitride with poly(acrylic acid)：I. adsorption and electrostatic interactions. Journal of the American Ceramic Society，1997，80（9）：2315-2325.

[30]　全建峰，陈大明. pH 值对凝胶注模氧化铝陶瓷料浆性能的影响. 航空材料学报，2003，23（3）：50-52.

[31]　刘学健，古宏晨，黄莉萍，等. 分散剂对氮化硅浆料流变性的影响. 无机材料学报，1999，14（3）：491-494.

[32]　Santacruz I，Anapoorani K，Binner J. Preparation of high solids content nanozirconia suspensions. Journal of the American Ceramic Society，2008，91（2）：398-405.

[33]　Pénard A L，Rossignol F，Pagnoux C，et al. Coagulation of concentrated suspensions of ultrafine alumina powders by pH shift. Journal of the American Ceramic Society，2006，89（7）：2073-2079.

[34]　Li W，Chen P，Gu M，Jin Y. Effect of TMAH on rheological behavior of SiC aqueous suspension. Journal of the European Ceramic Society，2004，24（14）：3679-3684.

[35]　宋少先. 疏水絮凝理论与分选工艺. 北京：煤炭工业出版社，1993.

[36]　任俊，卢寿兹. 亲水性及疏水性颗粒在水中的分散行为研究. 中国粉体技术，1999，5（2）：6-9.

[37]　刘梦玮. 细晶高强 $MgAl_2O_4$ 透明陶瓷的制备及晶粒生长行为研究. 北京：中国科学院大学，2022.

[38]　Janney M A，Omatete O O，Walls C A. Developments of low-toxicity gelcasting systems. Journal of the American Ceramic Society，1998，81：581-591.

[39]　薛义丹，徐廷献，郭文利，等. 注凝成型工艺及其新发展. 硅酸盐通报，2003，5：69-73.

[40]　Ma J T. Gelcasting of alumina ceramics in the mixed acrylamide and polyacrylamide systems. Journal of the European Ceramic Society，2003，23：2273.

[41] Li F. Effect of polyethylene glycol on the surface exfoliation of SiC green bodies prepared by gelcasting. Material Science Engineering，2004，368：255.

[42] 毛小建. 新型凝胶注成型及其在氧化物陶瓷中的应用. 上海：中国科学院上海硅酸盐研究所，2008.

[43] Takeshita M，Kurita S. Development of self-hardening slip casting. Journal of the European Ceramic Society，1997，17：415-419.

[44] Xie R，Zhou K，Gan X P，et al. Effect of epoxy resin on gelcasting process and mechanical properties of alumina ceramics. Journal of the American Ceramic Society，2013，96（4）：1107-1112.

[45] Morissette S L，Lewis J. Chemorheology of aqueous-based alumina-poly(vinyl alcohol) gelcasting suspensions. Journal of the American Ceramic Society，1999，82（3）：521-528.

[46] Chabert F，Dunstan D E，Franks G V. Cross-linked polyvinyl alcohol as a binder for gelcasting and green machining. Journal of the American Ceramic Society，2008，91（10）：3138-3146.

[47] Bengisu M，Yilmaz E. Gelcasting of alumina and zirconia using chitosan gels. Ceramics International，2002，28（4）：431-438.

[48] Johnson S B，Dunstan D E，Franks G V. Rheology of cross-linked chitosan-alumina suspensions used for a new gelcasting process. Journal of the American Ceramic Society，2002，85（7）：1699-1705.

[49] Johnson S B，Dunstan D E，Franks G V. A novel thermally-activated crosslinking agent for chitosan in aqueous solution：A rheological investigation. Colloid and Polymer Science，2004，282（6）：602-612.

[50] Jia Y，Kanno Y，Xie Z. New gel-casting process for alumina ceramics based on gelation of alginate. Journal of the European Ceramic Society，2002，22（12）：1911-1916.

[51] Jia Y，Kanno Y，Xie Z. Fabrication of alumina green body through gelcasting process using alginate. Materials Letters，2003，57（16）：2530-2534.

[52] Wang X，Xie Z，Huang Y，et al. Gelcasting of silicon carbide based on gelation of sodium alginate. Ceramics International，2002，28（8）：865-871.

[53] Alkoy S，Yanik H，Yapar B. Fabrication of lead zirconate titanate ceramic fibers by gelation of sodium alginate. Ceramics International，2007，33（3）：389-394.

[54] Khoee A A N，Habibolahzadeh A，Qods F，et al. Fabrication of tungsten carbide foam through gel-casting process using nontoxic sodium alginate. International Journal of Refractory Metals and Hard Materials，2014，43：115-120.

[55] Santacruz I，Nieto M I，Moreno R. Alumina bodies with near-to-theoretical density by aqueous gelcasting using concentrated agarose solutions. Ceramics International，2005，31（3）：439-445.

[56] Adolfsson E. Gelcasting of zirconia using agarose. Journal of the American Ceramic Society，2006，89（6）：1897-1902.

[57] Vandeperre L，de Wilde A，Luyten J. Gelatin gelcasting of ceramic components. Journal of Materials Processing Technology，2003，135（2）：312-316.

[58] Tulliani J M，Bartuli C，Bemporad E，et al. Preparation and mechanical characterization of dense and porous zirconia produced by gel casting with gelatin as a gelling agent. Ceramics International，2009，35（6）：2481-2491.

[59] Millán A J，Nieto M I，Moreno R. Aqueous gel-forming of silicon nitride using carrageenans. Journal of the American Ceramic Society，2001，84（1）：62-64.

[60] Dhara S，Bhargava P. Egg white as an environmentally friendly low-cost binder for gelcasting of ceramics. Journal of the American Ceramic Society，2001，84（12）：3048-3050.

[61] He X，Su B，Zhou X，et al. Gelcasting of alumina ceramic using an egg white protein binder system. Ceramics Silikaty，2011，55（1）：1-7.

[62] Xie Z, Yang J, Huang D, et al. Gelation forming of ceramic compacts using agarose. British Ceramic Transactions, 1999, 98 (2): 58-61.

[63] Chen Y, Xie Z, Yang J, et al. Alumina casting based on gelation of gelatine. Journal of the European Ceramic Society, 1999, 19 (2): 271-275.

[64] Xie Z, Chen Y, Huang Y. A novel casting forming for ceramics by gelatine and enzyme catalysis. Journal of the European Ceramic Society, 2000, 20 (3): 253-257.

[65] Millan A, Nieto M, Moreno R. Near-net shaping of aqueous alumina slurries using carrageenan. Journal of the European Ceramic Society, 2002, 22 (3): 297-303.

[66] 胡正水, 邓斌. 果胶大分子在陶瓷凝胶注模成型工艺中的应用研究. 材料导报, 2000, (Z10): 54-57.

[67] Lyckfeldt O, Brandt J, Lesca S. Protein forming-a novel shaping technique for ceramics. Journal of the European Ceramic Society, 2000, 20 (14): 2551-2559.

[68] Chandradass J, Kim K H, Bae D S, et al. Starch consolidation of alumina: Fabrication and mechanical properties. Journal of the European Ceramic Society, 2009, 29 (11): 2219-2224.

[69] Bednarek P, Szafran M, Sakka Y, et al. Gelcasting of alumina with a new monomer synthesized from glucose. Journal of the European Ceramic Society, 2010, 30 (8): 1795-1801.

[70] Zhang Y, Xu J, Qu Y, et al. Gelcasting of alumina suspension using gellan gum as gelling agent. Ceramics International, 2014, 40 (4): 5715-5721.

[71] Xu J, Zhang Y, Gan K, et al. A novel gelcasting of alumina suspension using curdlan gelation. Ceramics International, 2015, 41 (9): 10520-10525.

[72] Gauckler L, Graule T, Baader F. Ceramic forming using enzyme catelyzed reactions. Materials Chemistry and Physics, 1999, 61: 78-102.

[73] Hruschka M K M, Si W, Tosatti S, et al. Processing of β-silicon nitride from water-based alpha-silicon nitride, alumina, and yttria powder suspensions. Journal of the American Ceramics Society, 1999, 82 (8): 2039-2043.

[74] Balzer B, Hruschka M K M, Gauckle L J. In situ rheological investigation of the coagulation in aqueous alumina suspensions. Journal of the American Ceramics Society, 2001, 84 (8): 1733-1739.

[75] 石磊, 朱跃峰, 张婵, 等. 氧化铝陶瓷直接凝固注模成型（DCC）工艺参数的研究. 材料科学与工艺, 2008, 16 (5): 688-691.

[76] 黄勇, 杨金龙, 司文捷, 等. 低粘度、高固相含量的陶瓷浓悬浮体的制备方法: CN 96106582.6[P]. 1996-06-28.

[77] 杨金龙. 陶瓷原位凝固胶态成型新工艺的研究. 北京: 清华大学, 1996.

[78] 温宁. 通过缓释高价反离子直接凝固成型陶瓷新工艺的研究. 北京: 清华大学, 2011.

[79] Prabhakaran K, Kumbhar C S, Raghunath S, et al. Effect of concentration of ammoniumpoly(acrylate) and MgO on coagulation characteristics of aqueous alumina direct coagulation casting slurries. Journal of the American Ceramic Society, 2008, 91: 1933-1938.

[80] Laucournet R, Pagnoux C, Chartier T. et al. Coagulation method of aqueous concentrated alumina suspensions by thermal decomposition of hydroxyaluminum diacetate. Journal of the American Ceramic Society, 2010, 83 (11): 2661-2667.

[81] 干科. 陶瓷分散剂失效原位凝固注模成型新工艺研究. 北京: 清华大学, 2017.

第2章　自固化凝胶成型原理及凝胶体系

2.1　引　言

尖端半导体设备和武器装备等高端应用领域对大尺寸和复杂形状先进陶瓷部件的需求呈现出飞速增长的趋势，对产品的种类要求也呈现出多样性的特点。例如，用于硅晶圆研磨抛光的氧化铝载盘，最大直径超过 1 m；用于液晶显示屏载运的氧化铝陶瓷基板，长度大于 2 m[1]；机载光电吊舱光学窗口为球罩结构，且超半球[2]；等等。先进陶瓷的制备工艺面临严峻挑战，成型工艺首当其冲。发展新的成型技术一直是先进陶瓷领域研究人员不断追求、从未间断的研究方向。目前已经发展了注浆、冷等静压和浆料原位固化等多种成型方法。

浆料原位固化成型包括 1991 年美国橡树岭国家实验室发明的注凝成型[3]、1995 年苏黎世联邦理工学院发明的直接凝固注模成型[4]和 2011 年中国科学院上海硅酸盐研究所报道的自固化凝胶成型[5]。基于自由基聚合反应的注凝成型需要使用五种添加剂（简称五元注凝体系），其基本原理是在介质（水）中陶瓷颗粒表面吸附分散剂经混合形成浆料，然后单体和交联剂在引发剂和催化剂的作用下发生自由基聚合反应形成三维网络（类似于聚酯豆腐），从而原位固定陶瓷颗粒形成湿坯。随后，三元（PVA-有机钛酸盐[6]、PVA-DHF[7]、PVA-二醛[8]、壳聚糖-DHF[9]和环氧树脂-多胺[10]）以及二元（甘油-丙烯酸酯[11]和 3-O-丙烯酸-D-葡萄糖[12]）等新的注凝体系相继问世。人们还尝试用天然高分子（琼脂[13]、海藻酸盐[14]、蛋白质[15]、琼脂糖[16]和明胶[17]）替代人工合成的有机添加剂。直接凝固注模成型结合了胶体化学和生物酶技术。首先调节高固含量浆料陶瓷颗粒表面电位远离等电点，然后在较低温度下添加尿素和尿素酶。随后升温激活尿素酶，诱导尿素分解改变浆料的 pH，使颗粒表面电位接近等电点，颗粒间排斥力减小从而实现浆料的凝聚固化（类似于卤水豆腐）。杨金龙等[18]发明了高价反离子压缩双电层的方法，丰富了直接凝固注模成型的内涵。与传统的冷等静压成型和注浆成型相比，浆料原位固化成型具有突出的优点：第一，素坯微结构更均匀，为制备高可靠性陶瓷部件提供了基本保证；第二，素坯密度高，利于后续预烧和烧结等工艺；第三，近净尺寸成型，可以降低机械加工成本和难度等。原位固化成型是低成本制备高可靠性先进陶瓷部件最具研究价值的成型方法，已成为陶瓷科学家的研究热点。国内以清华大学、北京航空材料研究院、上海硅酸盐研究所以及中南大学等为代表，近百家研究单位开展了注凝成型和直接凝固注模成型方面的研究工作和工程化应用工作,迄今已出版了五部专著[18-22]。

2.2　一元凝胶体系

2.2.1　凝胶剂的发现

1. 自发凝胶固化现象

针对颗粒堆积密度高、分布均匀、具有一定强度、无污染和成本低等成型基本要求，前述注凝成型和直接凝固注模成型等原位固化成型方法分别存在有机物添加量大和坯体强度较低等问题。自 2003 年，笔者带领团队开展陶瓷浆料原位固化成型新体系的探索研究，发展了基于亲核加成聚合反应的水溶性环氧树脂-多胺注凝体系，报道了致密 Al_2O_3 陶瓷[23]、半透明 Al_2O_3 陶瓷[74]、泡沫 Al_2O_3 陶瓷[25]、Y_2O_3 陶瓷[26]、AlN 陶瓷[27]以及 SiC 陶瓷[28]的注凝成型研究。其中，注凝成型制备致密 Al_2O_3 陶瓷和半透明 Al_2O_3 薄板 [图 2-1（a）]，以及注凝成型结合机械发泡的泡沫 Al_2O_3 陶瓷 [图 2-1（b）] 技术已推广至洛阳欣珑陶瓷有限公司（www.cenlon.net）。

　　　　　　　（a）　　　　　　　　　　　　　　（b）

图 2-1　（a）半透明氧化铝薄板（100 mm×100 mm×1 mm）；（b）泡沫氧化铝陶瓷

环氧树脂-多胺注凝体系使用了分散剂、水溶性环氧树脂和多胺共三种添加剂来制备致密氧化铝和半透明氧化铝等陶瓷材料。当制备泡沫氧化铝陶瓷时，还需另添加发泡剂。在实际生产中，企业希望减少添加，简化操作工艺步骤，降低生产成本。面对企业提出的课题，我们系统考察了前人所做的注凝体系，提出了陶瓷浆料分散与固化一体化的研究思路。陶瓷浆料的制备离不开分散剂，如果分散剂的分子链上除了具有分散功能的官能团之外还具有其他官能团，这些官能团将会在颗粒分散悬浮之后发生物理或化学的相互作用，形成有机网络，即可固化浆料。在这样的思想指导下，我们找到了一种异丁烯与马来酸酐共聚物经氨化处理形成的酰胺-铵盐（商品名 Isobam 104）。研究发现，以平均粒径 D_{50} 约 0.5 μm 的氧化铝粉体为原料，采用 0.3 wt% Isobam 104 分散剂制备的氧化铝浆料可以发生凝

固，形成具有较大塑性变形能力的湿坯（图 2-2）。可
见，Isobam 104 同时具备分散和凝胶固化（凝固）的功
能[5, 29]，能够实现陶瓷浆料的自固化凝胶成型，是一种
新型的浆料原位固化成型剂。

图 2-2　氧化铝湿坯

利用 Isobam 104 成型氧化铝陶瓷湿坯，只涉及一
种添加剂，该添加剂既当分散剂，又当凝胶固化剂，
具有工艺简单的优点，不仅添加量小、无金属离子杂
质、无毒，而且适于常温、空气环境下操作。Isobam
104 自固化凝胶成型受到世界范围内科研人员的广泛
研究，用于各类结构陶瓷（包括透明陶瓷）、功能陶瓷以及泡沫陶瓷的制备。

2　异丁烯-马来酸酐共聚物简介

异丁烯-马来酸酐共聚物（a copolymer of isobutylene and maleic anhydride,
Isobam）分为标准型、铵盐型和酰胺-铵盐型三种。标准型 Isobam 是日本 Kuraray
株式会社使用聚乙烯醇技术开发的异丁烯和马来酸酐的交替共聚物的商品名，
分子结构见式（2-1a），外观为白色粉末，是一种可溶于碱性水溶液的聚合物，
通常将其与氢氧化钠、氨水和胺反应而制成溶液使用。标准型 Isobam 用作具有
优异耐热性和硬度的黏合剂。Isobam 600AF 是 Isobam 600 的铵盐改性产品，部
分马来酸酐基团与氨水反应形成羧酸铵盐，分子结构简式如式（2-1b）（$m/n = 1$：
1）所示。Isobam 600AF 分子量约 6000，具有较好的水溶性。Isobam 104 是 Isobam
的酰胺-铵盐类型，分子结构简式如式（2-1c）（$m/n = 1$：1）所示，分子量为 55000～
65000（为了便于描述，将 Isobam104 和 Isobam600AF 归类为 PIBM）。它具有标
准型 Isobam 的特征并且可溶于水，水溶液呈中性。Isobam 104 分子中含有烷基、
酰胺、羧酸铵和酸酐等多种官能团。Isobam 110 是高聚合度产品，分子量为
160000～170000。

$$（2\text{-}1a）$$

$$（2\text{-}1b）$$

$$\begin{array}{c} \text{CH}_3 & \text{CH}_3 \\ \text{-CH-CH-CH}_2\text{-C-}_m\text{-CH-CH-CH}_2\text{-C-}_n \\ | & | & | & | & | & | \\ \text{O=C} & \text{C=O} & \text{CH}_3 & \text{O=C} & \text{C=O} & \text{CH}_3 \\ | & | & \backslash & / \\ \text{O}^- & \text{NH}_2 & \text{O} \\ \text{NH}_4^+ \end{array} \qquad (2\text{-}1c)$$

2.2.2 普适性研究

1. 结构陶瓷的自固化凝胶成型

2011 年，我们发现了基于异丁烯和马来酸酐的多官能团共聚物（PIBM）一元凝胶体系，开展了该体系在氧化铝浆料原位固化成型方面的研究工作，所制备的 Al_2O_3 陶瓷凝胶经干燥和 1600℃高温烧结后，抗弯强度达到 534 MPa[30]。Lv 等[31] 为了降低氧化铝陶瓷的烧结收缩率，将预烧处理的氧化铝粉体和未处理的氧化铝粉体混合，以 PIBM 为分散剂和固化剂成功制备出烧结收缩率为 7.79%、抗弯强度为 293 MPa 的氧化铝陶瓷（1600℃烧结 2 h）。美国陆军研究实验室 Brennan 等[32]以掺杂稀土元素 Er 的氧化铝粉体为原料，制备不同体系的氧化铝浆料（PIBM 体系和环氧树脂-多胺体系），并比较这两种浆料中氧化铝粉体颗粒在强磁场下的行为。结果表明，PIBM 体系中的氧化铝粉体在相同的磁场强度下具有更高的取向度。Sokolov 等[33]在包覆有磁性铁氧体的片状单晶氧化铝和氧化铝粉体的混合浆料中加入少量 Isobam 110 作为固化剂，用磁场控制浆料中片状氧化铝的取向并通过自固化凝胶成型将结构保留到素坯中。Wang 等[34]用 0.4 wt% PIBM 制备了 50 vol%固含量的陶瓷浆料，所得素坯强度高，可以满足加工要求，经烧结制了相对密度为94%、弯曲强度达到 160 MPa 的 $Yb_3Al_5O_{12}$ 陶瓷。

舒夏等[35]用 0.3 wt%的 PIBM 制备了 52 vol%高固含量的 AlN 浆料，在氮气气氛下烧结得到了密度为 3.33 g/cm^3、热导率高达 204 W/(m·K)的鳍状 AlN 陶瓷（图 2-3）。邢媛媛等[36]以 PIBM 为分散剂和凝胶固化剂，通过表面修饰以及颗粒级配，用 0.3 wt%的 PIBM 制备出了流动性良好的 55 vol%的颗粒级配 SiC 浆料。所得样品在 2160℃下烧结得到相对密度为 95.9%的 SiC 陶瓷，抗弯强度和断裂韧性分别为 291 MPa 和 4.55 MPa·$m^{1/2}$。Chen 等[37]利用 PIBM 制备了 B_4C 浆料并装入注射器中，流动性良好的浆料被挤出滴落在甲基苯乙烯球上并逐渐包裹甲基苯乙烯球。低温下保温去除 PIBM 和甲基苯乙烯后，在 1600℃氮气气氛下烧结 5 h 成功制备了空心结构的 B_4C 陶瓷。此外，改变 PIBM 比例、调节浆料的固含量可实现对 B_4C 陶瓷表面形貌的调控。美国西北工业大学的 Xu[38]等研究了 Isobam 对 $Ba_{0.5}Sr_{0.5}TiO_3$ 浆料的流变性的影响，制备了相对密度为 99.6%的 BST50 陶瓷。

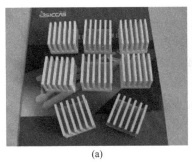 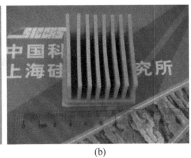

(a)　　　　　　　　　　　　　　(b)

图 2-3　鳍状 AlN 陶瓷素坯（a）和烧结体（b）

2. 透明陶瓷的自固化凝胶成型

自固化凝胶成型所需有机物种类少、添加量少且不含金属离子，这都有助于制备高质量的透明陶瓷。Shimai 等[39]利用 PIBM 分散高纯氧化铝粉，制备了 600 nm 处直线透过率为 29.5%的半透明氧化铝（厚 1 mm，图 2-4）。Sun 等[40]以颗粒堆积密度高的粉体为原料，制备的 Al_2O_3 透明陶瓷在 600 nm 处的透过

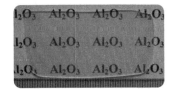

图 2-4　半透明氧化铝陶瓷

率高达 53.6%。Sun 等[41]采用同样的工艺，制备了 Y_2O_3 透明陶瓷。Qin 等[42]以 PIBM 为分散剂制备了质量分数 68 wt%的 Al_2O_3 和 Y_2O_3 浆料，经过自固化凝胶成型、脱粘（也称排胶）等一系列过程最终通过反应烧结制备出 YAG 透明陶瓷（厚 7.5 mm），在 1000 nm 处的透过率高达 82.3%。Zhang 等[43]在 Al_2O_3-Y_2O_3 浆料中添加柠檬酸铵，有效降低了浆料的黏度，固含量被提高至 76 wt%，所得 YAG（厚度为 2.5 mm）在 1064 nm 处的透过率达到了 84.4%。美国 Alfred 大学吴义权课题组[44, 45]将 PIBM 与 3D 打印以及流延成型等成型方法相结合制备了 YAG 透明陶瓷（厚度为 1.5 mm），在 1063 nm 处的透过率达到 77%。

Zhang 等[46]用商业粉体 TSP-20 和 Isobam 600AF 制备了固含量为 54 vol%的 $MgAl_2O_4$ 浆料，最终得到的 $MgAl_2O_4$ 透明陶瓷（厚 1 mm）在 1100 nm 处的透过率为 85.3%。通过调整分散剂 Isobam 104 和 Isobam 600AF 的比例，制备了流动性良好且固化能力佳、固含量为 50 vol%的 $MgAl_2O_4$ 浆料[47]，所得 $MgAl_2O_4$ 透明陶瓷（厚度为 1 mm）在 1100 nm 处的透过率提高到 86.9%，接近理论透过率 87%。Shahbazi 等[48]利用平均晶粒尺寸为 90 nm 的镁铝尖晶石粉体，以 PIBM 为分散剂制备了质量分数为 85 wt%的镁铝尖晶石浆料，通过放电等离子体烧结制备了镁铝尖晶石透明陶瓷，在 1100 nm 处透过率为 86.7%。Wang 等[49]对 AlON 粉体抗水化处理后利用 PIBM 制备了 AlON 浆料。成型并干燥后，在氮气气氛下 1950℃无压烧结 6 h 得到 AlON 透明陶瓷（厚度为 2 mm），在 1100 nm 处的透过率达到 81%。

3. 泡沫陶瓷的自固化凝胶成型

Yang 等[50]和 Wan 等[51]最先用 PIBM 自固化凝胶成型体系分别制备泡沫氧化铝陶瓷和泡沫氮化硅陶瓷。由于泡沫粗化和液膜破裂，所制备的泡沫陶瓷多为开孔结构。张小强等[52]在 PIBM 体系中加入水溶性环氧树脂 DE211 稳定泡沫，制得了气孔率高达 92.4%的泡沫氧化铝陶瓷，平均孔径从 582 μm 降低至 331 μm。为解决泡沫凝胶在固化过程中孔结构塌缩的问题，胡淑娟等[53]利用 PIBM 并以低表面张力的叔丁醇-水作为溶剂制备了孔隙率高于 85%且孔结构均匀的泡沫氧化铝陶瓷。Zhao 等[54]通过添加阳离子表面活性剂十二烷基三甲基氯化铵（DTAC）疏水修饰提高了吸附能，有效稳定泡沫。经过烧结成功制备了平均孔径低于 90 μm、孔壁致密的泡沫氧化铝陶瓷，所制备气孔率为 80.7%的泡沫氧化铝陶瓷抗压强度达到 30.4 MPa。Ren 等[55]利用 DTAC 和 PIBM 制备出了闭气孔率高达 92%、孔径细小且分布均匀、抗压强度高的莫来石泡沫陶瓷。邓先功[56]以 Isobam 104 为分散剂和凝胶剂，十二烷基硫酸三乙醇胺为发泡剂，羧甲基纤维素钠为稳泡剂制备了柱晶自增强的莫来石多孔陶瓷，孔隙率为 76%时抗压强度达到 15.3 MPa。Chen 等[57]利用 PIBM 的良好分散性制备了 xLi_2CO_3-$yLiNO_3$ 浆料，通过注射器将浆料注入液氮中制得卵石形状的前驱体，在 710～730℃的低温下分解得到具有多孔卵石结构的 Li_2O 陶瓷。吴文浩[58]利用 Isobam 104 结合发泡剂等制备了气孔率为 79.5%的硅藻土多孔陶瓷，抗压强度为 1.62 MPa。湖南大学的 Tian 等[59]对 SiC 表面进行改性以便于 Isobam 吸附，并利用 Isobam 浆料的固化特性，制备出 SiC 多孔陶瓷。Meng 等[60]以 Isobam 为分散剂和固化剂，十二烷基硫酸三乙醇胺为发泡剂，羧甲基纤维素钠为泡沫稳定剂，采用泡沫-凝胶法制备了孔隙率为 76.2%～84.9%的 YSZ 多孔陶瓷。

2.2.3　自固化凝胶成型机理和湿坯特性

1. 浆料的流变性

与常用的分散剂聚丙烯酸铵（PAA）类似，Isobam 分子中含有大量—COO^- 基团，能够使氧化铝颗粒表面带负电荷。杨燕等研究了 Isobam 104 对氧化铝陶瓷浆料的分散效果[29]。如图 2-5（a）所示，在 Isobam 104 水溶液中氧化铝颗粒的表面负电荷数量增多，等电点对应的 pH 减小。图 2-5（b）是浆料的流变性随 Isobam 104 添加量的变化关系。可以看出随着 Isobam 104 添加量增加，浆料黏度减小，然后略有增加。这一变化规律与常规的陶瓷分散剂对浆料流变性的影响相似。

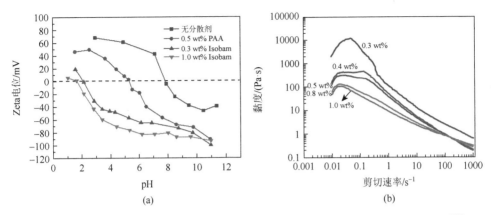

图 2-5　Isobam 104 添加量对氧化铝颗粒 Zeta 电位（a）和浆料流变性（b）的影响[29]

2. 凝胶固化的影响因素

1）PIBM 含量

含有适量 Isobam 104 的水基陶瓷浆料，在静置过程中会发生凝固现象。但固化过程比一般的注凝成型缓慢，整个凝固过程需要 10 h 以上。如图 2-6 所示，研究表明，Isobam 104 添加量越小，浆料固化过程的储能模量和损耗模量越大。Isobam 104 用量越大，浆料的稳定性越好，越难以发生凝固。因此在研究自固化凝胶成型工艺时，Isobam 104 添加量需要考虑浆料黏度和凝固过程的平衡，既要保持良好的流动性又要获得较好的凝固强度。

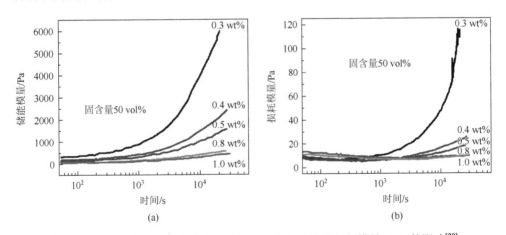

图 2-6　Isobam 添加量对氧化铝浆料的储能模量（a）和损耗模量（b）的影响[29]

2）固含量和温度对凝固的影响

图 2-7 是不同固含量的浆料凝固过程中储能模量随时间的变化规律。起始阶段，浆料均处于流体状态，储能模量都非常小。随着时间延长，在 2000 s 左右储

能模量开始快速增大，并且浆料的固含量越大，储能模量增大越快。因此，可以推测陶瓷颗粒对凝固过程发挥着重要作用，这些分散的颗粒与吸附在其表面的 Isobam 104 分子链共同参与凝固过程。这一点与传统的注凝成型不同，后者是利用某种三维有机网络形成水凝胶，陶瓷颗粒被动地固化其中。

孙怡[61]研究了温度对自固化凝胶成型进程的影响规律。如图 2-8 所示，随着温度升高，浆料储能模量迅速升高。可见，温度是促进自固化凝胶成型的重要影响因素。因此，可以通过调节温度控制自固化凝胶成型的进程。一般情况下，温度升高会促进化学变化的动力学进程。

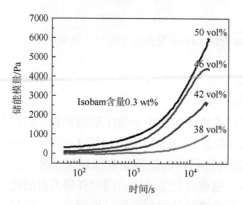

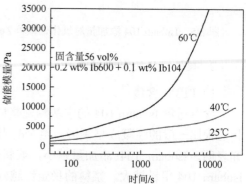

图 2-7　不同固含量氧化铝浆料的储能模量　　图 2-8　温度对氧化铝浆料储能模量的影响[61]
随时间变化规律[58]

3）不同规格 Isobam 对凝固的影响

Isobam 作为一类高分子化合物，其分子量、改性方式等因素影响凝固性能。孙怡[61]研究了 Isobam 600AF、Isobam 104 及其混合物对氧化铝浆料流变行为的影响。图 2-9（a）显示 Isobam 600AF 具有更好的分散性，原因是 Isobam 600AF 分子量是 Isobam 104 的十分之一，相应地，分子链较短。图 2-9（b）显示 Isobam 104 能够使浆料固化过程中的储能模量快速增大，即 Isobam 104 具有更好的固化性能。孙怡同时还建议采用 Isobam 600AF 与 Isobam 104 两者按照 2∶1 的比例混合，既保证良好的流动性又获得良好的固化性能。

另外，毛小建等[62]比较了相同分子量的 Isobam 104 和 Isobam 104WS 对自固化凝胶成型效果的影响。其中 Isobam 104WS 是标准型 Isobam 的铵盐改性物，不含酰胺基团。从图 2-10（a）可以看出，两种浆料的流变性相似，说明两者具有相似的分散性能。但是，两者对浆料固化性能的影响存在差异明显。如图 2-10（b）所示，固含量同为 45 vol%、添加量同为 0.5 wt%的浆料，添加 Isobam 104 的储能模量增大速度显著快于 Isobam 104WS。原因可能是 Isobam 104WS 改性物中含

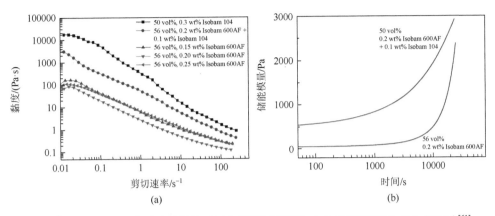

图 2-9　不同 Isobam 类型及其用量对氧化铝浆料流变性（a）和储能模量（b）的影响[61]

有羧酸铵基团，而 Isobam 104 除了含有羧酸铵还含有酰胺基团。因此，推测酰胺基团是浆料发生凝胶固化的重要因素。

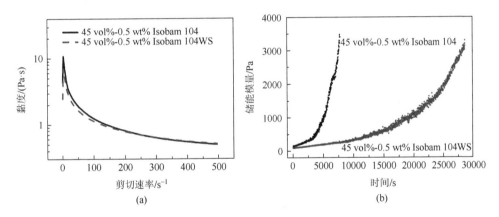

图 2-10　不同类型 Isobam 对氧化铝浆料黏度（a）和储能模量（b）的影响

　　毛小建等[62]研究了 Isobam 104 水溶液放置时间对浆料性能的影响，即将 Isobam 水溶液放置一段时间后再加入氧化铝粉配制浆料。由图 2-11（a）可以看出，Isobam 104 水溶液的放置时间对浆料的流变性没有明显的影响。但是，对储能模量的变化有着明显的影响。如图 2-11（b）所示，使用放置 24 h 后 Isobam 104 水溶液配制的浆料的储能模量随时间增大缓慢，也就是说放置后的 Isobam 104 水溶液固化性能变差。可能的原因是 Isobam 分子链上的酰胺基团发生水解生成羧酸根，不影响 Isobam 的分散性能，但是导致浆料凝固能力变弱。

　　4）高价反离子对凝胶固化的影响

　　彭翔研究了添加高价反离子对氧化铝浆料凝固过程的影响[63]。图 2-12 是添加

不同浓度 Mg^{2+} 的氧化铝浆料固化过程中储能模量的变化情况。随着 Mg^{2+} 浓度增加，储能模量增大速度明显更快，说明 Mg^{2+} 能促进自固化凝胶成型进程。

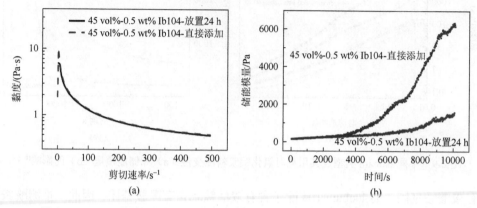

图 2-11　Isobam 溶液静置时间对氧化铝浆料黏度（a）和储能模量（b）的影响

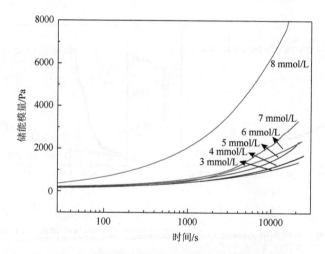

图 2-12　不同镁离子浓度对浆料储能模量的影响[63]

类似地，笔者研究了含有不同价态电解质对浆料流变性及凝固过程的影响规律。从图 2-13（a）中可以看出，加入电解质后浆料的黏度增加，并且阳离子价态越高，浆料的黏度越大。可能的原因是，Isobam 104 分子中并排的两个羧酸根与阳离子形成络合结构，使 Isobam 分子的电荷减弱，导致颗粒表面的电荷排斥力减小。另外，阳离子与吸附在相邻颗粒表面上的 Isobam 分子链上的羧基形成络合结构，也会提高浆料的黏度和储能模量。图 2-13（b）是浆料凝固过程中储能模量随时间的变化规律。显然，阳离子价态越高，储能模量增加越快，说明高价反离子有利于浆料的凝固。这一规律与杨金龙等利用高价反离子发展直接凝固注模成型的研究结果类似[64]。根据 Schulze-Hardy 规则[65]，当加入电解质发生聚沉时，引起溶胶聚沉的是与胶体粒子带电符号相反的离子，即反离子。电解质的临界聚沉浓度与其反离子价态的六次方成反比。反离子的价态越高，聚沉能力越强。

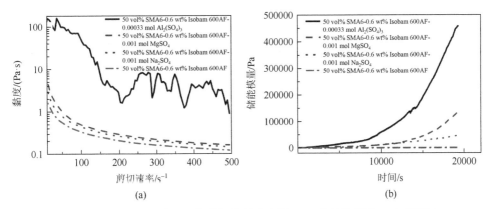

图 2-13   添加不同正离子对氧化铝浆料流变性（a）和储能模量（b）的影响

舒夏等[35]研究了掺有 Y_2O_3 的 AlN 陶瓷浆料的自固化凝胶成型过程，其中 AlN 颗粒预先经过抗水化处理。添加未经过抗水化处理的 Y_2O_3 颗粒的浆料的储能模量增加速度远远快于经过抗水化处理的 Y_2O_3 颗粒。原因是没有包裹的 Y_2O_3 颗粒在水中缓慢溶解并发生水解反应，释放出 Y^{3+}。Y^{3+} 的释放导致浆料的黏度升高，其作用与上述 Mg^{2+} 类似，促进了自固化凝胶成型的进程。

3. PIBM 分散氧化铝颗粒的疏水性

赵瑾[66]采用座滴法测量了 PIBM 和 PAA（聚丙烯酸铵）分散氧化铝颗粒的接触角来表征氧化铝颗粒的疏水性。首先加入 0.2 wt%～0.3 wt% Isobam 104 制备 40 vol%固含量的氧化铝浆料，球磨 1 h。采用同样工艺制备了 0.24 wt% PAA 分散的氧化铝浆料。室温干燥得到分散粉体，将该粉体干压和等静压（200 MPa）成型制成坯体，坯体经 50℃干燥后，使用光学接触角测量仪（Attension® Theta，Biolin Scientifc，Sweden）测量接触角。

表 2-1 和图 2-14 分别给出了水滴在 PIBM 和 PAA 分散的氧化铝颗粒表面的接触角和形状。比较表 2-1 中样品 P1S1 和 P2S1 可知，当 PIBM 加入量从 0.2 wt%增加到 0.3 wt%时，接触角从 47.2° 增大到 50.1°。这说明 PIBM 在氧化铝颗粒表面的吸附量持续增大，颗粒表面的疏水性增强，这是由 PIBM 分子链上的烷基造成的。但是，在 PAA 分散的氧化铝颗粒表面上水滴的接触角为 32.1°。比较添加 PIBM 和 PAA 来看，添加 PIBM 的颗粒具有较大的接触角，表明 PIBM 具有疏水性。PAA 分子链上只有羧基，而 PIBM 分子链上除了羧基，还有酰胺、酸酐和烷基链段，酸酐易与水反应生成羧酸，因此烷基链段和酰胺可能是 PIBM 分子具有疏水性的根源。

表 2-1　在 PIBM 和 PAA 分散的氧化铝颗粒表面上水滴的接触角

样品编号	PIBM 加入量/wt%	PAA 加入量/wt%	平均接触角/(°)
P1S1	0.2	0	47.2
P2S1	0.3	0	50.1
D1S1	0	0.24	32.1

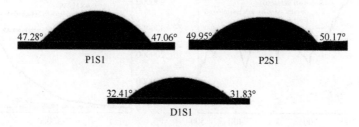

图 2-14　PIBM 和 PAA 分散氧化铝颗粒表面上水滴的形状

4. 自固化凝胶成型机理

自发凝胶固化现象发现之初,我们的基本认识是吸附于氧化铝陶瓷颗粒表面上的高分子分散剂之间通过氢键等分子间作用力形成网络,从而固化陶瓷颗粒。Lu 等认为固化机理是高分子的桥连[67],华盛顿大学 Marsico 等[68]通过红外光谱研究认为,该凝胶体系没有形成化学键而是一种弱连接,肯定该凝胶体系是一种新型的凝胶固化体系。前述几节较系统地探讨了 PIBM 含量和规格、PIBM 水溶液放置时间、高价反离子、浆料固含量和温度等因素对浆料固化的影响规律。可以明确:①粉体颗粒参与浆料自发凝胶固化过程。浆料固含量越高,凝固越快,这一点与直接凝固注模成型[4]工艺特性相似。不同点在于,自固化凝胶成型是 Isobam 分子与水和陶瓷颗粒共同作用下浆料发生凝固的过程。直接凝固注模成型是通过某种条件的变化改变陶瓷颗粒表面的双电层厚度和电动电位使稳定的浆料发生凝固而获得湿坯。②自发凝胶固化过程存在疏水缔合和氢键作用。Isobam 中存在马来酸酐基团,在浆料配制的过程中会发生水解形成羧酸。同时,羧酸铵基团也容易发生水解反应,生成羧酸和氨,在实验中能够闻到逸出氨的气味,证明该水解反应的发生。羧酸基团上的氢与邻近的酰胺基团可能通过氢键形成七元环 [式 (2-2)],提高分子链的疏水性,吸附于相邻颗粒上的 Isobam 分子链之间通过氢键和疏水缔合作用形成网络,实现陶瓷浆料的固化。如果预先将 Isobam 溶解在水中,则上述变化会在水溶液中预先进行,导致部分 Isobam 分子通过氢键和疏水作用聚集,形成 Isobam 分子团簇。这些 Isobam 分子将以团簇的形式吸附于颗粒表面,使凝固阶段 Isobam 分子间作用力减弱。③烷基链段的疏水作用。研究表明,经 Isobam 分散的氧化铝颗粒具有疏水性,说明 Isobam 分子链上烷基链段与相邻陶瓷颗粒上的烷基链段可以产生疏水作用而发挥凝固作用。

$$\substack{ \text{CH}_3 \\ \text{—CH—CH—CH}_2\text{—C—} \\ | \qquad | \qquad | \\ \text{O=C} \quad \text{C=O} \quad \text{CH}_3 \\ | \qquad | \\ \text{O} \quad \text{NH}_2 \\ \backslash \\ \text{H} } }_x \quad \substack{ \text{CH}_3 \\ \text{—CH—CH—CH}_2\text{—C—} \\ | \qquad | \qquad | \\ \text{O=C} \quad \text{C=O} \quad \text{CH}_3 \\ | \qquad | \\ \text{O} \quad \text{O}^- \text{NH}_4^+ \\ \backslash \\ \text{H} }_y \qquad (2\text{-}2)$$

5. 自固化凝胶成型湿坯特性

如上节所讨论的,浆料的自固化凝胶成型机理是吸附于相邻颗粒上的 PIBM 分子链之间通过疏水缔合和氢键等分子间作用力共同作用而原位固化颗粒形成湿坯,所形成的有机网络密度低 [图 2-15 (a)]。其特征是氧化铝颗粒参与凝胶网络形成,浆料自发凝胶固化形成的湿坯属于物理凝胶,具有可逆性,即湿坯在剪切力的作用下可以恢复流动性,这完全不同于注凝成型。注凝成型是浆料中的两种有机物通过化学聚合反应形成有机网络而固化陶瓷颗粒,所形成的有机网络密集[图 2-15(b)]。显然,在注凝成型中陶瓷颗粒不参与凝胶网络,形成的湿坯属于化学凝胶,不具有可逆性。

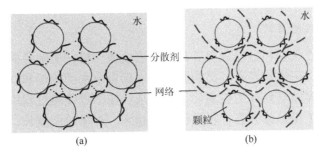

图 2-15 自固化凝胶成型 (a) 和注凝成型 (b) 有机网络形成示意图

自固化凝胶成型湿坯的另一特征是自发脱水或称脱水收缩(syneresis)。彭翔等研究发现,自固化凝胶成型的湿坯在密封静置过程中会发生脱水收缩现象[62]。即在无蒸发的情况下湿坯发生收缩,部分水分被排出,如图 2-16 所示。

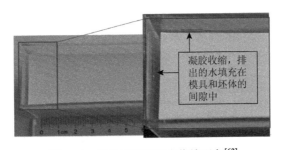

图 2-16 氧化铝湿坯脱水收缩现象[62]

2.3　凝胶剂的改性

2.3.1　概述

自固化凝胶成型是一种新型的浆料原位固化成型技术，具有普适性，在制备大尺寸复杂形状的高质量陶瓷部件方面潜力巨大。该体系只需要一种水溶性的异丁烯-马来酸酐共聚物，既作分散剂，又作固化剂。研究表明，仅需 0.3 wt%～0.5 wt%的添加剂含量即可在室温大气环境下实现氧化铝陶瓷的固化成型，且添加剂无毒，无环境污染，过程操作简便。

该 PIBM 凝胶体系存在着不足和未知。例如，如何进一步提高浆料固含量以减少后期干燥、烧结过程中的收缩率；如何解决固化速率慢和成型素坯强度较低的问题等。因此，本节从 PIBM 分子链长短、官能团的水解和修饰等多个角度出发，对 PIBM 凝胶体系进行深入系统的探索和优化改性研究。

2.3.2　分散改性

1. 分散改性的目的

自固化凝胶成型和注凝成型等其他湿法成型一样，所制备的湿坯需要经过干燥排出水分。干燥涉及凝胶结构演化、内部自由水的输运和湿坯表面水分的蒸发，同时还伴随着坯体的收缩，过程复杂。在干燥收缩过程中坯体会产生内应力，容易发生变形或开裂。样品的尺寸越大，干燥时间越长，收缩越大，产生的内应力越大[69]。为了减小坯体在干燥过程中产生的内应力和收缩量，制备高固含量、低黏度、稳定分散的浆料成为关键。高固含量浆料意味着成型坯体的含水量较低，以此可以减小坯体在干燥过程中的收缩率，避免因内应力导致的变形和开裂等问题。

杨燕等[29]采用分子量为 55000～65000 的 Isobam 104（简写为 Ib104）聚合物成型制备氧化铝陶瓷，浆料的最高固含量为 50 vol%。但是 50 vol%固含量的浆料对于避免大尺寸样品干燥收缩过程中的变形开裂问题是不够的。在浆料原位固化成型技术中，高固含量陶瓷浆料的制备一直是科研工作者的关注热点[70,71]。所以，我们希望对该体系进行改进优化（针对同一种氧化铝粉体原料），提高浆料的固含量。

2. 浆料的分散及流变性能

浆料的固含量受很多因素的影响，如原料粉体性能，分散剂选择及含量，浆料的 pH 等。Takai 等[72]采用两种不同比表面积的氧化钇粉体为原料，发现比表面积小的粉体分散剂最佳用量少，制备的浆料固含量高，并由此制得了成型密度高、完整性高、均匀性好的素坯。王小锋[73]研究了不同分散剂对 BeO 粉体悬浮液的影响，通过 Zeta 电位测试、沉降试验和黏度分析，优选出聚丙烯酸铵作为 BeO 的分散剂。Santacruz 等[74]在制备氧化钇稳定氧化锆纳米粉体（75 nm）陶瓷浆料时，通过选用合适的阴离子分散剂，调节浆料的 pH 从酸性 2.4 到碱性 11.5，获得了高固含量（75 wt%）、低黏度（0.05 Pa·s）的浆料，成型素坯的相对密度可达 55%。

孙怡[61]依据陶瓷颗粒尺寸与分散剂链长的匹配性研究，选用分子链较短的 Isobam 600AF [简写为 Ib600，式（2-1b），分子量较小，是 Ib104 的十分之一]，优化陶瓷颗粒的分散性能，提高浆料固含量。探索了不同分子量的 PIBM 对氧化铝陶瓷浆料流变性能和凝胶固化能力的影响，并且研究了浆料固含量对样品后期干燥、烧结过程中收缩率、素坯密度，以及陶瓷烧结体性能的影响。

Zeta 电位对于理解分散剂对陶瓷颗粒在浆料中的分散性具有重要的意义。根据 DLVO 理论，陶瓷颗粒在浆料中的分散稳定性取决于范德瓦耳斯引力和双电层排斥力的总势能。在等电点附近势垒小，表现为 Zeta 电位值的绝对值较小，颗粒不稳定，容易团聚沉降。Zeta 电位绝对值较大时，说明颗粒间排斥能大，有利于颗粒在浆料中稳定分散。

图 2-17 所示为不同分子结构的 PIBM 对氧化铝浆料的 Zeta 电位的影响。未添加分散剂时，氧化铝颗粒的等电点位于 pH 8.7 处。加入 Ib104 和 Ib600 后，氧化铝颗粒的表面电荷都向负电位方向移动，等电点向 pH 减小的方向移动，曲线变化趋势接近。在相同含量（0.3 wt%）添加剂的加入下，Ib600 和 Ib104 样品的等电点分别移至 pH = 3.3 和 pH = 5.8。同时，在中性及碱性范围内，氧化铝颗粒表面带有较多的负电荷，Ib600 分散的颗粒表面的 Zeta 电位绝对值更大。

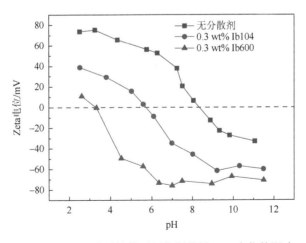

图 2-17 PIBM 分子结构对氧化铝浆料 Zeta 电位的影响

这些现象说明 Ib600 比 Ib104 具有更强的分散能力。分子结构中的羧酸铵盐官能团（—COONH₄）电离产生—COO⁻负电荷基团，PIBM 聚合物吸附在氧化铝颗粒表面，中和表面的正电荷，使得在中性范围内（不需要酸性试剂或碱性试剂调节 pH），氧化铝颗粒表面负电荷增加，Zeta 电位绝对值增加，颗粒间的静电斥力增大。PIBM 是分子链具有一定长度的聚合物，会在颗粒表面形成吸附位阻层，表明 Ib600 通过静电排斥作用和空间位阻共同作用稳定悬浮陶瓷颗粒。同时，相比于 Ib104，Ib600 分子结构上的羧酸铵盐基团（—COONH₄）替代酰胺基团（—CONH₂）。羧酸铵盐基团在 pH 大于 3.5 时，即开始电离，pH 在 7～8 时，几乎完全电离[75]，酸酐基团也会发生水解生成羧酸根离子，而酰胺需要在碱性条件下与 OH⁻反应，生成—COO⁻和 NH₃[76]。也就是说，相同质量的 Ib600 含有的—COO⁻负电荷基团数量比 Ib104 多一个，氧化铝颗粒表面的负电荷更多。所以 Ib600 等电点相比于 Ib104 向酸性进一步偏移，颗粒表面的绝对电位值增加。Zeta 电位结果表明，与 Ib104 相比，Ib600 在中性条件下对氧化铝陶瓷颗粒具有更好的分散能力，制备高固含量浆料更具有可行性。

3. 分散剂含量和固含量对浆料流变性能的影响

浆料的流变性直接影响浆料的混合均匀性以及浇注完整性。如果浆料黏度太大，浆料不容易混合均匀，且内部气泡难以除尽；如果浆料黏度太小，则粉体颗粒间相互作用减弱，容易发生沉降，凝胶固化时间延长，导致成型素坯不均匀。

图 2-18 示出 Ib600 添加量对 50 vol%固含量氧化铝浆料流变性的影响。所有流变曲线在剪切速率范围内均表现为剪切变稀特征，属塑性流体。Ib600 添加量

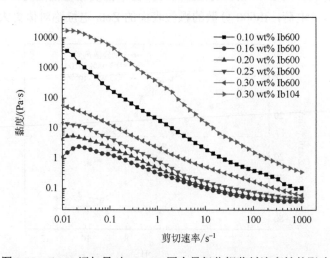

图 2-18　Ib600 添加量对 50 vol%固含量氧化铝浆料流变性的影响

为 0.30 wt%的浆料，在 100 s^{-1} 剪切速率处浆料黏度 0.17 Pa·s；当 Ib104 添加量为 0.3 wt%时，固含量为 50 vol%的氧化铝浆料黏度为 1.59 Pa·s。当分散剂添加量在饱和吸附量附近时，聚合物的分子链伸展开，一端吸附在颗粒表面，一端伸入水中。Ib104 的分子量（55000～65000）是 Ib600（5500～6500）的十倍，相同固含量条件下，分子链间距小，容易互相吸引缠绕，增大浆料黏度。对于 50 vol%固含量的浆料，Ib600 的最佳添加量是 0.16 wt%。如图 2-17 所示，较少的添加量即可使颗粒表面带有相同的电荷量，分散效率高。

　　图 2-19 所示为 Ib600 添加量对 56 vol%固含量氧化铝浆料影响。可以看出，随着 Ib600 添加量的增加，浆料的黏度先减小后增大，0.2 wt%是最优添加量。

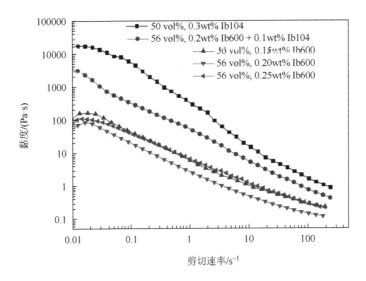

图 2-19　Ib600 添加量对 56 vol%固含量氧化铝浆料流变性的影响

　　由上述结果可知，Ib600 具有更好的分散效果，在此基础上将浆料的固含量从 50 vol%提高到了 56 vol%。图 2-20 所示为 Ib600 含量为 0.2 wt%时，不同固含量氧化铝浆料的流变曲线。由图可以看出，浆料的黏度随固含量的增加而增大。随着浆料固含量增加，陶瓷颗粒之间的间距减小，吸附在颗粒表面的聚合物之间的范德瓦耳斯作用力加强，颗粒相对移动困难，浆料黏度增大[77]。同时，单位体积内陶瓷颗粒数量增加，比表面积增大，这时需要更多的有机分子来实现颗粒表面的饱和吸附，分散剂用量相应增加。

　　对于固含量为 58 vol%的浆料，黏度过大，浆料稠化，有较强触变性，在低剪切速率时出现剪切增稠现象。成型的素坯存在不完整、不均匀和分层的问题。固含量大于 58 vol%的浆料则失去流动性，无法完成浇注。

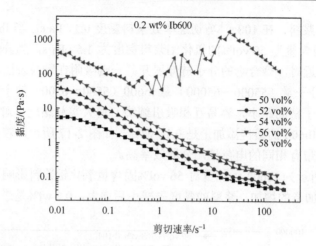

图 2-20　固含量对氧化铝浆料（0.2 wt% Ib600）流变性的影响

4. 浆料的凝胶固化

对于 Ib600 制备的浆料，储能模量在较长时间（约 160 min）内保持一个很小值［图 2-9（b）］。添加 Ib104 的浆料，储能模量在测试开始阶段就逐渐增加，表明三维凝胶网络开始形成，浆料逐渐形成具有弹性的陶瓷凝胶。假设以 1500 Pa 储能模量值为浆料固化稳定、凝胶结构初步形成的标准，则 56 vol%固含量、0.2 wt% Ib600 浆料需要的时间是 340 min。诱导时间过长时，静置浆料容易发生沉降，不利于获得均匀的素坯。而 50 vol%固含量、0.3 wt% Ib104 浆料需要的时间是 38 min。混合使用两种型号的 PIBM，总含量仍为 0.3 wt%，分别利用短链 Ib600 的较强分散能力和 Ib104 的较强凝胶固化能力，既增加浆料固含量，降低黏度，又加快凝胶速度，保证成型体完整均匀性。结果显示，0.2 wt% Ib600 和 0.1 wt% Ib104，固含量为 56 vol%的浆料储能模量浇注后就开始逐渐增加，储能模量值达到 1500 Pa 的时间缩短至 98 min。同时该浆料具有好的流动性（图 2-20），黏度比没有加入 Ib104 时略有增加，但仍然比添加 0.3 wt% Ib104 制备的 50 vol%固含量浆料的黏度低。

流变实验结果表明，较短分子链（较小分子量）的 Ib600 具有更好的分散能力，有效地将浆料固含量从 50 vol%提高到 56 vol%。类似地，Lu 等[78]利用 Isobam 自固化凝胶成型技术制备氧化铝陶瓷时，在浆料中加入柠檬酸铵（TAC）作分散剂，能有效降低浆料的黏度，从而提高了浆料的固含量。Zhang 等[79]在自固化凝胶成型制备 YAG 陶瓷素坯过程中，在浆料中也添加了 0.1 wt%~0.5 wt%的柠檬酸铵，使浆料的黏度显著减小，进而提高浆料的固含量。较长分子链的 Ib104 能有效加快固化速度，具有更好的凝胶化能力。根据 Ib104 分子结构和分子量计算，其分子链长度约为 200 nm，Ib600 分子链长度约为 20 nm。显然，分子链吸附在氧化铝颗粒表面会形成吸附层，对于分子链较长的 Ib104，吸附后颗粒有效体积明显增大，同时聚合物分子链之间距离近，更容易互相吸引、缠绕，相互作用形成三维凝胶网络[80]。

5. 固含量对干燥和烧结收缩率的影响

图 2-21 比较了不同固含量样品在干燥和烧结过程中的线性收缩率。测试样品的浇注尺寸为 400 mm×50 mm×10 mm，干燥线性收缩率为收缩尺寸（初始尺寸与干燥完全后尺寸之差）与初始尺寸（浇注的模具尺寸）之比。随着浆料固含量从 50 vol%增加到 58 vol%，坯体干燥线性收缩率从 4.63%降低到 1.50%。高固含量的样品含水量少，有助于减小干燥过程中的收缩率，对解决大尺寸、复杂形状样品的组成不均匀和变形、裂纹等问题有重要意义。

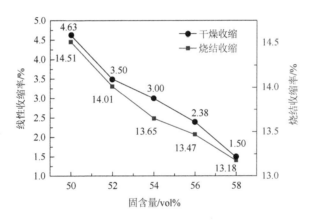

图 2-21 固含量对样品干燥和烧结过程线性收缩率的影响

同样，随着浆料固含量从 50 vol%增加到 58 vol%，陶瓷烧结过程中的线性收缩率从 14.51%降低到 13.18%。高固含量的样品，对应孔隙率低，颗粒间距小，迁移更短的距离即可得到致密陶瓷，烧结收缩率较小，产生的内应力小，有利于保持陶瓷的完整性。图 2-22 是固含量对烧结陶瓷弯曲强度的影响。平均弯曲强度随着固含量增加而增加。但在固含量增加至 57 vol%时，略有下降。这是因为此时浆料黏度过大，在低剪切速率时即出现剪切增稠，具有触变性。一方面，浆料均匀性差或在浇注时出现分层现象；另一方面，浆料中的气泡很难浮出液面完全除尽，烧结后成为陶瓷的缺陷。

当样品固含量为 56 vol%时，平均弯曲强度达到最大值（534 MPa），高于固含量为 50 vol%的样品（468 MPa）。在相同的烧结条件，即相同烧结驱动力下，颗粒迁移生长速度以及气孔迁移速度是一样的。高固含量的样品对应低孔隙率的预烧体，烧结后残留在晶界上或者晶界内的气孔相对小且少，弯曲强度得以提高。

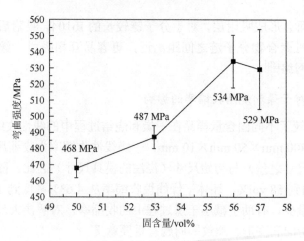

图 2-22　固含量对烧结陶瓷抗弯强度的影响

总之，分子量小，短链 Ib600 具有较强的分散能力，浆料的固含量可以从 50 vol%提高到 56 vol%。长链 Ib104 具有较强的凝胶能力，二者合用可以制备高固含量、低黏度的氧化铝浆料。

2.3.3　疏水改性

1. 剪切增稠现象

选用分子量小（分子链短）的 Ib600 可以将浆料的固含量从 50 vol%提高至 56 vol%，从而有效降低了干燥和烧结过程中的收缩率，提高了素坯密度和陶瓷性能[81]。对于固含量为 58 vol%的浆料，在剪切速率为 0.3 s^{-1} 时出现了剪切增稠现象，虽然浆料具有一定流动性可以浇注，但过高的浆料黏度不利于排气，易产生残余气孔等缺陷，降低陶瓷的强度等性能。当固含量增加时，颗粒间距变小，颗粒表面吸附的具有一定链长的 PIBM 分子相互作用力增加，在一定剪切速率下，有机分子链容易缠绕，颗粒容易从层状流体脱离进入其他层流，造成浆料内部结构由有序结构向无序结构转变[82]。所以，固含量为 56 vol%的浆料在 1000 s^{-1} 时，仍剪切变稀。当固含量增加至 58 vol%后，临界剪切速率减小，在 1 s^{-1} 处出现剪切增稠现象。

剪切增稠现象在陶瓷浆料中是普遍存在的，与颗粒形貌、固含量、存在形态和分散介质有关，一般认为最直接的因素是浆料的固含量。Tseng 等[83]在研究 TiO$_2$ 纳米粉体制备浆料时发现，当固含量高于 10 vol%后，浆料黏度急剧增加。Song 等[84]在制备 BaTiO$_3$ 陶瓷浆料时发现，当固含量大于 40 vol%时，浆料在高剪切速率时出现剪切增稠现象。Lv 等[85]研究了分散剂含量、固含量对 SiC 陶瓷浆料流变性和黏度的影响来优化配制工艺，当分散剂含量低于最佳临界用量，或者固含量高于 50 vol%时，出现剪切增稠现象，不适合浇注。

关于不降低浆料固含量、采用其他办法来改善剪切增稠现象的研究报道很少。我们发现羧酸铵盐基团（—COO⁻NH₄⁺）是 PIBM 分子结构中起分散作用的主要官能团，在 PIBM 分子结构（包括 Ib600 和 Ib104）中，有一半的分子链上有酸酐基团，酸酐在一定条件下可以发生水解变成羧酸，即—COOH。因此，希望通过加入碱，调节浆料的 pH 促进 PIBM 分子中酸酐的水解，得到更多的分散基团，进一步提高浆料固含量，改善剪切增稠现象。同时，在水系凝胶体系中，陶瓷颗粒表面吸附的有机高分子链之间存在疏水作用，排斥水分子，降低了吸附在颗粒表面的高分子链之间通过水分子氢键传递的相互作用，高剪切速率下分子链间的相互作用减弱，可以避免剪切增稠现象的发生[86]。疏水颗粒具有相互吸引聚集成团的特征，可以增强 PIBM 的凝胶固化能力[87, 88]。因此，选用含有疏水基团的有机强碱四甲基氢氧化铵［N(CH₃)₄OH，简称 TMAH］对 PIBM 进行疏水改性。

2. TMAH 对浆料剪切增稠的影响

如图 2-23 所示，在未加入 TMAH 时，固含量 58 vol%、添加 0.2 wt% Ib600 的浆料在低剪切速率时呈剪切变稀，随着剪切速率提高至约 1 s⁻¹ 时，出现了剪切增稠现象。当加入 0.2 vol% TMAH 后，剪切增稠现象发生在 70 s⁻¹ 处，进一步增加 TMAH 至 0.5 vol% 后，500 s⁻¹ 剪切速率之后出现剪切增稠现象。也就是说，随着 TMAH 的加入，有效改善了浆料剪切增稠现象。对于 58 vol% 固含量，同时添加 0.2 wt% Ib600 和 0.1 wt% Ib104 的浆料，在整个测试范围内，未出现剪切增稠现象。而且，在 100 s⁻¹ 剪切速率处有较低的黏度值（1.0 Pa·s），适合成型浇注。研究结果表明 TMAH 有效改善了浆料剪切增稠现象，有助于提高浆料的固含量。

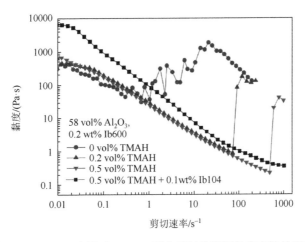

图 2-23　TMAH 含量对 58 vol% 固含量氧化铝浆料流变性的影响

为了更好地解释实验中 TMAH 对氧化铝浆料的分散改性作用，我们测试了 TMAH 对氧化铝浆料 Zeta 电位的影响。如图 2-24 所示，浆料的固含量为 0.2 g/L，用 TMAH 调节浆料的 pH。可以看出，随着 TMAH 加入，Zeta 电位向负值发展而且绝对值增大。这说明，TMAH 的加入使得氧化铝颗粒表面吸附了更多的负电荷，静电斥力增加，分散性提高。同时，对于浆料而言，随着 TMAH 的含量从 0 vol% 增加到 0.2 vol% 和 0.5 vol%，固含量为 58 vol% 的浆料的 pH 从 9.4 分别增加到 10.0 和 11.0。

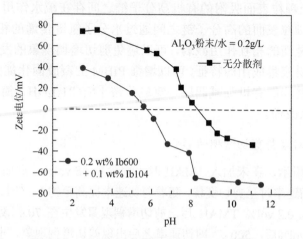

图 2-24 TMAH 对氧化铝浆料 Zeta 电位的影响

浆料流变性能的变化可能是由多个方面的原因造成的。①中性状态下，氧化铝颗粒表面的正负电荷比例相同，呈现电中性状态。加入强碱 TMAH，引入了游离态的 OH^- 离子，直接中和颗粒表面的正电荷 —$AlOH_2^+$，使颗粒呈现负电荷态。②PIBM 是弱聚电解质，碱性条件下，OH^- 会促进分子链上—$COONH_4$ 的电离，以及酸酐和—$CONH_2$ 官能团的水解，使颗粒表面的羧酸根（—COO^-）数量增加，负电荷增多（图 2-25），增强的静电斥力作用有助于氧化铝颗粒在浆料中的稳定分散。③PIBM 是具有一定链长的聚电解质，浆料 pH 会影响其分子构型。随着 pH 增加，分散剂链上负电荷密度增加，链内静电斥力增强，PIBM 的形态由线形（train）向波浪形（loop）转变，吸附 PIBM 分子的氧化铝颗粒有效尺寸增大。其次，TMAH 电离出的 $N(CH_3)_4^+$ 吸附在 PIBM 分子上也导致颗粒有效体积增大，引起有效固含量的增大。因此，固含量为 56 vol% 的浆料加入 TMAH 后，黏度值略有增加。④$N(CH_3)_4^+$ 会与颗粒表面的—AlO^- 以及 PIBM 分子链上的—COO^- 等带负电的基团通过静电作用吸附在颗粒表面和分散剂分子链上（图 2-25）。带负电的羧酸根作为亲水基团很容易与水发生作用，借助水的传递又与相邻羧酸根发生作用，相邻粉体颗粒的分子链之间容易纠缠。疏水基团与周围的自由水分子互相排斥，陶瓷颗粒之间通过水分子传递的相互作用降低，陶瓷颗粒与自由水之间形成了一道屏障。在高剪切速率下，这道屏障隔离了不同平行流速层，陶瓷颗粒在各自的流体层中保持取向均匀排列，表现为剪切变稀。因此，添加 TMAH 避免了剪切增稠现象的发生。

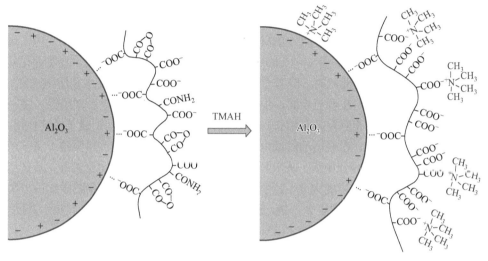

图 2-25　TMAH 对氧化铝颗粒分散的作用机理[89]

3. TMAH 对浆料凝胶固化过程的影响

图 2-26 是 TMAH 对 56 vol%固含量氧化铝浆料（0.2 wt% Ib600 和 0.1 wt% Ib104）凝胶固化过程的影响。可以看出，对于未添加 TMAH 的浆料，储能模量

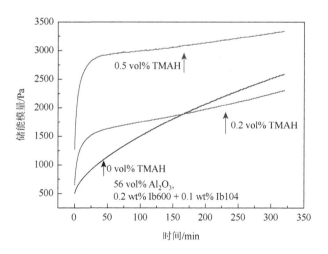

图 2-26　TMAH 对 56 vol%固含量氧化铝浆料凝胶固化过程的影响

缓慢增加，陶瓷凝胶网络逐渐形成。加入 TMAH 后，储能模量迅速增加，然后固化曲线出现拐点，储能模量值缓慢增加。以测试时间 30 min 为例，随着 TMAH 的含量从 0 vol%增加到 0.2 vol%和 0.5 vol%，56 vol%固含量氧化铝浆料的储能模量值从 964 Pa 增加到 1550 Pa 和 2850 Pa。也就是说，TMAH 加快了浆料的凝胶固化速度。

总之，TMAH 的加入促进了 PIBM 分子结构中酸酐和酰胺基团与水的反应，增加了—COO⁻数量，羧酸基团（—COOH）之间发生氢键键合概率增大，凝胶固化网络形成的速度增加。与此同时，随着 TMAH 含量的增加，形成的疏水基团$^+$N(CH$_3$)$_4$和—COON(CH$_3$)$_4$吸附在颗粒表面，由于疏水基团之间存在相互吸引作用[90]，在一定距离内疏水基团会相互穿插和缔合。疏水缔合相当于在颗粒之间形成了桥连作用，提高了凝胶固化速度，在较短的时间内形成具有一定强度的三维有机网络。鉴于疏水基团之间存在疏水缔合作用，疏水颗粒间可以通过吸引力发生团聚絮凝，其作用能甚至比范德瓦耳斯作用能大 1～2 个数量级，疏水缔合也是浆料凝胶固化的一种作用机理[87, 91]。PIBM 是碳氢分子链，链上有—CH$_3$、—C(CH$_3$)$_2$—等烃基疏水基团，因此，我们认为疏水缔合作用对 PIBM 体系凝胶网络的形成有贡献。

2.3.4 交联改性

1. 环氧树脂与 PIBM 交联

1）环氧树脂的选择

足够强度是素坯在脱模、干燥、搬运、预烧等工序中保持完整性和可操作性的必要条件。对于强度大、硬度高、机械加工成本高的陶瓷材料，高强度素坯可以在烧结前直接进行加工，获得尺寸精密的部件，可以大幅度降低机械加工成本。丙烯酰胺凝胶体系通过自由基聚合反应形成高分子网络，形成的化学键键能高，相应的素坯强度比较高，据报道成型的氧化铝素坯强度约 30 MPa。类似地，环氧树脂-多胺凝胶体系成型的氧化铝素坯强度达到十几兆帕。

笔者团队研究发现多官能团一元凝胶固化体系（简称 PIBM 凝胶体系）是通过分子间作用力（氢键）以及碳氢链[—CH$_3$、—C(CH$_3$)$_2$—]的疏水缔合共同作用形成物理凝胶的体系，氢键和疏水作用能低，成型的素坯强度低于 1 MPa。在脱模复杂形状样品、干燥或预烧过程中容易出现裂纹、缺角剥落、断裂等破坏现象，阻碍了 PIBM 凝胶体系在复杂形状、大尺寸样品中的推广应用。

素坯强度与影响凝胶反应的因素如固化剂浓度、比例、反应温度以及浆料的固含量等都有关系，主要取决于凝胶网络。PIBM 凝胶体系涉及的有机高分子链上有三种官能团，即酰胺、羧酸铵盐和酸酐。我们考虑选用一种添加剂，在不降低浆料流变性能的前提下与 PIBM 分子结构上某一官能团发生交联反应，形成化学键，形成辅助的聚合物凝胶网络，以此来提高成型素坯的强度。环氧树脂具有良好的水溶性，无毒，常与脂肪族多胺固化剂组合成一种水系凝胶体系，两者间聚合反应的机理是亲核加成[22]。酸酐是环氧树脂众多固化剂中的一种，二者可以发生酯化反应形成稳定的酯键。因此，选择环氧树脂作为添加剂对 PIBM 凝胶体系进行交联固化改性。笔者团队研究了环氧树脂对 PIBM 体系（Ib104）水凝胶和氧化铝浆料凝胶固化能力的影响，以及对成型素坯、预烧体以及烧结陶瓷性能的影响。在此基础上，将环氧树脂与 Ib600 合用，发展了一个新凝胶体系。

针对 PIBM 自固化凝胶成型的特点和要求，选择的环氧树脂需满足几个条件：①在水中有一定的溶解度。②不会对浆料的流变性和稳定性产生太大影响。环氧树脂的加入不能明显地增加浆料黏度，降低固含量或破坏浆料的分散稳定性。③分子中至少有两个环氧基。一般地，要形成三维高分子网络，一个分子上至少含有两个官能团。

根据上述原则，实验中选用韩国 Hajin Chem 公司的乙二醇二缩水甘油醚（ethylene glycol diglycidyl ether，EGDGE）作为交联改性剂，分子结构如式（2-3）所示。一个 EGDGE 分子结构上有两个环氧基，在水中的溶解度＞15%，且黏度低，对浆料黏度影响较小。

$$CH_2 - CH - CH_2 - O - (CH_2)_2 - O - CH_2 - CH - CH_2 \tag{2-3}$$

2）环氧树脂与 PIBM 交联机理

根据高分子化学原理，Ib104 的酸酐基和环氧树脂的环氧基之间可以发生酯化反应。具体过程如反应式（2-4）所示。①首先环氧树脂的羟基或者去离子水中的羟基与 Ib104 的酸酐反应，使酸酐开环形成羧酸基团和单酯。②酸酐上具有活性的羧基与环氧基发生酯化反应生成酯键，这是酸酐固化环氧树脂的主要反应。一个羧基与一个环氧基反应，酯化反应生成的羟基可以进一步使酸酐开环。可以看出，Ib104 与 EGDGE 固化的速度与羟基浓度有关。浓度低，反应速率慢；浓度高，反应速率快。

(b)

$$\left[\begin{matrix}CH_3\\CH_2{-}CH\\CH_3\end{matrix}\right]_m\cdots+H_2C{-}CH{-}R \longrightarrow \cdots$$

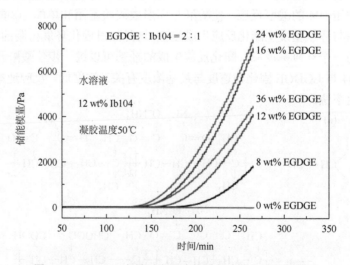

（2-4）

3）水凝胶的合成

PIBM 体系虽然可以在室温空气环境下使氧化铝浆料发生自发凝胶反应，但是 PIBM 的水溶液却不能在室温下发生固化形成水凝胶。这与基于自由基聚合的丙烯酰胺体系以及基于亲核加成的环氧树脂-多胺体系不同。

EGDGE 加入后，Ib104 水溶液在初始阶段储能模量很低，随着时间的延长，EGDGE 和 Ib104 开始发生交联反应，三维网络结构逐渐形成，储能模量迅速增加。随着 EGDGE 含量从 8 wt%增加到 12 wt%、16 wt%和 24 wt%，凝胶反应储能模量随时间变化曲线的斜率值不断增加（图 2-27），说明 EGDGE 和 Ib104 的酯化反应速率增加，表明形成的三维网络结构完整度增加，凝胶强度逐步提高。

图 2-27　EGDGE 含量对水溶液体系凝胶固化过程的影响

　　图2-28是不同含量EGDGE固化Ib104水溶液得到的水凝胶照片。当EGDGE浓度为4 wt%［图2-28（a）］时，不能形成完整的凝胶，水凝胶处于液态和固态的中间态，不具有保持形状的能力。EGDGE含量增加到8 wt%［图2-28（b）］后，保形能力有所改善。但是脱模过程中，强度不够，表面易破损。含量增加到12 wt%［图2-28（c）］以及更高浓度时，可以形成完整、透明的水凝胶体且具有良好的强度和弹性变形能力。但是对于36 wt%［图2-28(g)］的样品，EGDGE过量，水凝胶的弹性降低，塑性增加，表现为柔韧性减弱，脱模过程或受力弯曲后，易出现裂纹和破坏。

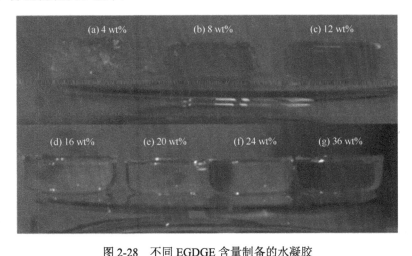

图 2-28　不同 EGDGE 含量制备的水凝胶

（a）4 wt%；（b）8 wt%；（c）12 wt%；（d）16 wt%；（e）20 wt%；（f）24 wt%；（g）36 wt%

　　图 2-29 是添加 24 wt% EGDGE 合成的水凝胶制样后红外光谱的测试结果。合成的水凝胶在酯键和醚键特征峰处出现明显的吸收峰，说明 Ib104 和 EGDGE 之间发生了酯化反应。由上述实验结果可知，当 EGDGE 浓度为 24 wt%，即 Ib104：EGDGE＝1：2 时形成的凝胶体保形性最好。

　　4）环氧树脂对浆料凝胶固化过程的影响

　　在水凝胶实验基础上，研究 EGDGE 对添加 0.3 wt% Ib104，固含量为 50 vol%的氧化铝浆料凝胶固化过程的影响，测试在 50℃下进行。结果如图 2-30 所示，浆料储能模量值在测试开始阶段都快速增加，这是因为固化温度升高，凝胶反应速率增加。添加 0.6 wt% EGDGE 浆料的储能模量随时间变化曲线的斜率明显大于没有添加 EGDGE 的浆料，储能模量增加速率快，相同固化时间点，储能模量高。这是因为 EGDGE 和 Ib104 发生了酯化反应，形成了辅助的三维凝胶网络，表现为凝胶的储能模量增加。进一步增加 EGDGE 含量至 0.9 wt%，浆料的凝胶能力又减弱，固化速率和未添加的浆料相当。

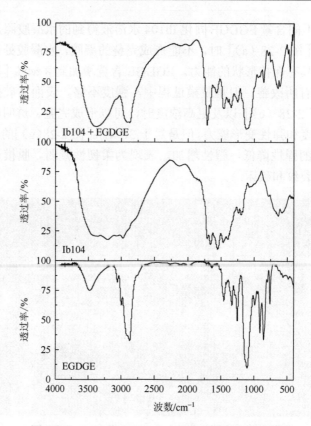

图 2-29　Ib104 和 EGDGE 合成水凝胶的红外光谱

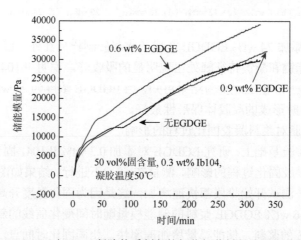

图 2-30　EGDGE 对 PIBM 凝胶体系制备的氧化铝浆料凝胶固化过程的影响

5）环氧树脂对成型素坯及陶瓷性能的影响

添加不同含量 EGDGE 制备氧化铝浆料，在 50℃下凝胶固化，完全干燥后，测试了素坯的弯曲强度。如图 2-31 所示，随着 EGDGE 含量从 0 wt% 增加到 0.3 wt% 和 0.6 wt%，素坯的平均弯曲强度从 0.83 MPa 增加到 1.47 MPa 和 2.22 MPa。

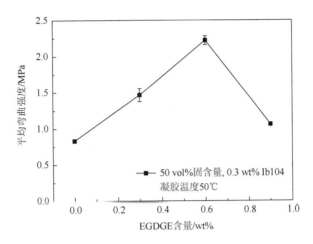

图 2-31　EGDGE 对 PIBM 凝胶体系成型的素坯弯曲强度的影响

　　EGDGE 的加入，有效提高了素坯弯曲强度，实现了交联改性的目的。当 EGDGE 含量为 0.6 wt%，即二倍浓度于 Ib104 时，素坯弯曲强度达到 2.22 MPa，将 PIBM 凝胶体系成型的氧化铝素坯弯曲强度提高至原来的 2.6 倍，可以满足样品的脱模、搬运和素坯加工。

　　压汞测试表明，对于加入 0.6 wt% EGDGE 的样品，预烧后累积孔隙体积为 0.155 mL/g，稍小于未添加交联剂的样品（0.157 mL/g）。浆料在凝胶固化过程中由于有机网络的形成会出现脱水收缩现象[19]。即在没有水蒸发的情况下，陶瓷凝胶发生收缩，排出的水填充在模具和陶瓷凝胶间的缝隙中。这种收缩来源于环氧树脂和 PIBM 的化学反应，三维有机网络收缩带动原位包裹固定的陶瓷颗粒移动，借助毛细作用排挤出自由水。当加入 EGDGE 后，与 Ib104 发生交联反应，形成的辅助三维高分子链会在 Ib104 凝胶作用基础上，进一步促进陶瓷凝胶的收缩。所以干燥排胶后预烧体的孔隙率减小，添加 EGDGE 样品的相对密度为 61.9%，高于未添加 EGDGE 样品的相对密度（61.6%）。

　　如图 2-32 所示，添加 0.6 wt% EGDGE 交联改性的样品具有最高的相对密度（99.1%）和最大的平均弯曲强度（511.8 MPa）。EGDGE 含量对陶瓷性能的影响规律与对水凝胶、氧化铝浆料凝胶过程、成型素坯弯曲强度以及预烧体孔隙率结果的影响一致。EGDGE 的加入与 PIBM 分子结构上的酸酐基团发生酯化反应，形成辅助的交联三维凝胶网络，有效地提高了 PIBM 体系成型素坯的弯曲强度，相应制得了高致密度的预烧体和高强度的陶瓷。

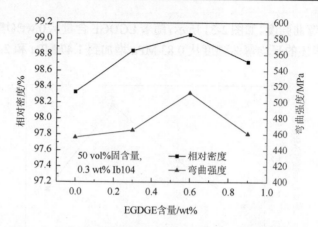

图 2-32　EGDGE 对氧化铝陶瓷相对密度和弯曲强度的影响

6）环氧树脂与其他 PIDM 交联

Ib600 虽然凝胶能力弱，但是分散能力强，可以制备高固含量浆料。Ib600 分子结构也含有酸酐官能团。据此，开展 EGDGE 与 Ib600 交联改性研究。图 2-33 是 EGDGE 和 Ib600 水溶液固化得到的水凝胶，具有良好的强度和弹性变形能力。

图 2-33　EGDGE-Ib600 体系合成的水凝胶块体

为了研究聚合反应的机理，将合成的水凝胶完全干燥，除去水分，制样后进行红外光谱测试。与图 2-29 EGDGE 和 Ib104 合成水凝胶的红外光谱类似，在 EGDGE 和 Ib600 水凝胶的红外光谱中，$1714\ cm^{-1}$ 处出现了明显的酯键吸收峰，同时，在 $1120\ cm^{-1}$ 处有明显的醚键吸收峰。与 Ib600 中对应的酸酐键（C=O 和—C—O—C）吸收峰明显减弱，环氧树脂的环氧基吸收峰也明显减弱。这个结果证实，EGDGE 的环氧基和 Ib600 的酸酐基之间发生了酯化反应。

　　在 EGDGE-Ib600 水凝胶实验结果的基础上，研究 Ib600 和 EGDGE 添加浓度对 56 vol%固含量氧化铝浆料凝胶固化过程的影响（图 2-34）。Ib600 作为分散剂制备 56 vol%固含量氧化铝浆料的最佳浓度为 0.2 wt%。为此，首先添加 0.2 wt% Ib600 和 0.4 wt% EGDGE 制备固含量为 56 vol%的氧化铝浆料，结果发现浆料储能模量几乎不变，即没有发生凝胶固化。随着 Ib600 浓度增加至 0.4 wt%、0.6 wt% 和 0.8 wt%，浆料储能模量开始逐渐增加，说明浆料中发生了酯化反应，三维凝胶网络逐渐形成，浆料逐渐固化转变为具有一定强度的素坯。在 Ib600 浓度较低时，凝胶反应在很长时间内不发生。但是 Ib600 作为分散剂，若浓度过高会增加浆料浓度，破坏分散稳定性。综合考虑，0.4 wt% Ib600 和 0.8 wt% EGDGE 的配比适合注凝成型 56 vol%固含量的氧化铝浆料。图 2-35 是 EGDGE-Ib600 注凝成型氧化铝素坯的照片，可成型形状较复杂的陶瓷部件，样品具有一定强度，表面光洁完整。

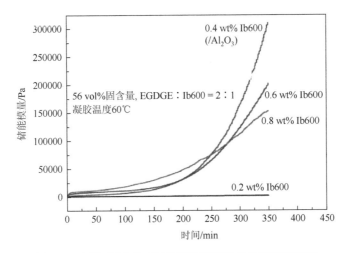

图 2-34　添加剂浓度对氧化铝浆料凝胶固化过程的影响

图 2-35　EGDGE-Ib600 体系成型的氧化铝陶瓷素坯

7）聚乙烯亚胺与 PIBM 交联

Wang 等[92]采用 Isobam 110 和聚乙烯亚胺（PEI）作为添加剂开发了新的注凝成型方法制备莫来石陶瓷。其原理是马来酸酐基与亚胺基发生反应形成酰胺。基于上述反应，浆料的凝胶固化在 60℃下持续 2 h 即可完成。反应机理如式（2-5）所示。Su 等[93,94]将 Ib104 加入基于丙烯酰胺单体的注凝成型体系中，同时作为分散剂和凝固剂，制备了 B$_4$C 陶瓷。

$$（2-5）$$

2.4　基于疏水缔合的自固化凝胶成型剂设计合成

2.4.1　概述

高固含量、低黏度的浆料是原位固化成型的基础和一直追求的目标，这样的浆料有利于制备高颗粒堆积密度的坯体，减少随后的干燥收缩和烧结收缩，降低干燥和烧结过程中变形开裂的风险。研究发现，对于中位粒径约 0.5 μm 的氧化铝粉体，采用 Ib104 作陶瓷浆料的分散剂和固化剂，浆料的固含量只能达到 50 vol%。究其原因，该分散剂分子链较长，分散能力较弱。孙怡[61]在 PIBM 自固化凝胶成型体系的改性研究中发现短链分散剂（Ib600，分子量约为 6000）比长链分散剂分散能力强，但固化能力弱。Ib104 和 Ib600 混合使用可以将浆料的固含量提高到 56 vol%，再提高固含量则出现剪切增稠现象。进一步通过在氧化铝浆料中添加 TMAH，将浆料的固含量提高到 58 vol%，不仅延缓了因固含量高引起的剪切增稠现象，而且实现了浆料的固化。所制备坯体的干燥收缩率从 4.5% 降到 1.5%，烧结收缩率从 14.5%降到 13.2%。这从本质上显著降低了干燥和烧结过程中由于收缩大而发生变形开裂的风险。研究发现，添加 TMAH 的浆料具有更高的储能模量。在水溶液中四甲基铵根离子能够与 Isobam 中的部分 NH_4^+ 发生置换反应，四甲基铵根离子携带的四个甲基使 Isobam 分子疏水性显著增强。这些疏水性的链段互相吸引将吸附在不同颗粒上的 Isobam 分子连接在一起形成有机网络，在流变性能测试上表现为储能模量的升高。该结果也佐证了 PIBM 自固化凝胶成型体系的疏水固化机理。

2.4.2　致密陶瓷分散/固化双功能成型剂

　　基于疏水缔合作用原理以及四甲基氢氧化铵改性的启发，我们设计合成了集分散和凝胶固化于一体的系列高分子分散/固化剂，用于致密陶瓷的原位固化成型。即在分散剂的分子链上接枝疏水基团，赋予分散剂疏水缔合能力[95]，从而在陶瓷颗粒间形成物理凝胶。分散剂链长和接枝的疏水基团链长可以任意调节，满足不同粒径陶瓷颗粒的高固含量浆料制备和原位凝胶固化。

　　经不同的有机铵盐改性后，Ib600 在水中的溶解情况如表 2-2 所示。Isobam 被短链的四甲基氯化铵、四乙基氯化铵以及甲基三丁基氯化铵改性后仍然可以溶于水，但是经过八烷基三甲基氯化铵和十二烷基三甲基氯化铵疏水改性后难溶于水。值得注意的是，八烷基三甲基氯化铵虽然较甲基三丁基氯化铵具有较小的分子量，但其疏水链较长，使修饰过后的 Ib600 难溶于水。

表 2-2　不同疏水链改性后 Ib600 的溶解情况

有机铵盐	分子量	改性后 Ib600 水溶性
TMAC（四甲基氯化铵）	109.6	溶解
TEAC（四乙基氯化铵）	165.7	溶解
MTAC（甲基三丁基氯化铵）	235.8	溶解
OTAC（八烷基三甲基氯化铵）	207.8	不溶解
DTAC（十二烷基三甲基氯化铵）	263.0	不溶解

　　图 2-36 给出了 TMAC、TEAC 和 MTAC 三种疏水剂改性后氧化铝（SMA6）颗粒的 Zeta 电位。未经疏水改性时，Ib600 分散的氧化铝颗粒的等电点（IEP）位于 pH 约 1。经过疏水改性后，等电点向右移动，用 MTAC 和 TEAC 改性氧化铝

颗粒的 IEP 位于 pH 2.6，用 TMAC 改性后其 IEP 位于 pH 3.2。同时，浆料的 pH 在中性范围内，经 TMAC 改性的 Zeta 电位略小于 MTAC 或 TEAC 改性的颗粒，这是因为 $N(CH_3)_4^+$ 等阳离子的引入会中和 Isobam 链上部分的负电荷[96]，TMAC 的碳链比 MTAC 或 TEAC 的碳链更短，更容易与 Isobam 链结合并具有更强的中和作用[97]。尽管 $N(CH_3)_4^+$ 等阳离子的引入会中和 Ib600 链上部分负电荷，但经过疏水改性后的颗粒 Zeta 电位的绝对值仍然很高 [在中性范围内（pH≈7）]，依然满足低黏度、高固含量浆料的制备条件。

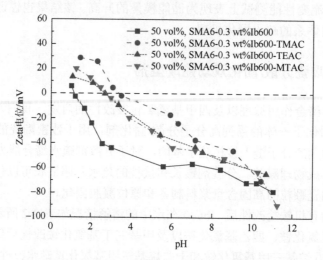

图 2-36　引入不同疏水链所制备氧化铝浆料的 Zeta 电位

　　为了探索疏水链对氧化铝浆料流变性的影响，陈晗[97]表征了添加不同疏水链制备的浆料黏度和储能模量。图 2-37（a）为浆料黏度随剪切速率的变化情况。在剪切速率为 100 s^{-1} 时，浆料黏度从未经改性的 0.1 Pa·s 增加到改性后的 0.4 Pa·s。三种疏水链对浆料黏度的作用类似，但在高剪切速率下，经 TMAC 改性的浆料的黏度最低。图 2-37（b）为浆料储能模量随时间变化情况。未改性浆料的储能模量在测试期间没有明显增加，表明短链 Ib600 固化能力较弱。经过疏水改性的浆料储能模量明显增加。虽然采用不同疏水分子改性后浆料的固化行为略有不同，但总的来看疏水改性能赋予短链分散剂 Ib600 良好的固化能力。

　　此外，陈晗[97]还尝试对陶瓷常用分散剂聚丙烯酸铵（PAA，分子量约 6000）和小分子丙烯酸盐（商品名称为 CE64，分子量为 320）进行疏水改性。改性后的 PAA 依旧具有良好的分散能力，制备的浆料黏度很低，如图 2-38（a）所示。但是，改性后 CE64 分散性降低，所配制的浆料中出现了剪切增稠现象。这可能是由于 PAA 是高聚物，一个 PAA 链上约有 85 个羧基（—COOH），部分羧基与疏

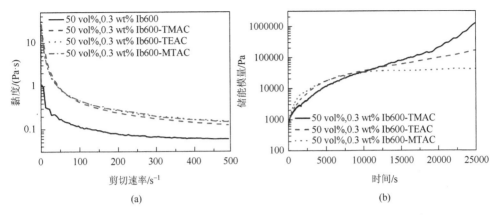

图 2-37　不同疏水链对氧化铝浆料黏度（a）和储能模量（b）的影响

水链相连，其余的依然可以起到分散作用，CE64 分子只有 2～3 个—COO⁻基团，当与疏水链相连后，分散能力大大下降。从储能模量图［图 2-38（b）］可以看出，在疏水改性前，两种分散剂都不具有固化能力，疏水改性后，两者都可以使浆料固化。

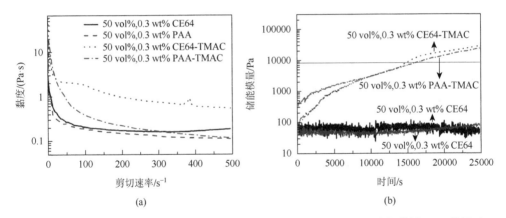

图 2-38　TMAC 对添加 PAA 和 CE64 所配制氧化铝浆料黏度（a）和储能模量（b）的影响

2.4.3　泡沫陶瓷分散、发泡和凝固三功能成型剂

1. 泡沫稳定原理

泡沫陶瓷制备方法包括复制模板造孔法、膨胀微球造孔法、乳状液造孔法和直接发泡法[98]。直接发泡法是在浆料体系中加入表面活性剂（也称发泡剂），降低浆料体系的表面张力，在机械搅拌作用下向陶瓷浆料中引入气泡。表面活性剂或颗粒吸附在气液界面，形成具有一定稳定性的泡沫浆料，再经固化、干燥和烧

结制成泡沫陶瓷。直接发泡法既可以制备开孔泡沫陶瓷，也可以制备闭孔泡沫陶瓷。决定气孔结构的主要因素是湿泡沫的稳定性。对于稳定性较差的湿泡沫，如表面活性剂或蛋白质稳定泡沫，在表面张力的作用下容易发生粗化及合并，导致气泡尺寸增大和液膜破裂，制备的泡沫陶瓷通常为开孔结构。对于稳定性较好的湿泡沫，如颗粒稳定泡沫，制备的泡沫陶瓷通常具有闭孔结构。在颗粒稳定泡沫制备泡沫陶瓷工艺中，常使用正丁酸和没食子酸丙酯等短链的两性分子疏水修饰剂。它们在水中具有较高的溶解度，有助于对高浓度的颗粒悬浮液进行疏水修饰。但是，由此制备的湿泡沫在直接干燥时容易出现开裂问题，需要添加额外的固化体系，如丙烯酰胺凝胶体系、直接凝固注模成型体系、PVA-DHF 凝胶体系等。上述制备泡沫陶瓷的方法，添加剂种类多，不仅导致制备工艺的复杂性和成本的增加，还会引起泡沫结构的变化。

在 PIBM 制备的陶瓷浆料中，PIBM 不仅提供静电排斥和空间位阻的分散作用，还具有使陶瓷浆料凝胶固化的能力。当加入阴离子表面活性剂（发泡剂）发泡后，由于表面活性剂分子在气液界面的吸附能量很低，泡沫容易发生粗化和液膜破裂等失稳现象，导致所制备的泡沫陶瓷孔径大且抗压强度较低。例如，杨燕等制备的 89% 气孔率氧化铝泡沫陶瓷，平均孔径达到 220 μm，80% 气孔率泡沫氧化铝的抗压强度仅为 15 MPa[99]。张小强等[100]向含有 PIBM 的氧化铝泡沫浆料中加入 DE211 环氧树脂，研究了环氧树脂对氧化铝泡沫浆料固化速率及多孔陶瓷微观结构的影响。结果表明：适量环氧树脂的加入促进了氧化铝泡沫浆料的固化，使多孔陶瓷的气孔孔径更小，分布更均匀。

2. 基于疏水缔合的泡沫陶瓷成型剂设计

笔者团队在合成致密陶瓷分散-凝固双功能成型剂的基础上，采用类似的设计原理，合成了具有发泡功能的系列高分子分散-凝固剂。即在分散剂分子链上接枝长链的表面活性剂及疏水修饰剂，合成集分散-发泡-凝固于一体的三功能泡沫陶瓷成型剂。通过机械发泡，疏水化的陶瓷颗粒吸附在气液界面（图 2-39），陶瓷颗粒之间形成疏水缔合凝胶。在静置和干燥过程中气泡十分稳定，不会发生合并或结构塌陷，可以制备孔隙率高和孔结构可控的泡沫陶瓷。

2.4.4 DTAC 修饰 PAA 分散的氧化铝颗粒[66]

1. PAA 在氧化铝颗粒表面的吸附

以氧化铝陶瓷颗粒（AES-11）为研究对象，以有机高分子聚电解质聚丙烯酸铵（分子量约 6000）作为分散剂。如图 2-40（a）所示，在未调节 pH 时（悬浮液

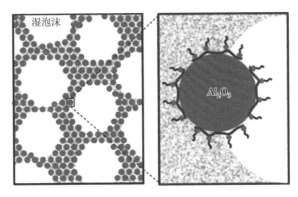

图 2-39　疏水化的陶瓷颗粒稳定泡沫示意图[66]

的 pH 约 6.5），氧化铝颗粒表面 Zeta 电位为正值（45.6 mV）。此时，加入相对于悬浮液中氧化铝粉体质量 0.2 wt% 的 PAA，颗粒表面 Zeta 电位由 45.6 mV 转变为 −44.4 mV。增大 PAA 的加入量，Zeta 电位缓慢下降，在 1.6 wt% 添加量时达到稳定（约 −72 mV）。这与 Cesarano 等[75]报道的氧化铝颗粒表面 Zeta 电位随聚甲基丙烯酸钠含量的变化趋势是一致的。在 pH 等于 6.5 的悬浮液中，氧化铝颗粒表面具有较多的正电荷，Zeta 电位为正值。加入少量的 PAA，其分子链上的羧酸铵电离产生带负电荷的羧酸根，羧酸根吸附在氧化铝颗粒表面，PAA 分子链上的其他羧酸根赋予颗粒表面更多的负电荷，导致颗粒表面 Zeta 电位由正转变为负。随 PAA 含量的增大，颗粒表面 Zeta 电位绝对值继续增大，当 PAA 在颗粒表面吸附达到饱和时，颗粒表面 Zeta 电位趋于稳定。

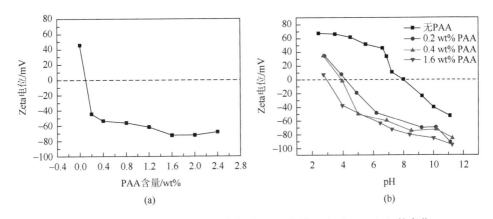

(a)　　　　　　　　　　　　(b)

图 2-40　氧化铝颗粒表面 Zeta 电位随 PAA 含量（a）和 pH（b）的变化

　　在调节浆料 pH 时，不同 PAA 含量的浆料中氧化铝颗粒表面的 Zeta 电位随 pH 的变化趋势是一致的，如图 2-40（b）所示。随着浆料 pH 的增大，颗粒表面

Zeta 电位由正值转变为负值，然后绝对值继续增大。在相同 pH 时，随着 PAA 加入量增大，颗粒表面 Zeta 电位绝对值增大。为了比较，我们将未添加分散剂的氧化铝颗粒表面 Zeta 电位随 pH 的变化趋势也绘在图 2-40（b）中。从图可以看出，在浆料中分别加入 0.2 wt%、0.4 wt%和 1.6 wt%的 PAA 时，氧化铝颗粒表面的 IEP 由 pH 8.0 分别减小到 pH 4.2、pH 3.8 和 pH 2.9。使用 Pradip 提出的等电点变化与分散剂浓度之间的关系计算分散剂与氧化铝颗粒的相互作用能量[101, 102]，如式（2-6）所示。

$$\Delta pH_{IEP} = 1.0396 C_0 \exp\left(-\Delta G_{sp}^0 / RT\right) \tag{2-6}$$

式中，ΔpH_{IEP} 表示在分散剂浓度为 C_0（mol/L）时等电点的变化量；$-\Delta G_{sp}^0$ 表示分散剂与氧化铝颗粒之间的相互作用能量；R 和 T 分别为摩尔气体常量和温度（K）。$-\Delta G_{sp}^0$ 值越大，表明分散剂与颗粒之间的相互作用越强。

将 PAA 含量由相对于浆料中粉体的质量分数（wt%）换算为相对于浆料中水的物质的量浓度（mol/L），再根据式（2-6）和图 2-40（b）所得数据，计算了 PAA 与氧化铝颗粒的相互作用能量，结果如表 2-3 所示。

表 2-3　PAA 在氧化铝颗粒表面的相互作用能量

PAA 含量/wt%	C_0/($\times 10^{-8}$mol/L)	ΔpH_{IEP}	$-\Delta G_{sp}^0 / RT$
0.2	6.7	3.8	17.8
0.4	13.3	4.2	17.2
1.6	53.6	5.1	16.0

由表 2-3 可知，PAA 与氧化铝颗粒的相互作用能量为 16~18RT。这个结果明显大于 Bhattacharjee 等[102]计算的氧化铝颗粒与白蛋白（7.5RT）和柠檬酸氢铵（3.6RT）的相互作用能量，与 Santhiya 等[103]计算的氧化铝颗粒与聚丙烯酸的相互作用能量（18~19RT）基本一致。他们认为聚丙烯酸在氧化铝颗粒表面发生了化学结合，相互作用能量很高。因此，可以认为，PAA 与氧化铝颗粒的相互作用也属于化学结合。

上述研究表明，PAA 在氧化铝颗粒表面产生了强烈的吸附，但由 Zeta 电位测量结果无法得到 PAA 在氧化铝颗粒表面的吸附量。为此，使用紫外分光光度计，根据标准曲线和浆料离心上清液的紫外吸光度计算上清液中 PAA 残余浓度，再根据浆料中 PAA 初始添加量和上清液中 PAA 残余浓度计算 PAA 在氧化铝颗粒表面的吸附量。如表 2-4 所示，浆料中 PAA 初始浓度为 0.24 wt%时，PAA 在氧化铝颗粒表面的吸附量为 0.16 wt%。PAA 含量增大至 0.32 wt%，吸附量稍增大至 0.17 wt%。继续增大浆料中 PAA 含量，吸附量不再增大。这说明，PAA 在氧化铝颗粒表面的饱和吸附量为 0.17 wt%。另外，从 PAA 在氧化铝颗粒表面的吸附量中还可以看出，浆料中 PAA 初始浓度大于 0.24 wt%时，浆料溶剂中 PAA 的残余浓度随之增大。例如，浆料中 PAA 初始浓度为 0.40 wt%时，PAA 的残余浓度达到了 0.23 wt%。

表 2-4　PAA 在氧化铝颗粒表面的吸附量

PAA 初始浓度/wt%	PAA 残余浓度/wt%	吸附量/wt%
0.24	0.08	0.16
0.32	0.154	0.17
0.40	0.23	0.17

2. 氧化铝颗粒表面的 Zeta 电位

根据氧化铝颗粒表面 Zeta 电位随 PAA 添加量的变化趋势（图 2-41），选择与 PAA 带相反电荷的阳离子型表面活性剂 DTAC 作为疏水修饰剂，研究 PAA 添加量为 0.24 wt%～1.86 wt%时 DTAC 浓度对颗粒表面 Zeta 电位的影响，以及对氧化铝颗粒间相互作用和浆料流变性能的影响。

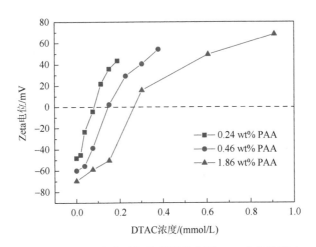

图 2-41　DTAC 浓度对氧化铝颗粒表面 Zeta 电位的影响

从图 2-41 可知，在 0.24 wt%～1.86 wt% PAA 添加量范围内，颗粒表面 Zeta 电位随 DTAC 浓度的变化趋势是一致的，即 Zeta 电位由负值变为正值，然后趋于稳定。例如，当 PAA 添加量为 1.86 wt%时，在悬浮液中加入 0.30 mmol/L DTAC，Zeta 电位由−69.7 mV 变为 15.9 mV。增大 DATC 的浓度至 0.91 mmol/L，Zeta 电位缓慢增大至 68.5 mV。另外，在不同 PAA 含量的悬浮液中，氧化铝颗粒表面 Zeta 电位随 DTAC 浓度的变化速率略有不同。例如，在 PAA 含量较高（0.24 wt%）时，颗粒表面 Zeta 电位随 DTAC 浓度的变化速率较缓慢。另外，氧化铝颗粒表面 Zeta

电位为零时对应的 DTAC 浓度随 PAA 含量的增大而增大。例如，在 0.24 wt%、0.46 wt%和 1.86 wt% PAA 悬浮液中，氧化铝颗粒表面 Zeta 电位为零时对应的 DTAC 浓度分别约为 0.08 mmol/L、0.15 mmol/L 和 0.27 mmol/L。

在未添加 DTAC 时，PAA 吸附在氧化铝颗粒表面，PAA 分子链上的羧酸根赋予颗粒表面更多的负电荷，导致颗粒表面 Zeta 电位为负值，PAA 含量越高，Zeta 电位绝对值越大。这与图 2-40（a）所示结果是一致的。加入少量的 DTAC 后，DTAC 电离产生十二烷基三甲基铵根（DTA$^+$），在静电吸引作用下，与氧化铝颗粒表面的 PAA 分子链上羧酸根结合，也可能直接吸附在氧化铝颗粒表面的负电荷位点，使 Zeta 电位绝对值降低。DTA$^+$不仅与吸附在氧化铝颗粒表面的 PAA 分子链上羧酸根结合，还与浆料中游离的 PAA 分子链上羧酸根结合。浆料中 PAA 浓度越大，游离的 PAA 浓度越大（表 2-4），这导致 PAA 浓度越高的浆料中颗粒表面 Zeta 电位随 DTAC 的变化速率越缓慢，颗粒表面 Zeta 电位为零对应的 DTAC 浓度也越大。根据聚电解质与带相反电荷的表面活性剂相互作用研究[104]可以推测，当 DTAC 浓度高于临界聚集浓度时，浆料中游离的 DTA$^+$疏水链与连接在氧化铝颗粒表面的 DTA$^+$疏水链产生疏水作用，DTA$^+$在颗粒表面的 PAA 分子链周围形成半胶团结构，外层的 DTA$^+$导致氧化铝颗粒表面 Zeta 电位由负值转变为正值。并且随着 DTAC 浓度的增大，颗粒表面 Zeta 电位进一步增大。

3. 氧化铝颗粒疏水性

采用座滴法测量 DTAC 修饰 PAA 分散氧化铝粉体的接触角以表征氧化铝颗粒的疏水性。首先在去离子水中加入 0.24 wt%～0.40 wt% PAA 制备 50 vol%固含量的氧化铝浆料，球磨 1 h。然后向浆料中加入 0 wt%～0.0375 wt%（相对于氧化铝粉体）DTAC，继续球磨 1 h，经室温干燥得到疏水修饰粉体。

表 2-5 给出了水滴在不同 PAA 和 DTAC 添加量的氧化铝修饰粉体表面的接触角。从表 2-5 可知，当 PAA 含量为 0.24 wt%且未添加 DTAC 时，水滴在氧化铝粉体表面的接触角为 32.1°；加入 0.0125 wt% DTAC，接触角增大到 38.1°；DTAC 含量增大至 0.0375 wt%，接触角逐渐增大至 62.6°。

表 2-5　水滴在不同 PAA 和 DTAC 含量的氧化铝修饰粉体表面的接触角

样品编号	PAA 含量/wt%	DTAC 含量/wt%	DTAC 含量/(mmol/g)	左右接触角平均值/(°)
D1S1	0.24	0	0	32.1
D1S2	0.24	0.0125	0.0005	38.1
D1S3	0.24	0.0250	0.0009	43.8
D1S4	0.24	0.0375	0.0014	62.6

在 PAA 含量相同的氧化铝浆料中加入 DTAC，DTAC 通过 PAA 连接在氧化铝颗粒表面，其疏水链赋予氧化铝颗粒表面疏水性，导致接触角增大。随着 DATC 含量增大，颗粒表面疏水性变大，水滴在修饰粉体表面的接触角也增大。另外，由表 2-4 可知，PAA 在氧化铝颗粒表面的饱和吸附量为 0.17 wt%，随着 PAA 含量的增大，浆料中游离 PAA 含量也随之增大。在 DTAC 添加量相同时，浆料中游离 PAA 含量增大将导致连接在氧化铝颗粒表面的 DTAC 含量相对降低，从而降低了颗粒表面疏水性。因此，水滴在高 PAA 含量的修饰粉体表面的接触角呈现降低的趋势。

4. 氧化铝颗粒间相互作用

采用沉降实验表征 DTAC 对 PAA 分散氧化铝颗粒间相互作用的影响。制备 2.44 vol%固含量、0.24 wt% PAA 的氧化铝浆料，然后加入不同量的 DTAC，混合均匀后静置一段时间观察浆料的沉降情况。图 2-42 给出了 DTAC 含量对氧化铝浆料沉降的影响。未添加 DTAC 时，氧化铝浆料稳定，无明显沉降，如图 2-42（a）所示。当浆料中含有 0.6 wt%的 DTAC 时，浆料发生了明显的沉降 [图 2-42（c）]，且在 0.6 wt%～2.1 wt%含量范围内，浆料均发生沉降 [图 2-42（c）～（h）]。当 DTAC 含量超过 2.4 wt%时，浆料又开始变得稳定 [图 2-42（i）和（j）]。

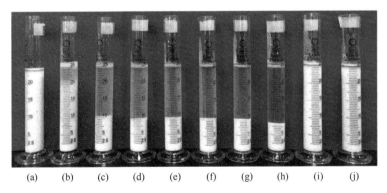

图 2-42 氧化铝浆料（0.24 wt% PAA，DTAC 含量不同）静置 24 h 后的沉降结果

（a）0 wt%；（b）0.4 wt%；（c）0.6 wt%；（d）0.9 wt%；（e）1.2 wt%；（f）1.5 wt%；（g）1.8 wt%；（h）2.1 wt%；（i）2.4 wt%；（j）2.7 wt%

未添加 DTAC 时，PAA 分散的氧化铝颗粒表面负电荷较多，Zeta 电位的绝对值较大，如图 2-40（a）所示，颗粒间在相互接触时具有较强的静电排斥作用。同时，聚电解质 PAA 在颗粒相互接触时还提供空间位阻作用，因此，浆料具有良好的稳定性。加入少量的 DTAC 后，DTA$^+$与吸附在氧化铝颗粒表面的 PAA 分子链上的羧酸根产生静电作用，导致颗粒表面 Zeta 电位降低，颗粒间静电排斥作用降低。同时，连接在氧化铝颗粒表面的 DTA$^+$疏水链也导致颗粒间疏水作用增强。但在

空间位阻作用和较弱的静电排斥作用下，浆料仍具有较好的稳定性［图 2-42（b）］。随着 DTAC 含量增大，颗粒表面静电排斥作用继续降低，疏水作用继续增强，疏水作用和范德瓦耳斯吸引作用导致颗粒间的相互吸引作用占据主导地位，颗粒发生团聚，并在重力的作用下发生沉降［图 2-42（c）］。当浆料中 DTAC 含量较高时，游离的 DTA^+ 疏水链与已经连接在颗粒表面的 DTA^+ 疏水链在疏水作用下形成半胶团结构，外层的 DTA^+ 赋予颗粒表面更多的正电荷，导致颗粒表面 Zeta 电位由负变正，Zeta 电位随 DTAC 浓度增大而增大，但是颗粒间相互吸引作用仍然占据主导地位，浆料仍然发生沉降［图 2-42（h）］。当 DTAC 含量进一步增大时，颗粒表面具有较高的正 Zeta 电位，颗粒间静电排斥作用占主导地位，浆料能够稳定存在［图 2-42（i）和（j）］。

通过沉降实验可知，DTAC 影响 PAA 分散的氧化铝颗粒间的静电排斥作用和疏水作用。因此，可以通过控制 PAA 和 DTAC 的添加量来调控氧化铝颗粒间的相互作用，使颗粒间静电排斥作用减弱，疏水作用增强，从而提高干燥后颗粒稳定泡沫的强度，达到直接干燥而不开裂的效果。同时，应避免 DTAC 的过量加入导致颗粒发生团聚。根据上述沉降实验可知，在 0.24 wt% PAA 含量时，DTAC 添加量应该小于 0.6 wt%。

5. 氧化铝浆料的流变性

如图 2-43（a）所示，PAA 和 DTAC 含量不同的氧化铝浆料均呈现剪切变稀的特性。在 PAA 含量为 0.24 wt% 的氧化铝浆料中，氧化铝浆料黏度随 DTAC 含量增加而增大。例如，在 $100~s^{-1}$ 剪切速率时，DTAC 含量由 0.0125 wt% 增加到 0.0250 wt% 和 0.0375 wt%，氧化铝浆料的黏度由 0.13 Pa·s 增大到 0.33 Pa·s 和 0.99 Pa·s。另外，在 PAA 含量不同的浆料中加入相同量的 DTAC（0.0375 wt%），浆料的黏度随 PAA 含量的增大而降低，尤其是 PAA 含量由 0.24 wt% 增大至 0.32 wt% 时在 $100~s^{-1}$ 剪切速率处，浆料的黏度由 0.99 Pa·s 显著降低到 0.25 Pa·s。

在 PAA 含量相同时，DTAC 含量增大导致氧化铝浆料黏度增大的主要原因是颗粒间静电排斥作用降低和疏水作用增强，导致颗粒间相互吸引作用增大，颗粒间容易产生团聚，浆料中自由水含量减少。另外，PAA 含量增大导致浆料中游离 PAA 含量增大，在 DTAC 含量相同时，颗粒表面具有更强的静电排斥作用，同时，氧化铝颗粒表面的疏水性降低，颗粒间的疏水作用也降低。因此，在 DTAC 含量相同时，氧化铝浆料的黏度随 PAA 含量的增大而降低。

图 2-43（b）给出了 PAA 和 DTAC 含量不同的氧化铝浆料的储能模量。在 PAA 含量为 0.24 wt% 的氧化铝浆料中，加入 0.0125 wt% DTAC，氧化铝浆料的储能模量在测量时间范围内无明显变化。DTAC 的含量增大到 0.025 wt% 时，氧化铝浆料的储能模量随测量时间延长而逐渐增大。当 DTAC 含量增大到 0.0375 wt% 时，浆

料的储能模量在 15 min 内显著增大，并在 2 h 后达到最大。另外，在 DTAC 含量相同（0.0375 wt%），PAA 含量增至 0.32 wt% 和 0.40 wt% 时，浆料的储能模量降低，在测量时间范围内无明显变化。

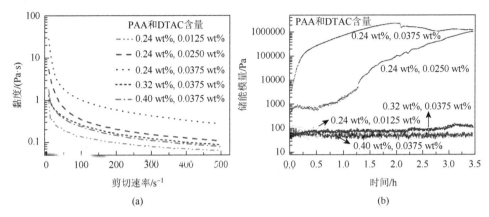

图 2-43　不同 PAA 和 DTAC 含量对氧化铝浆料黏度（a）和储能模量（b）的影响

浆料的储能模量随时间的延长而增大表明浆料内部发生了凝胶化，浆料凝胶化是颗粒间作用势能发展的结果。在 PAA 含量相同的氧化铝浆料中，DTAC 含量的增大导致颗粒间静电排斥作用降低，疏水作用增强。在疏水作用和范德瓦耳斯吸引作用下，颗粒间相互吸引作用随 DTAC 含量的增大而增大，因此，浆料的储能模量随 DTAC 含量的增大而增大。另外，在 DTAC 含量相同时，浆料中 PAA 含量越大，颗粒间的静电排斥作用相对越强且疏水作用相对越弱，导致颗粒间相互吸引作用越弱，因此，浆料的储能模量越低。

DTAC 修饰 PAA 分散氧化铝浆料具有宽的储能模量变化范围。因此，可以通过调节 PAA 和 DTAC 的添加量来调控氧化铝浆料的凝胶化过程，并将这种储能模量变化应用于湿泡沫的固化和干燥。

2.4.5　DTAC 修饰 PIBM 分散的氧化铝颗粒

1. 氧化铝颗粒表面 Zeta 电位

以氧化铝陶瓷颗粒（AES-11）为研究对象，选择 PIBM（Ib104）作分散剂和凝胶剂，并选择与之带相反电荷的阳离子型表面活性剂 TDAC 作疏水修饰剂。同时，为了比较，我们还使用了阴离子型表面活性剂十二烷基硫酸三乙醇胺（TLS）作疏水修饰剂。选择在 PIBM 含量为 0.2 wt%～0.4 wt% 时研究阳离子型表面活性剂 DTAC 浓度对颗粒表面 Zeta 电位的影响。

从图 2-44 可以看出，在 PIBM 含量为 0.2 wt%～0.4 wt% 范围内时，颗粒表面 Zeta 电位随 DTAC 浓度的变化趋势是一致的，即 Zeta 电位由负值变为正值，然后趋于稳定。例如，当 PIBM 加入量为 0.3 wt% 时，在悬浮液中加入 0.2 mmol/L 的 DTAC，Zeta 电位由 –40.9 mV 变为 50.2 mV，增大 DATC 的浓度，Zeta 电位无较大变动。另外，在 DTAC 浓度相同的悬浮液中，随着 PIBM 含量增大，氧化铝颗粒表面 Zeta 电位向负值方向转移。这与图 2-41 所示的 DTAC 对 PAA 分散氧化铝颗粒表面 Zeta 电位的影响趋势是一致的，造成这种相同变化规律的原因也是相同的。

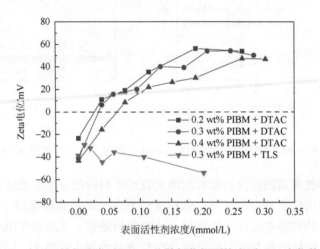

图 2-44　表面活性剂浓度对 PIBM 分散氧化铝颗粒表面 Zeta 电位的影响

　　图 2-44 还给出了阴离子型表面活性剂 TLS 对 0.3 wt% PIBM 分散氧化铝悬浮液中颗粒表面 Zeta 电位的影响。在 0.20 mmol/L TLS 浓度范围内，氧化铝颗粒表面 Zeta 电位虽有波动，但是一直为负值，且绝对值均大于 30 mV。对比两种表面活性剂对 0.3 wt% PIBM 分散氧化铝颗粒表面 Zeta 电位的影响可知，TLS 对 PIBM 分散氧化铝颗粒表面 Zeta 电位的影响与 DTAC 的影响完全不同。这是因为阴离子型表面活性剂 TLS 在悬浮液中电离产生的亲水基团（十二烷基磺酸根）带负电荷，与吸附在氧化铝颗粒表面的 PIBM 分子链上带负电荷的羧酸根产生静电排斥作用，亲水基团主要分布在氧化铝颗粒双电层的扩散层和溶剂（水）中，因此，TLS 对颗粒表面 Zeta 电位的影响较小。DTAC 是阳离子型表面活性剂，在悬浮液中电离产生 DTA^+，与吸附在氧化铝颗粒表面的 PIBM 分子链上带负电的羧酸根结合，随 DTAC 浓度的增加，逐步将 Zeta 电位从负值变成正值。

2. 颗粒表面疏水性

　　采用座滴法测量 DTAC 修饰 PIBM 分散氧化铝颗粒的接触角，以此表征氧化铝颗粒的疏水性。首先在去离子水中加入 0.2 wt%～0.3 wt% PIBM 制备 40 vol% 固含量的氧化铝浆料，球磨 1 h。然后向浆料中加入 0 wt%～0.0156 wt%（相对于氧化铝粉体）DTAC，继续球磨 1 h，再经室温干燥得到疏水修饰粉体。

表 2-6 给出了水滴在不同 PIBM 和 DTAC 含量的氧化铝修饰粉体表面的接触角。从表 2-6 可知，PIBM 含量分别为 0.2 wt% 和 0.3 wt% 时，水滴在氧化铝粉体表面的接触角随 DTAC 添加量的变化规律是一致的，即接触角随 DTAC 含量增大而增大。例如，当 PIBM 含量为 0.2 wt% 时，DTAC 含量由 0 wt% 增大到 0.0156 wt%，接触角由 47.2° 增大到 58.9°。另外，在 PIBM 含量不同的浆料中加入相同含量的 DTAC，粉体表面接触角呈现增大的趋势。例如，当 DTAC 含量为 0.0156 wt% 时，PIBM 含量由 0.2 wt% 增大到 0.3 wt%，接触角由 58.9° 增大到 61.5°。

表 2-6　水滴在不同 PIBM 和 DTAC 含量的氧化铝修饰粉体表面的接触角

样品编号	PIBM 含量/wt%	DTAC 含量/wt%	DTAC 含量/(mmol/g)	左右接触角平均值/(°)
P1S1	0.2	0	0	47.2
P1S2	0.2	0.0078	0.0003	52.5
P1S3	0.2	0.0156	0.0006	58.9
P2S1	0.3	0	0	50.1
P2S2	0.3	0.0078	0.0003	56.6
P2S3	0.3	0.0156	0.0006	61.5

在 PIBM 含量相同的氧化铝浆料中加入 DTAC，DTAC 通过 PIBM 连接在氧化铝颗粒表面，其疏水链赋予氧化铝颗粒表面疏水性，导致接触角增大。随着 DATC 含量增大，颗粒表面疏水性增大，水滴在修饰粉体表面的接触角也增大。

另外，如表 2-6 所示，在不添加 DTAC 疏水剂的情况下，0.2 wt% PIBM 分散的氧化铝颗粒表面接触角为 47.2°。但是，在不添加 DTAC 疏水剂的情况下，添加 0.24 wt% PAA 分散的氧化铝颗粒表面的接触角为 32.1°（表 2-5）。即，PIBM 分散的氧化铝颗粒比 PAA 分散的颗粒具有更大的接触角，疏水性更强。可见，PIBM 比 PAA 具有更强的疏水性。

3. 氧化铝颗粒间的相互作用

采用沉降实验表征 DTAC 对 PIBM 分散氧化铝颗粒间相互作用的影响。制备 2.44 vol% 固含量、0.3 wt% PIBM 含量的氧化铝浆料，然后加入不同量的 DTAC（相对于悬浮液中氧化铝粉体质量），静置一段时间后观察浆料的沉降情况。

图 2-45 给出了 DTAC 含量对氧化铝浆料沉降的影响。未添加 DTAC 时，氧化铝浆料稳定，无明显沉降，如图 2-45（a）所示。当浆料中含有 0.5 wt% 的 DTAC 时，浆料发生了明显的沉降 [图 2-45（c）]，且在 0.5 wt%～1.75 wt% 含量范围内，

浆料均发生沉降［图 2-45（c）～（g）］。当 DTAC 浓度超过 2.0 wt%时，浆料又
开始变得稳定［图 2-45（h）和（i）］。

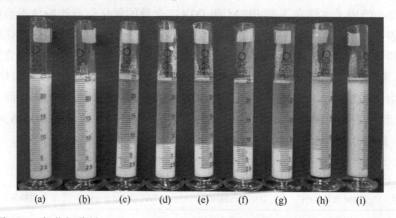

图 2-45　氧化铝浆料（0.3 wt% PIBM，DTAC 不同含量）静置 24 h 后的沉降结果

（a）0 wt%；（b）0.3 wt%；（c）0.5 wt%；（d）0.75 wt%；（e）1.0 wt%；（f）1.5 wt%；（g）1.75 wt%；
（h）2.0 wt%；（i）2.5 wt%

DTAC 对 PIBM 分散氧化铝悬浮液稳定性影响规律与上节中 DTAC 对 PAA 分
散氧化铝悬浮液稳定性影响规律是一致的，造成这种相同变化规律的原因也是一
致的，在此不再赘述。通过沉降实验可知，DTAC 影响 PIBM 分散的氧化铝颗粒
间静电排斥作用和疏水作用。据此，可以通过控制 PIBM 和 DTAC 的添加量来调
控氧化铝颗粒间的相互作用，使颗粒间静电排斥作用减弱，疏水作用增强，从而
提高颗粒稳定泡沫的干燥强度，达到直接干燥而不开裂的效果。同时，也应避免
过量的 DTAC 加入导致颗粒发生团聚。根据上述沉降实验可知，当 PIBM 含量为
0.3 wt%时，DTAC 的添加量应该小于 0.5 wt%。

4. 氧化铝浆料的流变性

如图 2-46（a）所示，未添加表面活性剂和添加表面活性剂的 PIBM 分散氧化
铝浆料均呈现剪切变稀的特性。在 0.25 wt% PIBM 分散的氧化铝浆料中加入
0.0156 wt% DTAC，氧化铝浆料的黏度在小于 30 s^{-1} 剪切速率时大于未添加 DTAC
时的浆料黏度。但是，在高剪切速率下，含有 0.0156 wt% DTAC 浆料的黏度明显
小于未添加 DTAC 时的黏度。例如，在 100 s^{-1} 剪切速率处，未添加 DTAC 时浆料
的黏度为 1.12 Pa·s，含有 0.0156 wt% DTAC 浆料的黏度仅为 0.64 Pa·s。

在 0.25 wt% PIBM 分散的氧化铝浆料中加入 0.0144 wt% TLS，此时氧化铝浆
料的黏度与未添加 TLS 时基本一致。在 PIBM 分散的氧化铝浆料中加入 TLS，对
氧化铝颗粒表面 Zeta 电位无显著影响（图 2-44），颗粒表面的疏水性也不受 TLS
的影响。因此，PIBM 分散的氧化铝浆料在加入 TLS 后的黏度基本不变。相比而

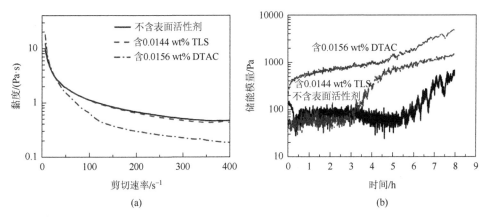

图 2-46　DTAC 和 TLS 对 PIBM（0.25 wt%）分散氧化铝浆料黏度（a）和储能模量（b）的影响

言，在 PIBM 分散的浆料中加入 DTAC，导致颗粒表面的 Zeta 电位降低（图 2-44），疏水性增强（表 2-6）。因此，浆料的黏度随 DTAC 的加入而升高。这与 DTAC 对 PAA 分散氧化铝浆料黏度的影响机理是一致的。但是，在高剪切速率下，DTAC 的加入却导致浆料黏度降低，这与 DTAC 对 PAA 分散氧化铝浆料黏度的影响规律是不同的。我们推测，这是由于吸附在氧化铝颗粒表面的 PIBM 和通过 PIBM 连接在颗粒表面的 DTAC 的疏水作用造成的。PIBM 的分子链长度约是 PAA 的 10 倍，同时还存在甲基以及 DTAC 的连接，导致高剪切速率下分子链周围的水分子更容易滑动，浆料的黏度降低。

图 2-46（b）给出了 PIBM 分散氧化铝浆料的储能模量。0.25 wt% PIBM 分散的氧化铝浆料的储能模量约在 6 h 后开始缓慢增大，在 8 h 后达到 658 Pa。在浆料中加入 0.0156 wt% DTAC 后，浆料的储能模量在 20 min 内显著增大，然后缓慢增大，并在 8 h 后达到 4941 Pa。当加入 0.0144 wt% TLS 后，浆料的储能模量在 3 h 后就开始快速增大，在 4.5 h 后增大速率变缓，在 8 h 后达到 1409 Pa。

DTAC 对 PIBM 分散氧化铝浆料储能模量的影响机理较为明确，即 DTAC 连接在 PIBM 分子链上，导致颗粒间静电排斥作用减弱，疏水作用增强，颗粒间相互吸引作用增强。这与 DTAC 对 PAA 分散氧化铝浆料储能模量的影响机理是一致的。根据 DTAC 对 PIBM 分散氧化铝浆料储能模量的影响以及 PIBM 对颗粒表面疏水性的影响规律，可以认为，PIBM 增强颗粒表面疏水性是导致浆料储能模量增大的主要原因。

2.4.6　DTAC 修饰柠檬酸铵分散的氧化铝颗粒

赵瑾[66]采用有机小分子电解质柠檬酸铵（TAC）作为氧化铝颗粒的分散剂，并选择阳离子型表面活性剂 DTAC 对 TAC 分散的颗粒进行疏水修饰。研究 DTAC

对 TAC 分散的氧化铝颗粒表面 Zeta 电位和颗粒间相互作用的影响。在此基础上，研究 DTAC 修饰 TAC 分散氧化铝颗粒制备泡沫陶瓷工艺及 DTAC 与 TAC 添加量对泡沫陶瓷结构的影响。

1. TAC 和 DTAC 对氧化铝颗粒表面 Zeta 电位的影响

首先研究 TAC 含量对氧化铝颗粒表面 Zeta 电位的影响，结果如图 2-47 所示。在未添加 TAC 时，氧化铝浆料的 pH 约等于 6.5，颗粒表面 Zeta 电位为 55.5 mV，即氧化铝颗粒表面带有较多的正电荷。在浆料中加入 0.25 wt%（相对于浆料中氧化铝粉体质量）TAC 时，Zeta 电位信号发生反转，变为–19.9 mV。增大 TAC 的含量，Zeta 电位缓慢下降，且当 TAC 含量大于约 0.5 wt%时，Zeta 电位绝对值大于 30 mV。

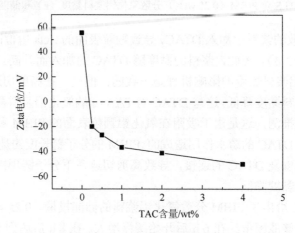

图 2-47　不同 TAC 含量时氧化铝颗粒表面 Zeta 电位

在未添加 TAC 时，氧化铝颗粒表面拥有较多的正电荷位点。加入 TAC 后，羧酸铵电离出羧酸根，带负电荷的羧酸根与颗粒表面正电荷位点产生静电作用，羧酸根吸附在氧化铝颗粒表面。由于一个 TAC 分子中有三个羧酸铵官能团，TAC 在氧化铝颗粒表面的吸附不仅中和了颗粒表面的正电荷，而且为颗粒表面提供更多的负电荷，导致 Zeta 电位逐渐降低，由正变负。这种变化趋势与文献[14]报道结果是一致的。

根据图 2-47 所示氧化铝颗粒表面 Zeta 电位随 TAC 含量的变化趋势，我们选择在 TAC 含量为 1 wt%～4 wt%时研究阳离子型表面活性剂 DTAC 浓度对颗粒表面 Zeta 电位的影响，结果如图 2-48 所示。在 1 wt%～4 wt% TAC 含量范围内，颗粒表面 Zeta 电位随 DTAC 浓度的变化趋势是一致的，即 Zeta 电位由负值变为正值，然后趋于稳定。例如，当 TAC 含量为 2 wt%时，在悬浮液中加入 0.30 mmol/L 的 DTAC，Zeta 电位由–36.3 mV 变为 36.3 mV，DATC 浓度增大至 0.61 mmol/L 时，Zeta 电位缓慢增大至 40.7 mV。

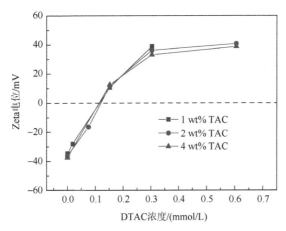

图 2-48　DTAC 浓度对 TAC 分散氧化铝颗粒表面 Zeta 电位的影响

在未添加 DTAC 时，氧化铝颗粒表面 Zeta 电位为负值，这是由于吸附在氧化铝颗粒表面的 TAC 分子链上的羧酸根赋予颗粒表面较多的负电荷。加入少量 DTAC 后，DTAC 电离出 DTA^+，在静电吸引作用下，DTA^+ 与吸附在氧化铝颗粒表面的 TAC 分子链上的羧酸根结合，也可能直接与氧化铝颗粒表面的负电荷位点结合，使 Zeta 电位绝对值降低。增大 DTAC 浓度后，浆料中 DTA^+ 的疏水链与已经吸附在氧化铝颗粒表面的 DTA^+ 疏水链产生疏水作用，形成半胶团结构，外层的 DTA^+ 导致氧化铝颗粒表面 Zeta 电位由负值转变为正值。

2. DTAC 修饰 TAC 分散氧化铝颗粒间的相互作用

采用沉降实验表征 DTAC 对 TAC 分散的氧化铝颗粒间相互作用的影响。加入相对于氧化铝粉体质量 0.1 wt% 的 TAC 作为分散剂制备固含量为 2.44 vol% 的氧化铝浆料，然后加入不同量的 DTAC（相对于氧化铝粉体质量），一段时间后观察浆料的沉降情况。

图 2-49 给出了 DTAC 含量不同的氧化铝浆料（0.1 wt% TAC）静置 20 h 后的沉降结果。如图 2-49（a）所示，未添加 DTAC 时氧化铝浆料稳定，无明显沉降。当浆料中含有 0.06 wt% 的 DTAC 时，浆料底部出现了沉降 [图 2-49（c）]。随浆料中 DTAC 浓度增大，浆料底部沉降高度增大 [图 2-49（c）～（f）]。当 DTAC 浓度超过 1.58 wt% 时，浆料又无沉降发生 [图 2-49（g）～（i）]。

根据图 2-47 可知，未添加 DTAC 时，0.1 wt% 的 TAC 对应的氧化铝颗粒表面 Zeta 电位约为–25 mV。但是，对应的浆料 [图 2-49（a）] 在静置 20 h 后呈现出较良好的稳定性。我们认为，导致这种现象的原因是测量 Zeta 电位浆料的固含量与沉降实验浆料的固含量相差较大。由于 TAC 的添加量是根据氧化铝粉体的质量进行计算的，在测量浆料 Zeta 电位时，氧化铝粉体的含量仅为 0.2 g/L（约 0.005 vol%），

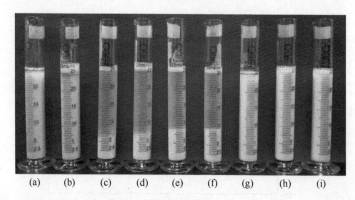

图 2-49　不同 DTAC 含量的氧化铝浆料（0.1 wt% TAC）静置 20 h 后的沉降结果

（a）0 wt%；（b）0.03 wt%；（c）0.06 wt%；（d）0.12 wt%；（e）0.26 wt%；（f）0.40 wt%；（g）1.58 wt%；
（h）2.42 wt%；（i）3.27 wt%

在沉降实验浆料中，氧化铝粉体的含量为 2.44 vol%，所以 Zeta 电位测量中 TAC
含量与沉降实验中 TAC 含量存在较大差别。若将 TAC 含量换算为相对于水的质
量分数，沉降实验中 TAC 含量（相对于水）为 0.01 wt%。TAC 含量（相对于水）
为 0.0008 wt% 时，Zeta 电位就已经达到了 –49.9 mV。这说明，在沉降实验中加入
0.1 wt%（相对于氧化铝粉体）TAC 已经使氧化铝颗粒表面具有较高的负电荷，所
以浆料具有良好的稳定性。

　　当少量的 DTAC 被加入 TAC 分散的氧化铝浆料中，DTAC 电离产生的 DTA^+
与氧化铝颗粒表面 TAC 分子上的羧酸根发生静电吸附，导致颗粒表面 Zeta 电位
降低（图 2-48），颗粒间静电排斥作用降低。同时，连接在氧化铝颗粒表面的 DTA^+
的疏水链导致颗粒表面疏水性增大，颗粒间疏水作用增强。颗粒在范德瓦耳斯吸
引作用和疏水作用下发生团聚，在重力作用下产生沉降 [图 2-49（c）～（f）]。
当浆料中 DTAC 浓度较高时，游离的 DTA^+ 疏水链与已经连接在颗粒表面的 DTA^+
疏水链在疏水作用下形成半胶团结构，外层的 DTA^+ 赋予颗粒表面更多的正电荷，
导致颗粒表面 Zeta 电位由负变正，Zeta 电位随着 DTAC 浓度增大而增大（图 2-48）。
当 DTAC 浓度很高时，颗粒表面具有较高的 Zeta 电位，颗粒间静电排斥作用占主
导地位，悬浮液能够稳定存在 [图 2-49（g）～（i）]。

　　通过沉降实验可知，DTAC 显著影响 TAC 分散的氧化铝颗粒间的相互作用
和颗粒表面的疏水性。因此，可以利用 DTAC 达到疏水修饰氧化铝颗粒的目的，
从而实现颗粒稳定泡沫的制备。同时，沉降实验结果可以用于指导我们通过控
制 DTAC 和 TAC 添加量来增强氧化铝颗粒间的相互吸引作用，提高干燥后颗粒
稳定泡沫的强度，达到直接干燥而不开裂的效果。另外，也应避免 DTAC 过量
导致颗粒发生团聚。例如，在 0.1 wt% TAC 添加量时，DTAC 的添加量应小于
0.06 wt%。

3. DTAC 修饰 TAC 分散氧化铝颗粒制备泡沫陶瓷

DTAC 修饰 TAC 分散氧化铝颗粒制备泡沫陶瓷的工艺包括浆料制备、发泡、干燥和烧结等步骤。首先根据固含量和 TAC 的添加量在尼龙球磨罐中加入去离子水、TAC 溶液、氧化铝粉体以及氧化铝研磨球（球料比为 2∶1，球直径 5 mm），使用行星式球磨机以 250 r/min 转速球磨 1 h，得到 TAC 分散的氧化铝陶瓷浆料。然后向球磨罐中加入 DTAC，继续球磨 1 h，得到氧化铝泡沫浆料。再将泡沫浆料转移至量杯，使用搅拌器搭配四方片打蛋棒以 400~1000 r/min 转速搅拌 4 min，得到氧化铝湿泡沫。将氧化铝湿泡沫浇注到模具中，在模具中自然干燥 1 天，脱模得到具有一定强度的泡沫体。泡沫体在室温下自然干燥 2 天，得到泡沫素坯。素坯在空气气氛中以 1℃/min 的速度升温至 1550℃，保温 3 h，自然冷却得到泡沫陶瓷。

图 2-50 为 DTAC 修饰 TAC 分散 40 vol%固含量浆料制备的密度在 0.64~1.76 g/cm³ 内的氧化铝泡沫陶瓷照片。可以看出，泡沫陶瓷宏观结构完整无裂纹。这是由于 DTAC 通过 TAC 修饰氧化铝颗粒达到疏水修饰颗粒和增强颗粒网络强度的效果，避免了干燥开裂等问题。

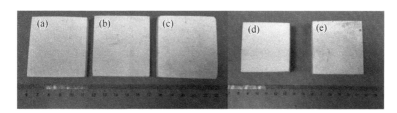

图 2-50 DTAC 修饰 TAC 分散颗粒制备的不同密度氧化铝泡沫陶瓷
（a）1.76 g/cm³；（b）1.46 g/cm³；（c）1.23 g/cm³；（d）0.74 g/cm³；（e）0.64 g/cm³

2.5 本 章 小 结

笔者团队自 2003 年起开始探索陶瓷浆料原位固化成型的新型凝胶体系，发展了环氧树脂-多胺凝胶固化体系，使用了聚丙烯酸铵、水溶性环氧树脂和多胺等三种有机添加剂。前者（分散剂）用于颗粒分散，后两者（凝胶剂）通过亲核加成聚合反应形成凝胶网络，分别实现浆料的悬浮和凝胶固化，相关技术在洛阳实现了推广应用。

2011 年，我们发现一种异丁烯和马来酸酐共聚物的酰胺-铵盐，其具有分散和凝胶固化双功能，在大气常温环境下可以实现氧化铝颗粒的分散和原位固化成型。随后，开展了普适性研究和凝胶固化机理研究，以及分散改性、疏水改性和交联改性研究。结果表明：①PIBM 双功能成型剂可以满足多种先进陶瓷粉体的凝胶固化成型，其机理主要是氢键和疏水缔合。②在室温密闭环境下自固化凝胶成型的湿坯具有自发脱水和在剪切力作用下恢复流动性的特性。③颗粒尺寸与分散剂链长具有匹配关系。小分子量（短链）分散剂的分散能力强，可以制备高固含量的浆料。④疏水改性可以减缓剪切增稠现象，交联改性可以提高坯体强度。⑤在此基础上，通过对不同链长的阴离子型分散剂接枝疏水基团，合成了自发凝固陶瓷系列成型剂，接枝短链疏水基团的成型剂可以用于致密陶瓷的成型，接枝长链疏水基团的成型剂可以用于泡沫陶瓷的成型。

简言之，自 2011 年发现具有分散和凝胶固化双功能的成型剂开始，至可以合成分散-凝固双功能和分散-发泡-凝固三功能的系列成型剂，历时十四年我们开发了内涵丰富的自固化凝胶成型体系。

参 考 文 献

[1] 鈴木宏，内村勝次，藤原徳仁. セラミックス大型部品用浸透Ｖプロセスの開発. 素形材，2007，12：21-24.

[2] Surmet Corporation. Products & Applications，Domes & Lenses. https://www.surmet.com/domes-and lenses-for-infrared-optics. 2024-2-20.

[3] Omatete O O，Janney M A，Strehlow R A. Gelcasting: A new ceramic forming process. American Ceramic Society Bulletin，1991，70：1641-1649.

[4] Graule T J，Baader F H，Gauckler L J. Casting uniform ceramics with direct coagulation. ChemTech，1995，25：31.

[5] 杨燕，岛井骏藏，周国红，等. 一种制备陶瓷坯体的方法：中国 201110393876.3. 2011-12-01.

[6] Morissette S L，Lewis J A. Chemorheoloy of aqueous-based alumina-poly(vinyl alcohol) gelcasting suspensions. Journal of the American Ceramic Society，1999，82：521-528.

[7] Chabert F，Dunstan D E，Franks G V. Cross-linked polyvinyl alcohol as a binder for gelcasting and green machining. Journal of the American Ceramic Society，2008，91：3138-3146.

[8] Hansen E W，Holm K H，Jahr D M，et al. Reaction of poly(vinyl alcohol) and dialdehydes during gel formation probed by ^{1}H NMR—A kinetic study. Polymer，1997，38：4863-4871.

[9] Johnson S B，Franks G V，Dunstan D E. A novel thermally activated crosslinking agent for chitosan in aqueous solution: A rheological investigation. Colloid Polymer Science，2004，282：602-612.

[10] Mao X J，Shimai S，Dong M J，et al. Gelcasting of alumina using epoxy resin as gelling agent. Journal of the American Ceramic Society，2007，90：968-986.

[11] Tallon C，Jach D，Moreno R，et al. Gelcasting of alumina suspensions containing nanoparticles with glycerol monoacrylate. Journal of the American Ceramic Society，2009，29：875-880.

[12] Bednarek P，Szafran M，Sakka Y，et al. Gelcasting of alumina with a new monomer synthesized from glucose. Journal of the European Ceramic Society，2010，30：1795-1801.

[13] Fanelli A J，Silvers R D，Frei W S，et al. New aqueous injection moulding process for ceramic powder. Journal of the American Ceramic Society，1989，72：1833-1836.

[14] Jia Y，Kanno Y，Xie Z P. Fabrication of alumina green body through gelcasting process using alginate. Materials Letter，2003，57：2530-2534.

[15] Lyckfeldt O，Brandt J，Lesca S. Protein forming—A novel shaping technique for ceramics. Journal of the European

Ceramic Society，2000，20：2551-2559.

[16] Adolfsson E. Gelcasting of zirconia using agarose. Journal of the American Ceramic Society，2006，89：1897-1902.

[17] Chen Y L，Xie Z P，Huang Y. Alumina casting based on gelation of gelatine. Journal of the European Ceramic Society，1999，19：271-275.

[18] 杨金龙，许杰，干科. 陶瓷浓悬浮体新型固化技术及其原理. 北京：清华大学出版社，2020.

[19] 卜景龙，刘开琪，王志发，等. 凝胶注模成型制备高温结构陶瓷. 北京：化学工业出版社，2008.

[20] Yang J L，Huang Y. Novel Colloidal Forming of Ceramics. Beijing：Tsinghua University Press，2010.

[21] 陈大明. 先进陶瓷材料的注凝技术与应用. 北京：国防工业出版社，2011.

[22] 王小锋，王日初. 氧化铍陶瓷的凝胶注模成型. 长沙：中南大学出版社，2012.

[23] Mao X，Shimai S，Dong M，et al. Gelcasting of alumina using epoxy resin as a gelling agent. Journal of the American Ceramic Society，2007，90（3）：986-988.

[24] Mao X，Shimai S，Dong M，et al. Gelcasting and pressureless sintering of translucent alumina ceramics. Journal of the American Ceramic Society，2008，91（5）：1700-1702.

[25] Mao X，Shimai S，Wang S. Gelcasting of alumina foams consolidated by epoxy resin. Journal of the European Ceramic Society，2008，28（1）：217-222.

[26] Jin L，Mao X，Wang S，et al. Optimization of the rheological properties of yttria suspensions. Ceramics International，2009，35（2）：925-927.

[27] Xue J，Dong M，Li J，et al. Gelcasting of aluminum nitride ceramics. Journal of the American Ceramic Society，2010，93（4）：928-930.

[28] Dong M，Mao X，Zhang Z，et al. Gelcasting of SiC using epoxy resin as gel former. Ceramics International，2009，35（4）：1363-1366.

[29] Yang Y，Shimai S，Wang S W，Room-temperature gelcasting of alumina with a water-soluable copolymer. Journal of Material Research，2013，28：1512-16.

[30] Sun Y，Shimai S，Peng X，et al. A method for gelcasting high-strength alumina ceramics with low shrinkage. Journal of Materials Research，2014，29：247-251.

[31] Lv L，Lu Y J，Zhang X Y，et al. Preparation of low-shrinkage and high-performance alumina ceramics via incorporation of pre-sintered alumina powder based on Isobam gelcasting. Ceramics International，2019，45（9）：11654-11659.

[32] Brennan R E. Field-induced texturing of ceramic materials for unparalleled properties. US Army Research Laboratory，Aberdeen Proving Ground，United States，2017.

[33] Sokolov A S，Harris V G. 3D crystallographic alignment of alumina ceramics by application of low magnetic fields. Journal of the European Ceramic Society，2018，38（15）：5257-5263.

[34] Wang X F，Xiang H M，Liu J C，et al. Gelcasting of $Yb_3Al_5O_{12}$ using a nontoxic water-soluble copolymer as both dispersant and gelling agent. Ceramics International，2016，42（1）：421-427.

[35] 舒夏，李军，张海龙，等. 水溶性共聚物为交联剂的凝胶注成型 AlN 陶瓷的研究. 无机材料学报，2014，29（3）：327-330.

[36] 邢媛媛，吴海波，刘学建，等. 颗粒级配对固相烧结碳化硅陶瓷的影响. 无机材料学报，2018，33（11）：1167-1172.

[37] Chen R C，Qi J Q，Guo X F，et al. Surface morphology and microstructure evolution of B_4C ceramic hollow microspheres prepared by wet coating method on a pyrolysis substrate. Ceramics International，2019，45（6）：7916-7922.

[38] Xu J, Liu S H, Wang Y J, et al. Enhanced dielectric properties of highly dense $Ba_{0.5}Sr_{0.5}TiO_3$ ceramics via non-toxic gelcasting. Journal of Materials Science: Materials in Electronics, 2020, 31（20）: 17819-17827.

[39] Shimai S, Yang Y, Wang S, et al. Spontaneous gelcasting of translucent alumina ceramics. Optical Materials Express, 2013, 3: 1000-1006.

[40] Sun Y, Shimai S Z, Peng X, et al. Gelcasting and vacuum sintering of translucent alumina ceramics with high transparency. Journal of Alloys and Compounds, 2015, 641: 75-79.

[41] Sun Y, Shimai S Z, Peng X, et al. Fabrication of transparent Y_2O_3 ceramics via aqueous gelcasting. Ceramics International, 2014, 40（6）: 8841-8845.

[42] Qin X P, Zhou G H, Yang Y, et al. Gelcasting of transparent YAG ceramics by a new gelling system. Ceramics International, 2014, 40（8）: 12745-12750.

[43] Zhang L, Yao Q, Yuan Z, et al. Ammonium citrate assisted surface modification and gel casting of YAG transparent ceramics. Ceramics International, 2018, 44（17）: 21921-21927.

[44] Zhang G R, Carloni D, Wu Y Q. 3D printing of transparent YAG ceramics using copolymer-assisted slurry. Ceramics International, 2020, 46（10）: 17130-17134.

[45] Chen X Q, Wu Y Q. Aqueous-based tape casting of multilayer transparent Nd:YAG ceramics. Optical Materials, 2019, 89: 316-321.

[46] Zhang P P, Liu P, Sun Y, et al. Aqueous gelcasting of the transparent $MgAl_2O_4$ spinel ceramics. Journal of Alloys and Compounds, 2015, 646: 833-836.

[47] Zhang P P, Liu P, Sun Y, et al. Microstructure and properties of transparent $MgAl_2O_4$ ceramic fabricated by aqueous gelcasting. Journal of Alloys and Compounds, 2016, 657: 246-249.

[48] Shahbazi H, Shokrollahi H, Tataei M. Gel-casting of transparent magnesium aluminate spinel ceramics fabricated by spark plasma sintering（SPS）. Ceramics International, 2018, 44（5）: 4955-4960.

[49] Wang J, Zhang F, Chen F, et al. Fabrication of aluminum oxynitride（γ-AlON）transparent ceramics with modified gelcasting. Journal of the American Ceramic Society, 2014, 97（5）: 1353-1355.

[50] Yang Y, Shimai S Z, Sun Y, et al. Fabrication of porous Al_2O_3 ceramics by rapid gelation and mechanical foaming. Journal of Materials Research, 2013, 28（15）: 2012-2016.

[51] Wan T, Yao D Xu, Hu H L, et al. Fabrication of porous Si_3N_4 ceramics through a novel gelcasting method. Materials Letters, 2014, 133: 190-192.

[52] 张小强, 孙怡, 岛井骏藏, 等. 水溶性环氧树脂对注凝成型 Al_2O_3 泡沫陶瓷结构和性能的影响. 无机材料学报, 2015, 30（10）: 4.

[53] 胡淑娟, 张跃, 唐保军. 醇-水基水溶性共聚物凝胶注模成型制备氧化铝纳米多孔陶瓷. 稀有金属材料与工程, 2015, 44（S1）: 400-403.

[54] Zhao J, Shimai S Z, Zhou G H, et al. Ceramic foams shaped by oppositely charged dispersant and surfactant. Colloids and Surfaces A: Physicochemical and Engineering Aspects, 2018, 537: 210-216.

[55] Ren J T, Ying W, Zhao J, et al. High-strength porous mullite ceramics fabricated from particle-stabilized foams via oppositely charged dispersants and surfactants. Ceramics International, 2019, 45（5）: 6385-6391.

[56] 邓先功. 发泡-注凝成型法制备莫来石柱晶自增强多孔陶瓷及其高温力学和热学性能. 武汉: 武汉科技大学, 2016.

[57] Chen R C, Yang M, Shi Y L, et al. Low-temperature fabrication of Li_2O porous ceramic pebbles by two-stage support decomposition. International Journal of Hydrogen Energy, 2019, 44（36）: 20249-20256.

[58] 吴文浩. ISOBAM-104 的疏水机理及其油水分离和 MgO 抗水化性能研究. 武汉: 武汉科技大学, 2020.

[59] Tian C, Huang X, Guo W M, et al. Preparation of SiC porous ceramics by a novel gelcasting method assisted with surface modification. Ceramics International, 2020, 46 (10): 16047-16055.

[60] Meng X Y, Xu J, Zhu J T, et al. Porous yttria-stabilized zirconia ceramics with low thermal conductivity via a novel foam-gelcasting method. Journal of Materials Science, 2020, 55 (31): 15106-15116.

[61] 孙怡. 多官能团一元凝胶体系的改性及应用研究. 上海: 中国科学院大学, 2016.

[62] 毛小建, 陈晗, 赵瑾, 等. 自发凝固成型研究进展. 现代技术陶瓷, 2019, 40 (6): 398-416.

[63] 彭翔. 大尺寸氧化铝陶瓷的注凝成型研究. 上海: 中国科学院大学, 2016.

[64] Yang J, Xu J, Wen N, et al. Direct coagulation casting of alumina suspension via controlled release of high valence counterions from thermo-sensitive liposomes. Journal of the American Ceramic Society, 2013, 96: 62-67.

[65] Hall S B, Duffield J R, Williams D R. A reassessment of the applicability of the DLVO theory as an explanation for the Schulze-Hardy rule for colloid aggregation. Journal of Colloid and Interface Science, 1991, 143: 411-415.

[66] 赵瑾. 表面活性剂疏水修饰陶瓷颗粒制备泡沫陶瓷. 上海: 中国科学院大学, 2018.

[67] Lu Y J, Yang J L, et al. Dispersion and gelation behavior of alumina suspensions with Isobam. Ceramics International, 2018, 44: 11357-11363.

[68] Marsico C A, Orlicki J A, Blair V L. Investigation of room-temperature super-stabilized suspension casting system mechanism. Journal of the American Ceramic Society, 2020, 103 (3): 1514-1519.

[69] Ma L, Huang Y, Yang J, et al. Effect of plasticizer on the cracking of ceramic green bodies in gelcasting. Journal of Materials Science, 2005, 40 (18): 4947-4949.

[70] Yin J, Liu X, Zhang H, et al. Dispersion and gelcasting of zirconium diboride through aqueous route. International Journal of Applied Ceramic Technology, 2013, 10 (s1): E226-E233.

[71] Zhang P, Liu P, Sun Y, et al. Microstructure and properties of transparent MgAl$_2$O$_4$ ceramic fabricated by aqueous gelcasting. Journal of Alloys and Compounds, 2016, 657: 246-249.

[72] Takai C, Tsukamoto M, Fuji M, et al. Control of high solid content yttria slurry with low viscosity for gelcasting. Journal of Alloys and Compounds, 2006, 408: 533-537.

[73] 王小锋. BeO 粉体制备凝胶注模成型及其烧结的研究. 长沙: 中南大学, 2011.

[74] Santacruz I, Anapoorani K, Binner J. Preparation of high solids content nanozirconia suspensions. Journal of the American Ceramic Society, 2008, 91 (2): 398-405.

[75] Cesarano III J, Aksay I A, Bleier A. Stability of aqueous α-Al$_2$O$_3$ suspensions with poly(methacrylic acid) polyelectrolyte. Journal of the American Ceramic Society, 1988, 71 (4): 250-255.

[76] Gauckler L, Graule T, Baader F. Ceramic forming using enzyme catalyzed reactions. Materials Chemistry and Physics, 1999, 61 (1): 78-102.

[77] Song Y L, Liu X L, Chen J F. The maximum solid loading and viscosity estimation of ultra-fine BaTiO$_3$ aqueous suspensions. Colloids and Surfaces A: Physicochemical and Engineering Aspects, 2004, 247 (1-3): 27-34.

[78] Lu Y, Gan K, Huo W, et al. Dispersion and gelation behavior of alumina suspensions with Isobam. Ceramics International, 2018, 44: 11357-11363.

[79] Zhang L, Yao Q, Yuan Z, et al. Ammonium citrate assisted surface modification and gel casting of YAG transparent ceramics. Ceramics International, 2018, 44: 21921-21927.

[80] Tanurdjaja S, Tallon C, Scales P J, et al. Influence of dispersant size on rheology of non-aqueous ceramic particle suspensions. Advanced Powder Technology, 2011, 22 (4): 476-481.

[81] Sun Y, Shimai S, Peng X, et al. A method for gelcasting high-strength alumina ceramics with low shrinkage. Journal of Materials Research, 2014, 29 (02): 247-251.

[82] Hoffman R. Discontinuous and dilatant viscosity behavior in concentrated suspensions. Ⅱ. Theory and experimental tests. Journal of Colloid and Interface Science, 1974, 46 (3): 491-506.

[83] Tseng W J, Lin K C. Rheology and colloidal structure of aqueous TiO₂ nanoparticle suspensions. Materials Science and Engineering A, 2003, 355 (1): 186-192.

[84] Song Y L, Liu X L, Chen J F. The maximum solid loading and viscosity estimation of ultra-fine BaTiO₃ aqueous suspensions. Colloids and Surfaces A: Physicochemical and Engineering Aspects, 2004, 247 (1-3): 27-34.

[85] Lv Z, Zhang T, Jiang D, et al. Aqueous tape casting process for SiC. Ceramics International, 2009, 35 (5): 1889-1895.

[86] Tan H, Tam K, Tirtaatmadja V, et al. Extensional properties of model hydrophobically modified alkali-soluble associative (HASE) polymer solutions. Journal of Non-Newtonian Fluid Mechanics, 2000, 92 (2): 167-185.

[87] Claro C, Muñoz J, de la Fuente J, et al. Surface tension and rheology of aqueous dispersed systems containing a new hydrophobically modified polymer and surfactants. International Journal of Pharmaceutics, 2008, 347 (1): 45-53.

[88] Sheikholeslami P, Muirhead B, Baek D S H, et al. Hydrophobically-modified poly(vinyl pyrrolidone) as a physically-associative, shear-responsive ophthalmic hydrogel. Experimental Eye Research, 2015, 137: 18-31.

[89] Zhang J, Sun Y, Shimai S, et al. Effect of TMAH on the rheological behavior of alumina slurries for gelcasting. Journal of Asian Ceramic Societies, 2017, 5: 261-265.

[90] 宋少先. 疏水絮凝理论与分选工艺. 北京: 煤炭工业出版社, 1993.

[91] Ringsdorf H, Venzmer J, Winnik F. Fluorescence studies of hydrophobically modified poly(N-isopropylacrylamides). Macromolecules, 1991, 24 (7): 1678-1686.

[92] Wang Y, Zhou Y, Cheng H, et al. Gelcasting of sol-gel derived mullite based on gelation of modified poly (isobutylene-alt-maleic anhydride). Ceramics International, 2014, 40: 10565-10571.

[93] Chen R, Qi J, Su L, et al. Rapid preparation and uniformity control of B4C ceramic double-curvature shells: Aim to advance its applications as ICF capsules. Journal of Alloys and Compounds, 2018, 762: 67-72.

[94] Su L, Chen R, Huang Z, et al. Geometrical morphology optimisation of laser drilling in B₄C ceramic: From plate to hollow microsphere. Ceramics International, 2018, 44: 1370-1375.

[95] Chen H, Shimai S, Zhao J, et al. Hydrophobic coagulation of alumina slurries. Journal of the American Ceramic Society, 2021, 104 (1): 284-293.

[96] Prabhakaran K, Raghunath S, Melkeri A, et al. Novel coagulation method for direct coagulation casting of aqueous alumina slurries prepared using a poly(acrylate) dispersant. Journal of the American Ceramic Society, 2008, 91 (2): 615-619.

[97] 陈晗. 类单晶结构氧化铝透明陶瓷的形成机制及制备. 北京: 中国科学院大学, 2021.

[98] 赵瑾, 毛小建, 王士维. 直接发泡法制备孔特性可控的氧化铝泡沫陶瓷.硅酸盐学报, 2019 (9): 1222-1234.

[99] Yang Y, Shimai S, Sun Y, et al. Fabrication of porous Al₂O₃ ceramics by rapid gelation and mechanical foaming. Journal of Materials Research, 2013, 28 (15): 2012-2016.

[100] 张小强, 孙怡, 岛井骏藏, 等. 水溶性环氧树脂对注凝成型 Al₂O₃ 泡沫陶瓷结构和性能的影响. 无机材料学报, 2015, 30 (10): 1085-1088.

[101] Jiang L Q, Gao L, Liu Y Q. Adsorption of salicylic acid, 5-sulfosalicylic acid and Tiron at the alumina-water interface. Colloids and Surfaces A-Physicochemical and Engineering Aspects, 2002, 211 (2-3): 165-172.

[102] Bhattacharjee S, Singh B P, Besra L. Effect of additives on electrokinetic properties of colloidal alumina suspension. Journal of Colloid and Interface Science, 2002, 254 (1): 95-100.

[103] Santhiya D，Subramanian S，Natarajan K A，et al. Surface chemical studies on the competitive adsorption of poly(acrylic acid) and poly(vinyl alcohol) onto alumina. Journal of Colloid and Interface Science，1999，216（1）：143-153.

[104] Nylander T，Samoshina Y，Lindman B. Formation of polyelectrolyte—surfactant complexes on surfaces. Advances in Colloid and Interface Science，2006，123-126：105-123.

第 3 章　陶瓷湿坯的干燥、脱粘和烧结

第 1 章介绍了先进陶瓷的制备工艺主要包括粉体制备、坯体成型、脱粘、高温烧结和冷加工等。对于湿法成型而言，无论是注浆（包括加压注浆、离心注浆）、压滤、挤出，还是浆料的原位固化成型（包括注凝成型、直接凝固成型和自固化凝胶成型），所制备的湿坯都含有水分，必须进行干燥排出水分后，才能进入脱粘阶段。脱粘是通过氧化或热解，排除浆料中用于辅助成型的有机添加剂。最后进入烧结阶段，通过高温烧结将疏松的陶瓷颗粒堆积体变成致密的陶瓷材料。本章主要介绍自固化凝胶成型湿坯的干燥和脱粘，以及两种典型透明陶瓷的烧结。

3.1　陶瓷湿坯的干燥

3.1.1　概述

注凝成型、直接凝固成型和自固化凝胶成型等原位固化成型方法经历了三十几年的发展，人们关注和研究的重点是制备高固含量、流动性好的陶瓷浆料。此外，干燥也是湿法成型的关键环节。陶瓷湿坯在干燥脱水过程中容易发生变形或开裂，随坯体尺寸增大，该瓶颈问题越发难以控制。目前，对陶瓷湿坯（陶瓷凝胶）脱水干燥的深入研究寥寥无几，理论和实践脱节，阻碍了该方法大规模应用。

陶瓷湿坯（凝胶）的干燥涉及水分输运和干燥应力。在恒温恒湿条件下，内部自由水向表面输运，水分在表面蒸发，陶瓷坯体在毛细应力驱使下发生收缩。当内部水分输运速率低于表面水的蒸发速率时，坯体表面水的液面将逐渐下降，当液面低于陶瓷颗粒表面时，干燥速率由恒速期（constant rate period，CRP）变为降速期（falling rate period，FRP；图 3-1），此时，坯体容易发生干燥变形或开裂。

为了避免干燥变形和开裂等问题，人们通常从干燥工艺角度入手，普遍采用控温控湿干燥手段。对于实验室小尺寸的陶瓷凝胶样品，采用控温控湿干燥不会发生变形或开裂，但对于大尺寸或厚样品，即使干燥时间长达数月，有时仍无法解决样品变形或开裂问题。液相干燥法[1]（liquid drying）可以有效控制收缩和变形，但限于小尺寸和薄片样品，而且还涉及有机物的利用和回收，操作复杂。冷冻干燥法对小尺寸样品比较有效，但不适合制备大尺寸致密陶瓷。热响应固化体系[2]通过设计官能团在不同温度下憎水和亲水性能的转变，实现了小尺寸样品的快速干燥。应该注意到，热响应固化体系涉及热能（干燥温度，50℃）由外向内传递，易造成素坯微结构不均匀。

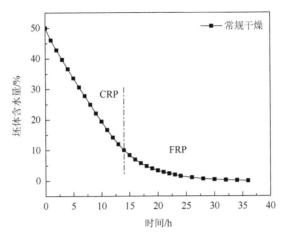

图 3-1　陶瓷凝胶的干燥速率转变现象

除了采用不同干燥方式，陶瓷研究人员还从应力演化角度研究干燥过程。早在 1990 年，Scherer[3]采用毛细管力方程估算了氧化硅纯凝胶的最大毛细管力（图 3-2），并建立了微观模型，提出不同孔径造成的水分蒸发差异和毛细管力差是引起坯体开裂的主因。然而，陶瓷凝胶结构与纯凝胶（如氧化硅凝胶）不同。陶瓷凝胶结构包含陶瓷颗粒、有机网络和水，有机网络会影响水的表面张力以及水在陶瓷颗粒表面的润湿性。另外，陶瓷凝胶中的毛细孔不仅是陶瓷颗粒之间的缝隙，也可能是有机网络形成的孔，这导致陶瓷凝胶表面毛细管力的估算变得十分复杂。Ghosal 等[4]对陶瓷凝胶的干燥过程进行了阐述，提出在干燥过程中有机网络会发生演变并影响干燥进程，但没有进一步研究报道。杨金龙等[5]在陶瓷凝胶中预埋应变片，测试应力随单体浓度的变化规律。但应变片阻挡了陶瓷凝胶中水分输运通道，不能真实反映陶瓷凝胶的应力演化。虽然干燥应力难以评估，但减小应力仍是十分必要的。杨金龙等[6]进行了有益的尝试，通过添加增塑剂调节陶瓷凝胶的网络结构，以期达到减小坯体干燥过程中内应力的目的。

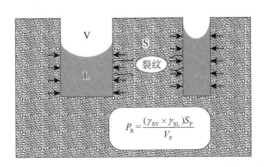

$$P_{\mathrm{R}} = \frac{(\gamma_{\mathrm{SV}} \times \gamma_{\mathrm{SL}}) S_{\mathrm{P}}}{V_{\mathrm{P}}}$$

图 3-2　毛细管力作用下的开裂行为及毛细管力方程

V：蒸气；L：液体；S：固体

　　如上所述，在干燥过程中，理论估算毛细管力存在困难，陶瓷凝胶的应力状态也无法真实测量，干燥研究似乎陷入僵局。本质上，陶瓷凝胶的干燥涉及内部水分输运和表面水分蒸发。表面水分蒸发受外界温度和湿度等因素的影响，内部水分输运除了受表面水分蒸发速率的影响，还主要受陶瓷凝胶显微结构（包含有机网络和颗粒堆积密度等内因）的影响。另外，内部水分输运和表面水分蒸发伴随着毛细管力的产生，在微观上导致显微结构演化（包括凝胶网络收缩和颗粒堆积密度提高），在宏观上表现为尺寸收缩。因此，研究外因、内因对水分输运、显微结构演化和宏观收缩的关联成为解决陶瓷凝胶干燥变形和开裂等问题的重要课题。

3.1.2　陶瓷凝胶的自发脱水

1. 自发脱水现象

　　自发脱水（syneresis）现象在食品科学等领域已得到广泛关注和研究，并被运用于食品的储存和运输[7-9]。食品凝胶多是由高聚物分子（蛋白质或多糖）通过氢键、离子桥联以及疏水作用等形成的三维网状凝胶结构，并且网络中充斥着大量连续相的液体。凝胶系统属于亚稳态，经放置一段时间后逐渐发生脱水现象，水从凝胶中脱出，凝胶发生收缩。经自发脱水作用后，凝胶的结构和性质发生显著的变化，最终影响食品凝胶的使用价值。

　　无独有偶，在材料科学领域同样存在自发脱水现象。Scherer[10]在采用溶胶-凝胶法制备 SiO_2 和 TiO_2 凝胶时发现了自发脱水现象，它通过体系内连续的键和反应使凝胶收缩，降低固液界面能量，最终降低化学势能使体系更稳定。TiO_2 凝胶的自发脱水原理如式（3-1）所示，$\equiv$ Ti—OH 与 HO—Ti $\equiv$ 持续的缩水反应形成 $\equiv$ Ti—O—Ti $\equiv$ 链。脱水后凝胶的弹性模量和抗应变性能显著提高，再经后续干燥，凝胶的收缩减小并最终降低干燥开裂风险。

$$\equiv Ti—OH + HO—Ti \equiv \longrightarrow \equiv Ti—O—Ti \equiv +H_2O$$
$$\equiv Ti—OR + HO—Ti \equiv \longrightarrow \equiv Ti—O—Ti \equiv +ROH \tag{3-1}$$

　　但是，在陶瓷领域，自发脱水收缩现象并未受到广泛关注。2010 年，黄勇等[11]阐述了 Al_2O_3 陶瓷凝胶的自发脱水收缩和沉降现象，但未见进一步的研究报道。陶瓷凝胶的结构由陶瓷颗粒、有机网络和水组成，在宏观的陶瓷凝胶形成后，吸附在不同陶瓷颗粒表面有机添加剂分子链之间的持续相互作用是诱发自发脱水的因素。综上所述，自发脱水现象不仅能够脱出凝胶体系中的水分，还会显著改变凝胶的性能，并最终影响干燥结果。因此，自发脱水是干燥过程不可分割的重要阶段，需要研究分析陶瓷凝胶的自发脱水性质以及与随后干燥的耦合联动。

　　在第 1 章已经述及，原位固化成型作为一类新型的湿法成型方法，其基本原理是陶瓷浆料中有机物分子间发生聚合反应或物理作用形成有机高分子网络结构，原位固定陶瓷颗粒形成湿坯。受含水量和陶瓷颗粒的限制，陶瓷凝胶的自发脱水相对于纯凝胶体系是较弱的。另外，通常实验室的样品尺寸比较小，自发脱水现象不明显，容易被忽略。因此，目前湿法成型领域的研究者对这一现象的认知几乎停留在空白阶段。笔者团队在前期的研究工作中，分别使用 PIBM 一元凝胶体系（异丁烯类共聚物凝胶体系）和三元凝胶体系（环氧树脂-多胺凝胶体系）进行大尺寸氧化铝陶瓷湿坯的成型，在陶瓷凝胶成型后和干燥前这个阶段，发现陶瓷凝胶具有自发脱水现象。即以 PIBM 一元凝胶体系制备的氧化铝陶瓷凝胶，在室温密封保存一段时间后，出现明显的自发脱水现象，伴随着水分的产生，陶瓷凝胶体发生收缩，凝胶体与模具之间的空隙被水充填。

　　与 TiO_2 等纯凝胶体系的自发脱水类似，陶瓷凝胶的自发脱水现象是由有机分子链之间持续的相互作用引起的。陶瓷浆料向凝胶状态转变是通过 PIBM 有机物分子间形成的氢键和疏水作用形成有机高分子网络结构，原位固化陶瓷颗粒和水分形成宏观、可自我支撑的陶瓷凝胶（湿坯）实现的。但是这种凝胶系统固液界面能高，通过体系内部 PIBM 有机分子连续的键合反应［式（3-2）］，有机网络交联程度提高，同时，烷基链之间通过疏水作用互相吸引，使陶瓷凝胶缓慢收缩并脱出部分水（图 3-3）。相比于纯凝胶系统，陶瓷凝胶内部充斥着大量连续相的水分，有近半的体积被陶瓷颗粒占据，陶瓷颗粒的存在一定程度上抑制了自发脱水现象。例如，经 50℃脱水收缩一周后，PIBM 体系的陶瓷凝胶（50 vol%）脱出的水分占总水量的 6%～10%，即在这个阶段陶瓷凝胶相应地发生一定的体积收缩。在脱水过程中，体系的固液界面能降低，陶瓷凝胶体系更稳定。

$$(3\text{-}2)$$

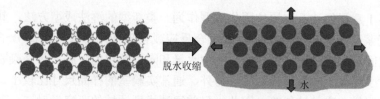

图3-3　陶瓷凝胶自发脱水示意图

2. 自发脱水的影响因素[12]

研究发现，影响自发脱水的因素包括固含量、温度、试样厚度、有机网络和杂质离子等。陶瓷凝胶的构成不同于纯凝胶体系，除了有机网络外，还包括陶瓷颗粒。图3-4示出不同固含量的陶瓷凝胶在自发脱水阶段的脱水曲线。随着固含量的增加，脱出的水量逐渐降低。例如，源自50 vol%固含量浆料的陶瓷凝胶，经140 h自发脱水后，脱出的水分占总含水量的6%，源自58 vol%固含量浆料的陶瓷凝胶脱出的水分仅为3.6%。陶瓷颗粒的固含量越高，体系中自由水比例越低，且颗粒堆积越紧密，导致水分从内向外的输运通道越小。同时，陶瓷颗粒堆积密度越高，陶瓷凝胶的力学性能越好，自发脱水将受到抑制，因此，固含量的增加会降低陶瓷凝胶的脱水量。

温度是影响陶瓷浆料原位固化成型的重要工艺参数，适当升高温度会加速凝胶固化反应进程。自发脱水是由持续的凝胶固化反应引起的，因此，温度会影响自发脱水的进程。图3-5所示为不同温度下陶瓷凝胶的脱水曲线。随着温度的升高，氧化铝陶瓷凝胶的脱水速率以及总的脱水量都显著增加。由Arrhenius公式［式（3-3）］可知反应速率k随温度T升高而提高，因此，陶瓷凝胶初期的脱水速率随温度升高而加快。随着反应速率的加快，有机网络的交联程度增加，陶瓷凝胶的力学性能增强，脱水受到抑制，导致后期脱水速率降低。

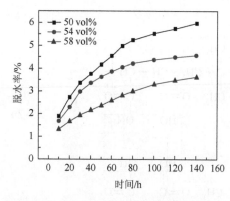

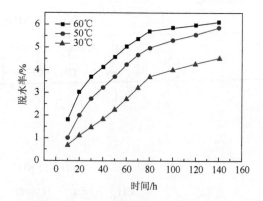

图3-4　氧化铝固含量对陶瓷凝胶脱水的影响　　图3-5　温度对氧化铝陶瓷凝胶脱水的影响
　　　　　　（温度50℃）　　　　　　　　　　　　　　　　（固含量50 vol%）

$$\ln k = -\frac{E}{RT} + \ln A \tag{3-3}$$

自发脱水阶段伴随着水分的输运，可以推测水分的输运路径对自发脱水具有重大影响。图 3-6 是不同厚度陶瓷凝胶的脱水曲线。随着样品厚度从 5 mm 逐渐增加到 50 mm，样品的脱水速率以及总的脱水量逐渐减小。这主要是由于随着样品的厚度增加，陶瓷凝胶内部水分的输运路径变长，尤其是中间和底部区域的水分需要更大的驱动力从内部排到表面，因此，样品中部和底部的自发脱水比表面弱。

自发脱水由有机分子之间持续的化学反应或物理作用引起，不同的有机分子以及不同的物化作用就会造成自发脱水程度不同。为了更好地说明这个问题，分别比较了由不同分子量（链长）PIBM 添加剂制备的陶瓷凝胶的自发脱水现象，以及不同凝胶体系之间［PIBM 体系与环氧树脂-多胺（EA）体系］的自发脱水现象。对于 PIBM 体系，由不同型号 PIBM 制备的氧化铝凝胶的脱水量是不同的。如图 3-7 所示，只添加 Ib104 的陶瓷凝胶比同时加入 Ib104 和 Ib600 的陶瓷凝胶具有更强的脱水能力。Ib104 分子量在 55000~65000 之间，近 10 倍于 Ib600，即 Ib104 的分子链比 Ib600 更长，更多官能团（如—COOH、—NH$_2$ 等）发生相互作用，体系的交联程度更高，这与文献报道[13]的 Ib104 比 Ib600 具有更强的凝胶固化能力一致。因此，在陶瓷凝胶陈化过程中，只添加 Ib104 比含有 Ib600 和 Ib104 的凝胶更容易产生明显的脱水现象。

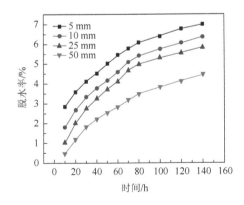

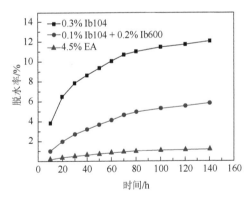

图 3-6　氧化铝陶瓷凝胶厚度对脱水的影响　　图 3-7　有机添加剂对氧化铝陶瓷凝胶脱水的
　　（温度 50℃；固含量 50 vol%）　　　　　　　　　　　影响

对于不同凝胶体系，由于凝胶固化机理不同，自发脱水能力差异很大。PIBM 体系的陶瓷凝胶脱水收缩明显，但 EA 体系的陶瓷凝胶却只有少许的脱水，这也能够解释为什么在以往的注凝成型研究中，陶瓷凝胶自发脱水现象易被忽视。PIBM 体系通过分子链之间的氢键以及疏水作用等较弱的作用力形成有机网络固化陶瓷浆料，体系内有机网络的交联程度逐渐增加，在较长时间内收缩自由，具有明显的脱水现象。EA 体系是通过环氧树脂-多胺的亲核加成反应原位固化浆料，反应迅速，在短时间内形成交联程度高、弹性模量大的陶瓷凝胶。因此，EA 体系的陶瓷凝胶在后续的脱水收缩阶段体系收缩受阻，脱水量少。

氧化铝粉体中含有少量的钙、硅、铁、钾和钠等杂质。此外，氧化铝中常加入一定量的氧化镁作为烧结助剂[14]。这些杂质离子会影响凝胶固化进程，进而影响陶瓷凝胶的自发脱水。采用不掺氧化镁的 AES-12 氧化铝粉作为原料制备陶瓷浆料，并添加不同浓度的镁离子来比较陶瓷凝胶的自发脱水特性。如图 3-8（a）所示，在初始阶段，氧化铝陶瓷凝胶的脱水速率随镁离子浓度的增加而增加。随着脱水时间的延长，高浓度镁离子陶瓷凝胶的脱水速率迅速降低并逐渐小于低浓度陶瓷凝胶的脱水速率。即氧化铝陶瓷凝胶总的脱水量随镁离子浓度的增加呈先增大后减小的趋势 [图 3-8（b）]。

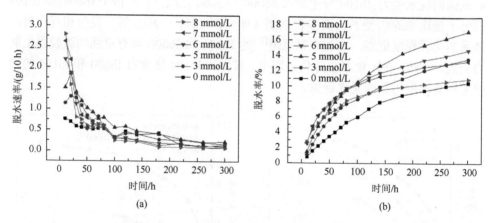

(a)　　　　　　　　　　　　　(b)

图 3-8　不同镁离子浓度的氧化铝陶瓷凝胶的脱水速率（a）和脱水率曲线（b）

图 3-9 是掺有不同浓度镁离子的氧化铝陶瓷浆料的储能模量曲线。随镁离子浓度的增加，陶瓷浆料的储能模量逐渐增加，说明凝胶固化速率随镁离子浓度的增加而升高。在浆料中引入带正电荷的镁离子，能在凝胶固化过程中与 PIBM 分子链上的羧酸根（—COO⁻）发生静电作用，将吸附在不同颗粒上的 PIBM 分子链连接起来。因此，在初始阶段，陶瓷凝胶的自发脱水速率随镁离子浓度的增加而升高。但是，随着凝胶内交联度的增加，PIBM 分子链间的络合反应减少，后期的凝胶脱水收缩速率迅速降低。由此可见，在陶瓷浆料中添加高价金属离子能够显著影响体系的凝胶固化以及随后的脱水收缩过程。

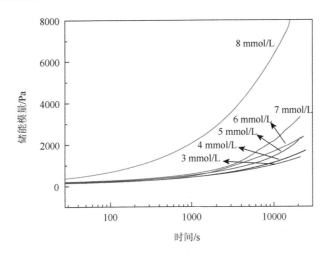

图 3-9　镁离子浓度对氧化铝陶瓷浆料储能模量的影响

3. 自发脱水对氧化铝陶瓷凝胶力学性能的影响

图 3-10 是氧化铝陶瓷凝胶在不同脱水收缩时段的动态弹性模量和损耗模量曲线[15]。随着脱水时间的延长，氧化铝陶瓷凝胶的动态储能模量和黏性损耗模量呈现递增的趋势，尤其是当脱水时间从 40 h 增加到 80 h，模量的增加尤为明显。这表明陶瓷凝胶在这个阶段的聚合程度增加，力学性能显著增加。凝胶交联程度和力学性能的增加将抑制脱水收缩的进行，解释了上面所讨论的脱水速率随时间延长而逐渐降低的结果。

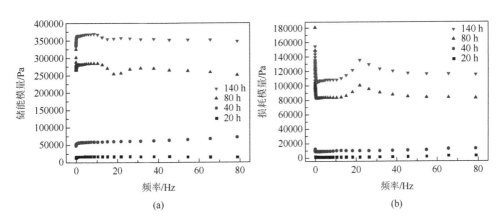

(a)　　　　　　　　　　　(b)

图 3-10　脱水时间对氧化铝陶瓷凝胶动态储能模量（a）和黏性损耗模量（b）的影响

图 3-11 是不同自发脱水时间后氧化铝陶瓷凝胶的应力-应变曲线。当脱水时间从 20 h 增加到 140 h，在 10%应变下应力增加了一个数量级（从 1.0×10^3 增加到

$1.4×10^4$)。随着自发脱水时间的延长，氧化铝陶瓷凝胶的有机网络交联程度逐渐增加，体系从黏弹态逐渐硬化，这种变化有利于陶瓷凝胶抵抗外应力，也有利于样品抵抗后续干燥应力。另外，在自发脱水时间短（20 h）的情况下，陶瓷凝胶为黏弹态，应变较大。随着自发脱水时间延长，陶瓷凝胶的应变屈服点逐渐减小，陶瓷凝胶在外力作用下难以变形。这说明陶瓷凝胶的抗应变性能随着脱水收缩的进行逐渐提高。

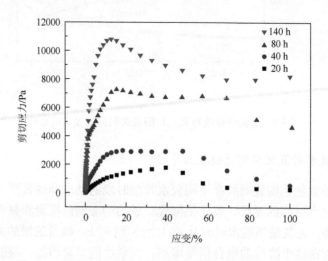

图 3-11　脱水不同时间后氧化铝陶瓷凝胶的应力-应变曲线

4. 自发脱水对氧化铝陶瓷凝胶显微结构的影响

在自发脱水阶段，氧化铝陶瓷凝胶的力学性能持续变化，相应的显微结构也发生变化。将不同自发脱水时间的陶瓷凝胶在液氮中急冷，然后冷冻干燥，最后对样品进行压汞测试。图 3-12 是不同自发脱水阶段氧化铝陶瓷凝胶的孔径分布图。随着自发脱水的进行，陶瓷凝胶的孔径有变小的趋势。例如，当自发脱水时间从 2 h 增加到 140 h，干凝胶的平均孔径从 110 nm 减小到 95 nm。孔径的减小与样品脱水后发生体积收缩相对应。同时，可以清晰看到分布曲线在大孔径方向有小峰凸起，且随着脱水收缩时间的增加，大孔径的峰值先增加然后逐渐减小。表明这个阶段可能伴随着微裂纹的产生和愈合。图 3-13 证实陶瓷凝胶在脱水收缩过程中产生了微裂纹。通常认为裂纹始于干燥阶段，笔者团队发现微裂纹在自发脱水阶段已经产生。微裂纹产生的可能机理是"相邻更相近"，即在脱水过程中，邻近的氧化铝颗粒表面 PIBM 分子链间更容易产生相互作用而拉近陶瓷颗粒，造成陶瓷凝胶内部产生不均匀的收缩应力，从而产生微裂纹。

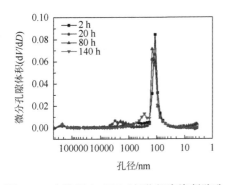

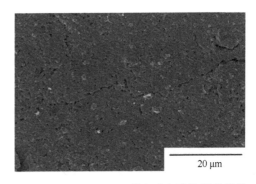

图 3-12　自发脱水时间对氧化铝陶瓷凝胶孔　　图 3-13　自发脱水 20 h 的氧化铝陶瓷显微结构
　　　　　径分布的影响

对于较厚陶瓷凝胶而言，陶瓷凝胶的孔隙率由上向下逐渐减小，即越底层的地方密度越高。这揭示了在自发脱水阶段陶瓷凝胶产生了不均匀的显微结构。如图 3-14 所示，直径为 10 mm、厚度为 25 mm、固含量为 50 vol%的氧化铝陶瓷凝胶在自发脱水 20 h 时，上、中和下部的孔隙率分别为 50.5%、48.7%和 48.2%。主要原因是在自发脱水阶段不同部位所受自重的压力不同，越往底层自重压力越大，迫使颗粒之间产生挤压和重排，导致孔隙率低，即颗粒堆积密度增大。

为了改善陶瓷凝胶显微结构的均匀性，可以通过施压减小自发脱水阶段陶瓷凝胶因自重压力引起的上下层孔隙率差。如图 3-15 所示，对固含量 54 vol%的陶瓷凝胶在自发脱水过程中进行加压处理，陶瓷凝胶上下层的孔隙率差基本被消除，显微结构均匀性得到保证。

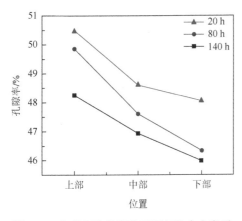

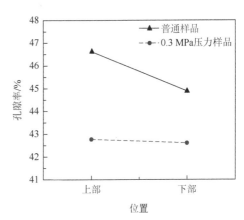

图 3-14　氧化铝陶瓷凝胶不同部位在自发脱　　图 3-15　氧化铝陶瓷凝胶在自发脱水过程中
　　　　　水阶段的孔隙率（厚度 25 mm；固含量　　　　　加压处理前后的孔隙率（固含量 54 vol%；温
　　　　　50 vol%）　　　　　　　　　　　　　　　　　　度 50℃）

　　自重压力造成氧化铝陶瓷凝胶在自发脱水阶段显微结构的不均匀性，这种显微结构不均匀性对于制备大尺寸或复杂形状陶瓷制品是非常不利的。为了改善这种不均匀性，除了对样品加压克服自重的影响，还分析了其他因素对于孔隙率差的影响。图 3-16 是不同固含量的陶瓷凝胶经自发脱水后的孔隙率，当固含量增加时，陶瓷凝胶上下层的孔隙率差别显著减小。例如，固含量为 50 vol% 和 54 vol% 时，上下层的孔隙率差分别为 2.3% 和 1.5%，当固含量增加到 58 vol% 后，上下层的孔隙率差仅为 0.2%，孔隙率差几乎被消除。固含量的增加促使颗粒更紧密地堆积，颗粒间的移动和重排空间受限。同时，固含量的增加也会提高陶瓷凝胶的抗应变性能，因此，下部区域能够有效抵抗自重压力产生的应变。

　　图 3-17 是不同温度条件下自发脱水后陶瓷凝胶的孔隙率。在该实验范围内，温度越高，陶瓷凝胶上下层的孔隙率差越小。例如，当温度为 30℃ 时，上下层的孔隙率差为 3.4%，当温度升高到 60℃ 时，上下层孔隙率差仅为 0.1%。温度的升高会加速凝胶固化反应的进程，同样加快了自发脱水速率。随着自发脱水速率的加快，有机网络的交联程度增加，陶瓷凝胶的力学性能逐渐增强，自重导致颗粒移动重排的作用减小。可见，除了加压外，还可以通过提高固含量和脱水温度改善陶瓷凝胶显微结构的均匀性。

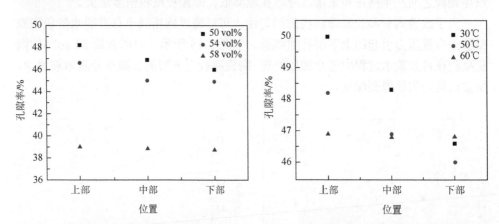

图 3-16　不同固含量的氧化铝陶瓷凝胶经自发　　　图 3-17　不同温度自发脱水后氧化铝陶瓷凝
　　脱水后不同部位的孔隙率（温度 50℃）　　　　　　胶的孔隙率（固含量 50 vol%）

5. 自发脱水对干燥的影响

　　自固化凝胶成型制备的陶瓷湿坯具有自发脱水的特性。在常规干燥前自发脱水排出了部分水分，并伴随着体积的收缩，同时，自发脱水还影响坯体的力学性能和显微结构。因此，自发脱水过程必然会影响后续的干燥。不同自发脱水时间氧化铝陶瓷凝胶的干燥失重曲线如图 3-18（a）所示，氧化铝陶瓷凝胶的干燥进程并没有发生显著变化。说明自发脱水时间并不会影响后续干燥水分的输运方式。但是，经历不同自发脱水时间的坯体，干燥的初始含水量不同。自发脱水时间越长，坯体排出的水分越多，体系内部的含水量越少，干燥的初始含水量就越少，坯体的恒速干燥阶段相应越短。例如，未经自发脱水的湿坯，恒速干燥时间约为 12 h，经 140 h 自发脱水处理后，坯体初始含水量减少，湿坯的恒速干燥时间缩短到约 11 h。

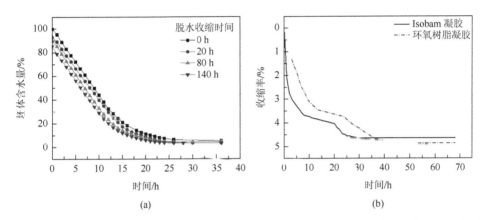

图 3-18 自发脱水时间对氧化铝陶瓷凝胶干燥失重（a）和收缩（b）的影响（温度 40℃；相对湿度 60%）

经过不同时间自发脱水后氧化铝陶瓷凝胶的干燥收缩程度是不同的。如图 3-18（b）所示，随着脱水时间从 0 h 增加到 140 h，坯体的干燥收缩率逐渐从 4.6%减小到 3.4%。收缩率降低的原因，一方面是在自发脱水阶段，陶瓷凝胶已发生了部分收缩；另一方面是氧化铝陶瓷凝胶力学性能得到增强，具有更好抵抗干燥应力的能力。如图 3-19 所示，经过自发脱水的陶瓷凝胶能完好地干燥出大尺寸陶瓷坯体（400 mm×50 mm×10 mm），未经自发脱水的陶瓷凝胶在同样的干燥条件下出现了开裂现象。特别地，没有进行自发脱水的坯体直接进行干燥时，其收缩曲线在前期出现了明显分段现象[图 3-18（b）]，说明在干燥前期不仅存在干燥引起收缩的现象，而且同时发生自发脱水。由此说明自发脱水阶段对常规干燥的效果具有重要影响。因此，我们提出陶瓷湿坯的干燥过程应该分成自发脱水阶段和常规干燥阶段。

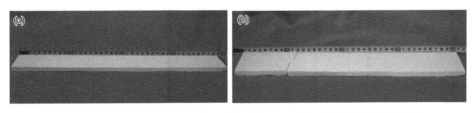

图 3-19 经自发脱水（a）和未经自发脱水（b）的氧化铝湿坯干燥后照片

3.1.3　陶瓷湿坯的恒温恒湿干燥

1. 实验方法

自固化凝胶成型作为一种新型的原位固化成型方法，在制备大尺寸和复杂形状的陶瓷部件方面具有明显的优势。但与注凝成型和直接凝固注模成型面临同样的问题，即成型后的陶瓷湿坯含有近半体积的水分，在干燥过程中坯体容易产生变形或者开裂问题，如何安全、高效地排除水分成为成型环节的重中之重。干燥成为阻碍原位固化成型技术广泛应用的关键瓶颈。干燥的本质即体系水分的排除，但伴随着体积的收缩和内部显微结构的变化。内部结构的变化必定影响水的输运以及应力的变化，进而左右干燥的最终结果。因此，显微结构改变-水分输运-应力变化的关联机理是解决干燥问题的关键所在。

为了研究不同显微结构陶瓷湿坯的干燥特性，分别选择了 PIBM 自固化凝胶成型体系与 EA 注凝成型体系制备陶瓷湿坯。采用 PIBM 体系制备氧化铝陶瓷凝胶的操作流程如下：将氧化铝粉体与 PIBM 水溶液球磨混合 1 h，制备固含量为 50 vol%～58 vol% 的陶瓷浆料，PIBM 用量是粉体质量的 0.3 wt%，经真空除气后，注入模具固化。采用 EA 注凝体系制备氧化铝陶瓷凝胶的操作流程如下：将氧化铝粉体与聚丙烯酸铵水溶液混合球磨，制备固含量为 50 vol% 的陶瓷浆料，随后加入一定量的固化剂四乙烯五胺，球磨 1 h 后加入环氧树脂，搅拌均匀，真空除气后注入模具固化。改装的恒温恒湿干燥箱如图 3-20 所示。模具尺寸为 400 mm×50 mm×10 mm，

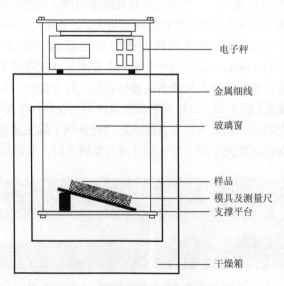

图 3-20　改装的恒温恒湿干燥箱示意图

直尺固定在模具上用于测试样品收缩，电子秤置于恒温恒湿箱外顶部以免箱内热流和湿度的干扰，用于测量样品的失重。

2. 失重的影响因素

湿坯在干燥过程中失重的影响因素包括温度和相对湿度等外因，以及固含量和凝胶体系等内因。图 3-21 是环境条件对 PIBM 体系陶瓷素坯干燥速率的影响曲线，环境条件主要通过影响样品表面的蒸发速率，从而控制干燥速率。在相对湿度为 60% 的条件下，随着环境温度升高，干燥速率也逐渐加快。例如，干燥至坯体含水量为 10% 时，温度由 30℃ 升至 50℃，干燥时间由 35 h 降至 25 h。在恒定温度（40℃）条件下，随着环境湿度的降低，干燥速率迅速加快。例如，干燥至坯体含水量为 10% 时，85% 相对湿度下需要干燥 130 h，而 40% 相对湿度下仅需不到 20 h。通过对比可知，干燥速率对环境湿度的变化更加敏感，所以在干燥前期环境湿度的控制尤其重要。

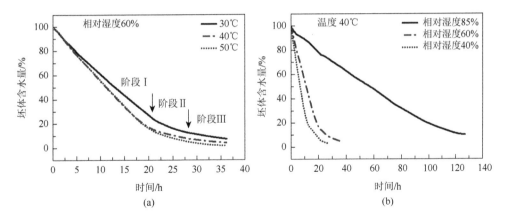

图 3-21　温度（a）和相对湿度（b）对 PIBM 体系陶瓷湿坯干燥失重的影响（固含量 50 vol%）

固含量的高低影响着陶瓷颗粒之间的间隙，进而影响内部水分向外部的输运。图 3-22 是不同固含量的陶瓷湿坯的干燥失重曲线，湿坯恒速干燥速率不受固含量的影响，这是因为在恒速干燥期间的干燥速率就是湿坯表面的蒸发速率，蒸发速率的表达式如下

$$V_E = \kappa(P_V - P_A) \tag{3-4}$$

式中，V_E 代表体系的蒸发速率；κ 是干燥影响因子，受环境温度和坯体形状等因素影响；P_V 是湿坯体系内液体蒸汽压；P_A 是环境蒸汽压。蒸发速率仅与坯体表面大小和环境条件有关。但是，随着固含量的增加，恒速干燥时间逐渐缩短。例如，当固含量从 50 vol% 增加到 58 vol% 时，坯体的恒速干燥时间从 20 h 缩短到

10 h。这主要归因于两个方面：①固含量增加，相应的陶瓷坯体的含水量减少，颗粒间隙中的自由水减少；②由图 3-23 可知，随着固含量从 50 vol%增加到 58 vol%，坯体内部的平均孔径从 105 nm 减小到 70 nm，抑制了自由水向表面的输运。一旦内部水分向表面的输运速率小于表面蒸发速率，蒸发面将逐渐从表面向内部移动，即标志着恒速干燥阶段结束，降速干燥阶段开始。

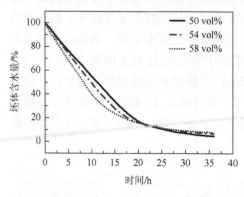 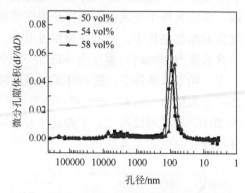

图 3-22 固含量对 PIBM 体系陶瓷湿坯干燥的　图 3-23 PIBM 体系制备的不同固含量陶瓷湿
　　　　影响（温度 40℃；相对湿度 60%）　　　　　　坯干燥后的孔径分布

有机网络是陶瓷坯体结构的重要组成部分，影响水分的输运速率和干燥速率。陶瓷坯体内部有机网络结构与添加的有机物相关，因此，必须考虑不同凝胶体系对湿坯干燥的影响。图 3-24 所示为不同的凝胶体系制备的陶瓷湿坯的干燥失重曲线。在恒速干燥阶段，干燥速率只与蒸发表面和环境条件有关，因此，EA 和 PIBM 体系制备的陶瓷坯体的干燥速率相同。但是 EA 体系坯体的恒速干燥时间只有 10 h 左右，恒速干燥阶段结束后坯体残余水量为 25%；PIBM 体系坯体的恒速干燥时间将近 20 h，残余水量仅为 8%。通过对比干燥后坯体的孔径大小（图 3-25），发现 EA 体系制备的陶瓷坯体的平均孔径大小约 65 nm，PIBM 体系的坯体孔径大小约为 100 nm。EA 体系的坯体孔径较小，这主要有两个方面的原因，一是 EA 体系的有机物添加量较多（4.5 wt%），PIBM 体系的有机物添加量只有 0.3 wt%；二是 EA 体系是水溶性环氧树脂与多胺固化剂通过亲核加成反应形成致密的三维凝胶网络体系，氧化铝颗粒之间的孔径（间隙）相对小，PIBM 体系通过 PIBM 分子链间的氢键以及疏水作用形成相对疏松的凝胶束，氧化铝颗粒之间的孔径较大。EA 体系制备的坯体中小孔径抑制自由水的输运，缩短了恒速干燥阶段。换言之，EA 体系坯体在整个阶段的干燥效率都要慢于 PIBM 体系的坯体。可见，恒速干燥时间的长短由水输运通道的孔径大小决定。

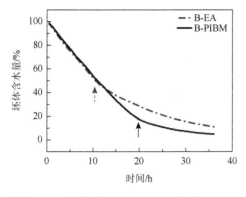

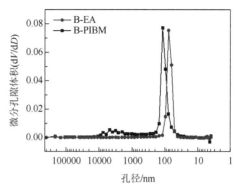

图 3-24　不同凝胶体系制备的陶瓷湿坯的干燥失重曲线（固含量 50 vol%；温度 40℃；相对湿度 60%）

图 3-25　不同凝胶体系制备的陶瓷坯体干燥后的孔径分布（固含量 50 vol%）

3. 收缩的影响因素

不言而喻，固含量是影响湿坯干燥收缩的主要内在因素。高固含量的浆料可以制备高颗粒堆积密度的坯体，固含量越高，干燥收缩越小。因此，在保证浆料低黏度的前提下，提高固含量是减小干燥收缩率及降低变形开裂风险的有效途径。

有机网络也是影响湿坯干燥收缩的内在因素之一。干燥过程中有机网络影响坯体内部应力的变化[16]，进而影响坯体干燥收缩。图 3-26 所示是 EA 和 PIBM 体系湿坯的干燥收缩曲线。两种体系坯体的收缩速率均随时间的延长而逐渐减小，最后趋于停止。但是，EA 体系坯体的收缩停止时间明显长于 PIBM 体系，且最终

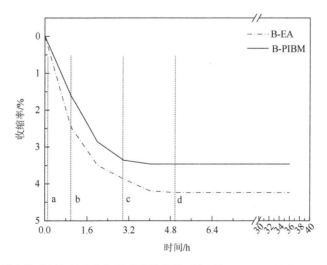

图 3-26　不同凝胶体系制备的陶瓷坯体的收缩曲线（固含量 50 vol%；温度 40℃；相对湿度 60%）

的收缩率（4.3%）大于 PIBM 凝胶体系坯体的收缩率（3.5%），这主要归因于有机网络的影响。EA 体系形成的是致密的三维有机网络，PIBM 体系形成的则是疏松的胶束网络，收缩过程中 EA 凝胶体系中有机网络对颗粒的移动阻力更大，导致 EA 体系的坯体收缩阶段长于 PIBM 凝胶体系。另外，由于 EA 体系的有机物添加量较大，干燥时颗粒间的有机网络同样发生收缩，进一步拉动相邻颗粒的聚集，因此，EA 体系的湿坯干燥收缩率要大于 PIBM 体系。

4. 显微结构演变与杂质迁移

在干燥过程中，水分输运并排出坯体伴随着坯体的收缩和内部显微结构的变化。图 3-27 是 PIBM 体系的湿坯在干燥过程中显微结构变化图片，分别截取干燥时间为 0 h、1 h、3 h、5 h 的湿坯，冷冻干燥后观察显微结构。在干燥开始阶段，坯体的颗粒分布均匀且相对疏松，没有观察到 PIBM 有机网络，这可能是由于 PIBM 添加量偏少。氧化铝粉体颗粒表面明显覆盖了一层有机物［图 3-27（a）］。随着干燥收缩的进行，颗粒排布逐渐紧密，且颗粒之间逐渐被一层有机物膜包覆，这表明在干燥过程中，不仅颗粒之间发生移动，有机网络的结构也在发生变化。有机网络结构在干燥收缩应力作用下被破坏，随着水分的排出，网络结构逐渐收缩并包覆在氧化铝颗粒表面［图 3-27（d）］。

图 3-27　PIBM 凝胶体系陶瓷湿坯在干燥时间为 0 h（a）、1 h（b）、3 h（c）、5 h（d）的显微结构（固含量 50 vol%；温度 40℃；相对湿度 60%）

　　图 3-28 是 EA 体系坯体在干燥过程中的显微结构变化图片。在干燥初期，EA
体系的坯体结构十分致密，颗粒之间几乎被环氧树脂-多胺反应形成的三维凝胶网
络填充，这佐证了 EA 体系坯体的孔径比 PIBM 体系的小（图 3-24）。随着干燥收
缩的进行，相邻颗粒相互靠近聚集，同时，EA 凝胶网络也开始被破坏而逐渐收缩，
带动相邻颗粒进一步靠近形成了团簇，团簇与团簇之间出现了间隙。随着凝胶网
络的进一步干燥收缩，在颗粒或团簇之间逐渐形成"有机桥"。"有机桥"的形
成是干燥后坯体强度提升的关键。

图 3-28　EA 体系陶瓷湿坯在干燥时间为 0 h（a）、1 h（b）、3 h（c）、5 h（d）的显微结构（固
　　　　含量 50 vol%；温度 40℃；相对湿度 60%）

　　可见，不同凝胶体系的坯体中包含不同的有机网络，造成在干燥过程中显微
结构变化迥乎不同。PIBM 体系通过 PIBM 有机分子链间的氢键以及疏水作用形
成稀疏的网络。在干燥过程中，颗粒因收缩应力相互移动靠近，而且随着水分的
排出有机网络逐渐卷曲收缩并包覆在氧化铝颗粒表面。对于 EA 体系，水溶性环
氧树脂与多胺固化剂通过亲核加成反应形成致密的三维有机网络。在干燥过程中，
颗粒相互移动，但填充其中的三维有机网络阻碍颗粒靠近，随着干燥应力的产生
和水分的排出，有机网络结构由于干燥应力的积聚逐渐被撕裂破坏并开始收缩，
最终在氧化铝颗粒表面形成致密的有机膜和桥联结构。
　　显微结构的均匀性是陶瓷制备可靠性的保证，主要体现在陶瓷颗粒的均匀

分布、有机添加剂的均匀分散。除此之外，杂质元素的分布同样也是显微结构均匀性的体现之一。为了更好展现杂质元素的分布状态，以 AES-11 氧化铝粉为原料，采用 PIBM 自固化凝胶成型体系制备了直径为 75 mm 的氧化铝陶瓷球形湿坯并进行干燥，分析了干燥后球形坯体表面和中心的元素分布。AES-11 氧化铝粉体中主要的杂质元素分别为 Na、Si、Fe、Ca 和 Mg，其中 Na^+ 含量为 480 ppm。如图 3-29 所示，干燥后 Si、Fe、Ca 和 Mg 几种元素在表面和中心的含量几乎相同，但是 Na^+ 的含量变化明显，即中心位置 Na^+ 含量为 330 ppm，表面为 960 ppm。这意味着在干燥过程中 Na^+ 比其他离子更易随着水分输运由内向外富集。

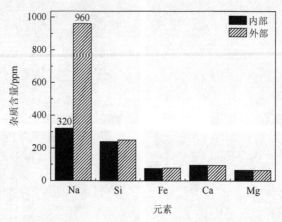

图 3-29　干燥后球形坯体（直径 75 mm）内外杂质元素的分布比较

5. 干坯的性能

伴随着坯体收缩和显微结构的变化，干燥过程中坯体的强度逐渐产生变化。图 3-30 是 PIBM 体系坯体的弯曲强度随干燥时间的变化情况。在干燥初期，坯体强度只有 0.28 MPa，随着干燥的进行，坯体强度逐渐增大，并在干燥 5 h 后达到最大值。PIBM 坯体强度的提高与显微结构变化过程相对应，即与包覆在氧化铝颗粒表面的有机网络密切相关。

如图 3-31 所示，对于 PIBM 体系的湿坯，随着浆料固含量从 50 vol%升高到 58 vol%，湿坯在干燥后的相对密度从 57.64%提升到 60.69%。固含量的提升不仅能降低干燥过程的收缩率和开裂概率，而且能提高干坯中颗粒的堆积密度，有益于后续烧结的致密化。相对应的坯体弯曲强度先从 1.32 MPa 增加到 3.12 MPa，再降低到 2.06 MPa（图 3-32）。弯曲强度在高固含量区间降低，可能的原因是高固含量的浆料造成颗粒团聚加剧，不利于颗粒的均匀堆积并产生缺陷，从而影响弯曲强度。

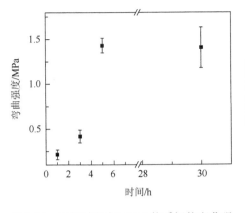

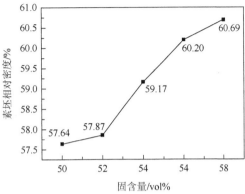

图 3-30　干燥过程中 PIBM 体系坯体弯曲强　图 3-31　浆料固含量对干燥后坯体相对密度的
　　　　度的变化　　　　　　　　　　　　　　　影响

图 3-33 是两种凝胶体系制备的相同固含量（50 vol%）浆料成型干燥后坯体强度的对比。EA 体系的坯体弯曲强度达 12.83 MPa，PIBM 体系坯体的弯曲强度仅为 1.32 MPa。图 3-34 是两种凝胶体系制备的坯体（400 mm×50 mm×10 mm）干燥后的图片，PIBM 体系的坯体干燥后完好无损，没有发生形变［图 3-34（a）］。最终，采用 PIBM 体系经配制浆料、浇注和干燥等工序成功制备出长度超过 1 m 的大尺寸氧化铝坯体（1370 mm×592 mm×30 mm）［图 3-34（c）］。EA 体系的坯体产生了严重的弯曲［图 3-34（b）］。这主要是由形成有机网络的疏密决定的。EA 体系的有机桥联结构有利于坯体强度的改善，但 EA 体系内部孔径小，体系的渗透率低不利于水的输运，坯体表面和底部的应力差较大，同时，干燥后期形成的致密桥联结构不利于干燥应力的释放。

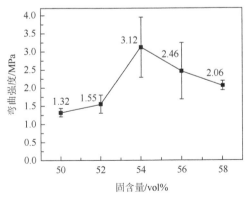

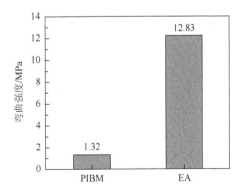

图 3-32　浆料固含量对干燥后坯体弯曲强度的　图 3-33　凝胶体系对干燥后陶瓷坯体弯曲强
　　　　影响　　　　　　　　　　　　　　　　度的影响

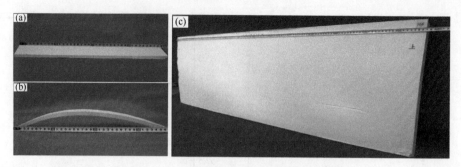

图 3-34　干燥后 PIBM（a）和 EA（b）体系的陶瓷坯体（400 mm×50 mm×10 mm）以及 PIBM
（c）体系的大尺寸坯体（1370 mm×592 mm×30 mm）

3.1.4　压滤辅助脱水

如上节所述，在自固化凝胶成型大尺寸陶瓷部件的过程中，干燥是一个棘手的问题。如果在干燥过程中发生了不均匀收缩，可能导致样品变形或开裂。为了避免干燥变形和开裂，在实际生产过程中，通常采取高湿度干燥。这会导致大尺寸陶瓷湿坯干燥周期长、生产效率低，无法满足量产的要求。

为了解决自固化凝胶成型湿坯干燥时间长的问题以及降低变形开裂风险（原位固化成型的共性问题），笔者团队提出对自固化凝胶成型湿坯采用压滤（pressure filter，PF）辅助脱水的方法，以缩短干燥时间。狄正贤等[17]添加具有自发凝固特性的 PIBM 分散剂制备氧化铝浆料，研究压力大小和保压时间对脱水率的影响，发现 0.4 MPa 加压 2 h 就可快速高效脱水。在上述工艺条件下，研究了压滤对固含量为 50 vol%～56 vol%浆料所成型坯体密度和干燥收缩的影响，发现通过压滤辅助脱水，干燥时间缩短 42%以上，干燥收缩率从 4.63%～2.38%降低到约 0.5%［图 3-35（a）］。图 3-35（b）是自固化凝胶样品和压滤样品的素坯体积密度以及密度分布（用上、中和下分别表示在样品厚度方向上的上表面、中部和底部取样）随固含量的变化。可以看出，自固化凝胶样品的素坯是存在密度梯度的。例如，固含量为 50 vol%的样品，上表面密度较大，底部次之，中部密度较小。上表面密度大，主要是水分的蒸发促使物质迁移到样品表面造成的。因为 Ib104 的添加量特别少，只有 0.1 wt%，这使凝胶体的固化过程缓慢，网络疏松。凝胶样品固化 20 h 后强度仍旧较低，在自身重力下会发生变形，所以在干燥初期没有脱模，经过一段时间的蒸发，产生一定强度之后才进行脱模。水分的蒸发只从上表面进行，使得上表面密度增大。素坯底部密度较大，主要是由于底部浆料受到上面浆料的液体压力，并且浆料有轻微的沉降。位于坯体中部的颗粒向上表面迁移，向底部沉降，导致中部的密度偏小。此外，随着固含量的增加，素坯体积密度逐渐增大，密度差降低。这是由于浆料中固相颗粒的增加使颗粒堆积更加致密。

对于压滤样品，如固含量 50 vol%的素坯，上表面位置密度最小，中部次之，底部最大。这主要是由工艺方法决定的。在压滤过程中，颗粒从底部滤板向上开始层层累积，底部受压力最大，上部受压力最小。因此，坯体密度从上到下逐渐升高。与自固化凝胶样品类似，随着固含量的增加，压滤素坯体积密度逐渐增大，密度梯度降低。

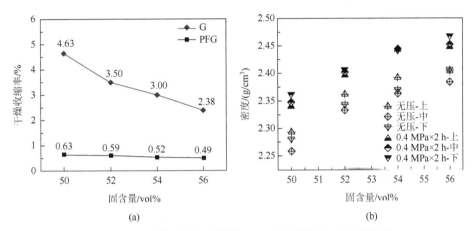

图 3-35　压滤辅助对坯体收缩（a）和密度分布（b）的影响

通过压滤，不仅提高了素坯的密度，而且减小了上下表面的密度差，提高了素坯的结构均匀性。例如，50 vol%固含量的样品，自固化凝胶素坯平均密度为（2.28±0.02）g/cm³，密度差 0.04 g/cm³；而压滤素坯平均密度为（2.35±0.01）g/cm³，密度差 0.02 g/cm³。对于实验室小样品，比较容易获得显微结构均匀、性能良好的产品。但是对于大尺寸陶瓷部件的制备，在湿坯干燥和干坯烧结过程中很容易出现变形和开裂现象，主要原因是大尺寸部件的制备过程中很难保证密度的一致性。

3.1.5　微波干燥[18]

1. 微波加热的干燥速率和收缩

为了解决大尺寸陶瓷湿坯的干燥难题，笔者团队同时开展了微波干燥氧化铝陶瓷湿坯的研究。研究了微波功率对湿坯干燥速率、线性收缩率和表面温度的影响，使用低场核磁共振成像技术分析了干燥过程中陶瓷湿坯内的水分分布，为安全、快速干燥大尺寸氧化铝陶瓷湿坯、提高生产效率等产业化工作提供指导。

以氧化铝湿坯（400 mm×50 mm×10 mm）为研究对象，对比研究了微波加热干燥（微波功率 250 W，温度 40℃，相对湿度 60%）与常规干燥（控温控湿，温度 40℃，相对湿度 60%）条件下湿坯中水分排出随时间的变化，结果如图 3-36（a）所示。在常规干燥条件下，恒速干燥阶段约为 10 h，样品中残余水含量为 19.4 vol%，干燥大约在 36 h 内完成，干燥后残余水含量约为 0.8 vol%。在微波干燥条件下，恒速干燥阶段约为 1.8 h，样品中残余水含量降至 11.2%，干燥在大约 5.3 h 内完成，干燥后残余水含量降低至 0.6 vol%。微波干燥将干燥速率提高了约 6.8 倍。

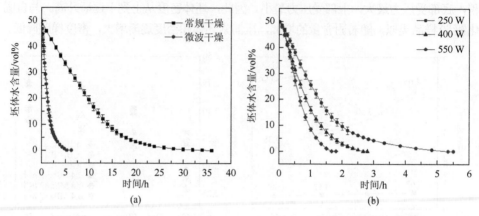

图 3-36　干燥方法（a）和微波功率（b）对氧化铝湿坯中水含量的影响

图 3-36（b）给出了微波功率对氧化铝湿坯中水分排出的影响。当微波功率从 250 W 增加到 550 W 时，恒速干燥阶段从 1.8 h 降至 1.0 h，恒速干燥阶段后残余水含量从 11.2 vol%降至 8.4vol%。"完全"干燥时间从 5.3 h 缩短到 1.7 h，干燥后残余水含量从 0.6 vol%减少到 0.4 vol%。这表明，随着微波功率的增加，陶瓷湿坯中的水分更容易输送到表面，加快了干燥速率。

图 3-37（a）给出了常规干燥和微波干燥条件下氧化铝陶瓷湿坯的线性收缩率随时间的变化。对于常规干燥，400 mm 长的湿坯 6 h 后停止收缩，坯体的线性收缩约为 4.9%。微波干燥（功率 250 W）时，坯体 1 h 后停止收缩，线性收缩率为 5.1%。与常规干燥相比，微波干燥的湿坯收缩率略高，停止收缩时间更短。这可能是因为微波可以均匀地加热湿坯，使收缩更均匀，导致收缩率较高。

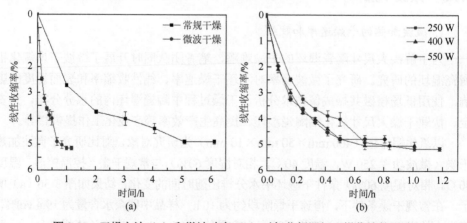

图 3-37　干燥方法（a）和微波功率（b）对氧化铝湿坯干燥收缩的影响

图 3-37（b）给出了不同微波功率下氧化铝陶瓷湿坯的线性收缩率随时间的变化关系。随着微波功率的增加，坯体的干燥收缩率增加，线性收缩率降低。例如，当微波功率从 250 W 增加到 550 W 时，干燥收缩停止时间从 1 h 缩短到 0.5 h，线性收缩从大约 5.1%减少到 4.8%。随着微波功率的增加，湿坯内的水可能会蒸发，并很容易输送到表面，不依赖于常规干燥过程中的毛细作用。然而，当用 400 W 或 550 W 的微波功率干燥 30 mm 厚的氧化铝湿坯时，坯体出现了开裂。分析认为，高微波功率导致坯体温度升高，水蒸气迅速膨胀，蒸汽压超过坯体强度，产生开裂。因此，在干燥不同厚度的样品时，应优化微波功率。

2. 干燥过程水分分布

以 40 mm×40 mm×30 mm 的氧化铝湿坯为对象，采用低场核磁共振成像技术，研究干燥过程中水分在湿坯内部的分布。在常规干燥中，氧化铝湿坯内部的水分随着时间的推移而减少，但存在明显的水分梯度［图 3-38（a）］。相比而言，微波干燥的氧化铝湿坯内部的水分分布更均匀［图 3-38（b）］。在常规干燥条件下，只有毛细管力将湿坯内部水分输送到表面。随着干燥进行，水含量持续降低，仅毛细管力不足以将内部水分输送到湿坯体表面进行干燥，导致样品内部的水分梯度逐渐增大，干燥和蒸发界面向湿坯内移动。值得注意的是，水分梯度会在陶瓷坯体内部产生应力和使宏观结构不均匀。水分梯度越大，陶瓷坯体内部应力越大，甚至导致坯体变形和开裂。微波干燥可以均匀地加热整个样品，使内部水分在毛细力的作用下很容易被输送到表面，湿坯体的内部水分梯度很小。因此，微波干燥可以快速、均匀、安全地干燥湿坯体。

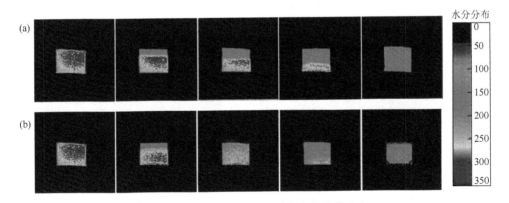

图 3-38　氧化铝湿坯干燥过程中的水分分布

（a）常规干燥 0 h、2 h、4 h、8 h 和 15 h；（b）250 W 微波干燥 0 h、0.3 h、0.6 h、1.2 h 和 2 h

总之，与常规干燥相比，微波干燥的干燥效率更高，湿坯水分分布更均匀，干燥应力更小，干燥变形和开裂的风险大大降低。

3. 陶瓷力学性能与显微结构

图 3-39 是通过两种干燥方法干燥并在相同条件下（1550℃烧结 6 h）烧结的氧化铝坯体和陶瓷的弯曲强度。可以看出，它们的弯曲强度是相当的。但是，微波干燥（功率 250 W）的氧化铝坯体和相应陶瓷的弯曲强度的相对标准偏差都小于常规干燥制备的坯体和相应陶瓷，表明微波干燥的样品具有更高的可靠性。该结果可归因于通过微波干燥的氧化铝坯体和陶瓷的显微结构更加均匀，这与微波干燥制备的电子元件陶瓷力学性能的结果相似[19]。

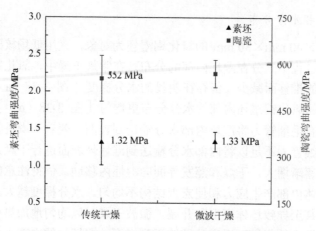

图 3-39　干燥方法对氧化铝坯体和陶瓷弯曲强度的影响

图 3-40（a）和(b) 分别是常规干燥和微波干燥得到的氧化铝陶瓷经热腐蚀的抛光面显微结构。可以明显地看出，常规干燥制备的陶瓷显微结构缺陷较多，微波干燥制备的陶瓷显微结构缺陷明显较少。这是微波干燥制备得到的坯体和陶瓷弯曲强度的相对标准偏差优于前者的原因。

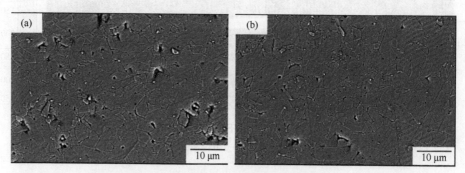

图 3-40　氧化铝陶瓷扫描电镜显微结构

（a）常规干燥；(b) 微波干燥

3.2　陶瓷坯体的脱粘

3.2.1　概述

先进陶瓷的成型离不开有机添加剂的辅助，高温烧结之前陶瓷坯体必须通过脱粘（又称脱脂或排胶）排出有机添加剂。原位固化成型工艺是通过有机分子间的化学聚合或者物理作用实现陶瓷浆料的原位固化，保证了坯体（素坯）显微结构均匀，即颗粒堆积密度均匀，成为提高先进陶瓷性能的稳定性和可靠性的前提。相较于传统热压铸和注射成型，注凝成型的有机物添加量比较低（4 wt%～5 wt%），但高于注浆和等静压成型的有机物添加量，在脱粘过程中有机物相对容易排除。自固化凝胶成型体系的有机物添加量通常小于 0.5 wt%，有机物较容易排除，但是，对于厚大的坯体，注凝成型和自固化凝胶成型坯体脱粘开裂现象仍时有发生。

陶瓷坯体在脱粘过程中之所以容易出现开裂问题，一方面是因为在这个阶段坯体强度较低。有机物燃烧排除后，坯体强度主要依赖于颗粒间范德瓦耳斯力以及摩擦力等弱作用力，一旦所受应力大于坯体强度，开裂问题不可避免。另一方面是因为陶瓷坯体作为颗粒堆积体存在大量孔隙，导热性能差，在升温过程中由于热导率较低会产生宏观热应力。同时，在有机物燃烧过程中产生热效应，进一步影响坯体热应力的涨落。对于注凝成型的坯体而言，由于有机物含量相对于传统塑性成型较少，所生成的气体导致内外气压过大而产生开裂的危险性较小，一般控制合适的升温速率足以保证气体的扩散排出。但大多数情况下，尽管控制了升温程序，陶瓷坯体仍然会产生开裂的现象，尤其常见于厚大的坯体。因此，引起坯体开裂的关键因素不仅仅只是有机物热解、氧化产生气体压力的问题，还包括热应力涨落和坯体强度之间的博弈。

陶瓷坯体在脱粘前颗粒主要是松散堆积，较低的热导率会导致坯体在脱粘过程中内外产生温差，从而在坯体内部产生热应力。然而，研究人员缺乏对预烧阶段坯体强度和内部热应力涨落规律的认识。研究原位固化成型坯体在脱粘过程中内外温差的变化，以及所产生热应力与坯体强度变化十分必要，可以为原位固化成型大尺寸和复杂形状陶瓷部件的脱粘奠定理论和技术基础。

3.2.2　坯体的热分析

以日本住友化学株式会社 AES-11 氧化铝粉体为原料，采用自固化凝胶成型和注凝成型两种工艺制备氧化铝坯体[12]。自固化凝胶成型所使用的有机添加剂是日本可乐丽公司生产的异丁烯类和马来酸酐共聚物 Ib600 和 Ib104，简写为 PIBM 体系。注凝成型所使用的分散剂为聚丙烯酸铵，凝胶固化剂是水溶性环氧树脂

（epoxy resin）和多胺（amine）固化剂，简写为 EA 体系。

图 3-41 给出了不同凝胶体系氧化铝坯体的 TG 及 DSC 曲线，图 3-41（a）显示 PIBM 体系的坯体在 350℃附近有一个放热峰，说明 PIBM 有机分子开始氧化分解。相应地，TG 曲线在此温度段有约 0.3%左右的失重，与 0.3 wt% PIBM 添加量相对应。图 3-41（b）显示 EA 体系的坯体分别在 210℃、310℃和 500℃附近出现放热峰。相应的 TG 曲线在整个温度段有 5%左右的失重，与 4.5 wt%的有机添加剂（聚丙烯酸铵、环氧树脂和多胺）基本相符。

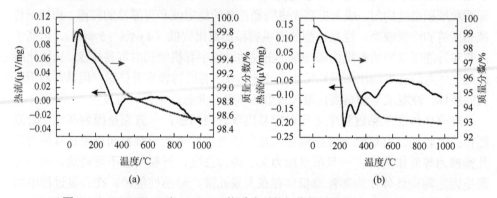

(a)　　　　　　　　　　　　　　(b)

图 3-41　PIBM（a）和 EA（b）体系成型的氧化铝坯体的 TG 及 DSC 曲线

图 3-42 给出不同凝胶体系成型的氧化铝坯体的质谱分析。可以看到 PIBM 体系坯体在 400℃附近出现一个 CO_2 释放的峰值，与图 3-41（a）中的氧化放热峰对应，因为 PIBM 氧化后主要生成 CO_2。图中 EA 体系坯体分别在 250℃、350℃以及 500℃出现三个 CO_2 的释放峰，与图 3-41（b）中的三个氧化放热峰对应。与此同时，

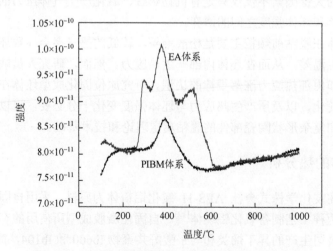

图 3-42　不同凝胶体系氧化铝坯体产生 CO_2 的质谱图

EA 体系坯体产生 CO_2 的释放峰强度明显高于 PIBM 体系。因为 EA 体系添加了约 4.5 wt%的有机物，近乎 15 倍于 PIBM 体系。EA 体系热解氧化释放 CO_2 的量远大于 PIBM 体系，这在某种程度上会加剧坯体内外气压差，增加脱粘开裂的风险。

3.2.3　坯体内外温差影响因素

为了便于测试坯体内外温差，将氧化铝坯体浇注成球形，球形模具的尺寸为 $\phi75$ mm。浆料制备的步骤包括两步，首先将一定量的 PIBM 分散剂溶于水中，然后分步加入氧化铝粉体，配制成固含量为 50 vol%的浆料。浆料经真空除气后注入 PVB 材质的球形模具中，经过一天室温固化后将样品放入 85%湿度、30℃的恒温恒湿箱中干燥两天，脱模后，放入 60℃烘箱干燥直至停止失重。在干燥后的氧化铝球形坯体上钻出两个小孔，孔深度分别为 37 mm 和 4 mm。然后，将氧化铝球形坯体放置在马弗炉中，插入两只热电偶并与组态工软件连接，同步检测脱粘过程中球心和球表层的温度。具体实验如图 3-43 所示。

图 3-43　预烧炉中温差测试实验（$\phi75$ mm 氧化铝球）

图 3-44 为脱粘升温过程中坯体内外温差变化曲线（$\Delta T = T_内 - T_外$）。首先，脱粘升温过程中 PIBM 体系陶瓷坯体球的内部温度始终低于表面温度。当炉内温度在 200℃以下时，坯体内外的温差快速增大。当炉温升高到 350℃左右时，内外温差出现一个明显的波峰。当温度继续升高到 1000℃过程中，坯体内外温差保持稳定并逐渐缩小。

脱粘升温过程中，热量从坯体外部向内部传输主要通过三种途径进

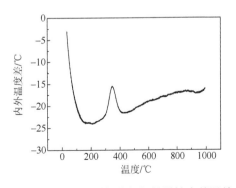

图 3-44　PIBM 体系氧化铝坯体脱粘内外温差曲线（固含量 50 vol%；升温速率 0.5℃/min）

行，即固相传输、气相传输和热辐射。注凝成型制备的陶瓷坯体中，陶瓷颗粒的表面以及间隙中存在有机物。因此，升温前期通过有机物传热也是固相传热的途径之一。当炉温升高到200℃这个区段，坯体内外温差增大，坯体的热导率在这个阶段逐渐下降。可能有两个原因：①固相传热依靠声子导热，随着温度升高，声子振动加剧，声子间的相互作用和碰撞加强，平均自由程减小。因此，氧化铝颗粒的热导率随温度升高而降低[20]；②气相传热作用减弱。气相传热主要通过气体分子之间的碰撞实现。随着温度的升高，气体分子平均运动速率变快，平均自由程也增加，因此，气体热导率随温度的升高而升高。但是，当气体分子的平均自由程增加到和颗粒的间隙尺度相当时，间隙中的气体分子不能通过相互碰撞来实现热量传递，简言之，气相传热随温度升高而逐渐降低直至失效。在350℃时内外温差出现的波峰是由坯体内PIBM有机分子的氧化放热引起的，具体的热解过程详见上节。随着温度逐渐升高到1000℃，坯体内外温差保持稳定并有逐渐缩小的趋势。这个阶段的热传导只剩下固相传热和热辐射。固相传热随温度升高而减弱，热辐射的总能量与T^4成正比，因此，热辐射在高温阶段的作用更加明显。

众所周知，陶瓷浆料的固含量不同会导致固化和干燥后坯体的密度不同。固含量越高，颗粒的堆积密度越大，颗粒之间的接触点也越多，通过颗粒之间的固相传热越强。图3-45（a）所示为PIBM体系中不同固含量坯体的内外温差，固含量越高的坯体，在脱粘过程中坯体内外的温差越小，这得益于固相传热的增加增强了热量向内部传导。

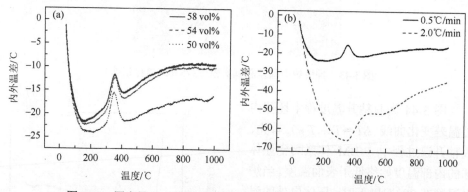

图3-45　固含量（a）和升温速率（b）对陶瓷坯体内外温差的影响

升温速率是热传导的主要影响因素之一。如图3-45（b）所示，当升温速率从0.5℃/min增加到2℃/min时，PIBM体系的坯体内外温差迅速增大，有机物氧化放热引起的温差波峰也发生滞后，这是由于热量在低温区主要通过气相传热进入坯体内部。升温速率加快时，传热具有一定的滞后性，导致内外温差随升温速率加快而增大。另外，有机物氧化的放热峰随着升温速率的加快向更高温区偏移，这主要是因为有机物的热解行为受到升温速率的影响[21]。有机物的放热峰位置与升温速率满足式（3-5）：

$$2\ln T_{\mathrm{p}} - \ln \beta = \frac{E}{RT_{\mathrm{p}}} + \ln\left(\frac{E}{AR}\right) \tag{3-5}$$

式中，T_{p} 是有机物热解的温度；β 是升温速率。当升温速率 β 增加时，有机物的氧化放热峰 T_{p} 的数值增大，因此，有机物氧化放热引起的温差峰向更高温度方向偏移。根据式（3-5），可以计算出本实验中 PIBM 发生氧化反应的活化能为 37.6 kJ/mol。

采用不同凝胶体系制备陶瓷坯体，由于有机添加剂不同，坯体内部有机物的氧化热解特性不同。有机物在氧化分解过程中会放出大量的热量，导致坯体内外温差波动。图 3-46 所示为 PIBM 体系和 EA 体系的坯体内外温差曲线[22]。PIBM体系的坯体在 350℃左右由于 PIBM 分子的氧化放热，引起了内外温差出现波峰；在其他温度区间，坯体内外温差波动较小。相较而言，EA 体系的坯体内外温差出现了巨大波动，尤其是在 500℃左右时，内外温差甚至出现了反转的现象，即内部温度高于表面温度并很快回落。通过比较图 3-46 中在 500℃左右出现的内外温差的放热峰以及图 3-42 中 CO_2 释放峰，可以得出结论：在球体内部由于前期有机分子链的部分热解，断裂形成残余的碳氢短链富集在球心，在温度升高到 500℃左右的时候氧化放出大量热量和 CO_2，在很短时间内造成球体内外温差的反转。这种内外温差的急速反转影响坯体内部热应力的分布，进而可能影响坯体变形或开裂。

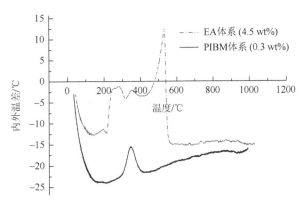

图 3-46　不同凝胶体系的陶瓷坯体内外温差曲线（固含量 50 vol%；升温速率 0.5℃/min）

3.2.4　脱粘

1. 脱粘对坯体微结构的影响

氧化铝陶瓷坯体脱粘至 1000℃几乎没有产生体积收缩，但是显微结构产生了显著变化，内部有机物网络经热解、氧化生成气体逸出坯体。如图 3-47 所示，脱粘前氧化铝颗粒表面包覆了一层有机网络，当预烧温度在 600℃时，PIBM 有机网络氧化放热后基本被消耗，只剩下氧化铝颗粒松散且不规则地排列。当预烧温度进一步升高到 1000℃，氧化铝细颗粒以及颗粒尖锐部分的表面曲率更大，蒸气压更高，氧化铝经蒸发凝聚、表面扩散等途径向蒸气压更低的颈部表面迁移。因此，可以看到氧化铝颗粒形状逐渐圆化，且颗粒间的接触更加紧密。

图 3-47 PIBM 体系氧化铝陶瓷坯体的显微结构
（a）脱粘前；（b）600℃脱粘后；（c）1000℃脱粘后

脱粘前后坯体的孔径分布如图 3-48 所示，在脱粘前坯体的平均孔径约为 100 nm，经 600℃脱粘后，坯体的平均孔径增大到 105 nm，当温度进一步升高到 1000℃后，坯体平均孔径维持在 105 nm，但是孔径分布变窄，孔径大小更加均匀。在脱粘温度达到 600℃后，覆盖在颗粒间的有机网络基本被排除，坯体的孔径稍有增大；在预烧 1000℃后，由于细氧化铝颗粒的减少，颗粒尺寸更加均匀，颗粒形状圆化，颗粒间的间隙增大。这也印证了氧化铝颗粒在脱粘（预烧）过程中会产生粗化现象，经过脱粘后的坯体具有更均匀的孔径分布和显微结构[23]。

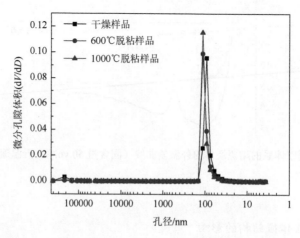

图 3-48 不同脱粘温度下的 PIBM 体系陶瓷坯体的孔径分布

　　本章 3.1 节研究发现，干燥过程中坯体内的杂质元素随水分的输运而产生迁移。同样，在脱粘过程中陶瓷坯体内的杂质元素分布发生了变化。图 3-49 是氧化铝素坯在脱粘前后的内外元素分布。在脱粘前坯体内外的元素分布即产生差异，如本章第 1 节所述，Na^+ 随水分的输运逐渐富集在坯体表面，导致表面 Na^+ 含量为 960 ppm，远高于球心处 Na^+ 的含量。经 1000℃预烧后，坯体内外的元素分布和预烧前几乎保持一致，说明杂质元素并未由于温度的升高出现明显的迁移现象。但是，这是坯体经升温和随炉降温后得到的结果，并非真实反映升温过程中坯体的元素分布情况。设计淬火实验分析脱粘过程中元素的分布，把脱粘温度提高到 1000℃并迅速将氧化铝坯体移出炉外急冷，得到内外元素分布，如图 3-50 所示。经脱粘升温后坯体表面的 Na^+ 含量急速增加到 2300 ppm，这主要是因为 Na_2O 在 690℃附近开始挥发，经预烧到 1000℃的淬火过程中 Na_2O 蒸气在表面受冷凝聚。

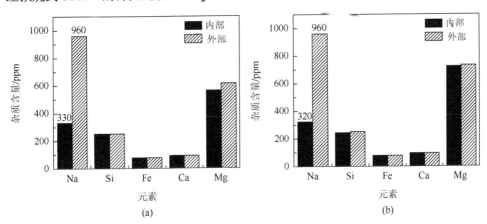

图 3-49　脱粘前（a）、后（b）PIBM 体系氧化铝素坯内外元素分布

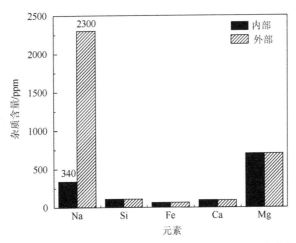

图 3-50　脱粘淬火后 PIBM 体系氧化铝素坯内外元素分布

　　由于脱粘过程中坯体内外产生温差，坯体内外产生不同的热应力。温度更高的表面由于膨胀受阻会产生压缩应力，温度偏低的球心内部则会产生拉应力。热应力的产生会导致氧化铝颗粒的移动和重排，导致坯体内外结构的变化。表 3-1 是 PIBM 体系氧化铝坯体球（ϕ75 mm）在脱粘前后内外孔隙率的变化情况，脱粘前坯体内外的孔隙率基本保持一致，表明内外显微结构相差无几。经过 0.5℃/min 升温至 1000℃脱粘后，氧化铝球形坯体表面的孔隙率明显小于球心，表明坯体内外结构产生明显差别，即氧化铝颗粒在表面的堆积密度高于球心。在脱粘过程中 PIBM 体系的氧化铝球表面的温度始终高于球心，表面受到压缩应力而球心受拉应力，导致氧化铝颗粒的移动和重排。当升温速率增加到 2℃/min，坯体内外温差进一步增大，内外的热应力差也随之增大，导致内外孔隙率差距进一步扩大。

表 3-1　PIBM 体系氧化铝球形坯体（ϕ75 mm）以不同速率升温至 1000℃预烧前后的内外孔隙率（固含量 50 vol%）

		表面孔隙率($P_{表}$)/%	球心孔隙率($P_{内}$)/%	孔隙率差($\Delta P = P_{内} - P_{表}$)/%
	预烧前	39.8	39.6	−0.2
不同升温速率预烧后	0.5℃/min	38.8	40.1	1.3
	2℃/min	38.7	42.5	3.8

2. 热应力与坯体强度

　　氧化铝球形坯体内外受到不同的热应力，导致内外孔隙率产生差别。为了进一步分析热应力的大小，设计了加载预烧实验，即在相同尺寸平板状坯体上加载不同重量的氧化铝烧结体，分析得出压缩应力与坯体孔隙率之间的关系，如图 3-51 所示。随着压缩应力的增加，预烧后素坯的孔隙率呈指数递减趋势，其关系式为：

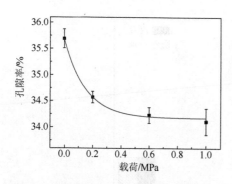

图 3-51　氧化铝坯体在不同载荷下经预烧
1000℃的孔隙率（升温速率 0.5℃/min）

$$P = 38.60 + 2e^{-2\sigma_s} \tag{3-6}$$

式中，P 表示孔隙率；σ_s 表示压缩应力，为了进一步消除初始压力变量影响，经变换后内外孔隙率差与热应力之间的关系为

$$\Delta P_T = 2(1 - e^{-2\sigma_s}) \tag{3-7}$$

式中，ΔP_T 代表坯体内部的孔隙率差。特别注意的是，式（3-7）为特定条件（固

含量 50 vol%，升温速率 0.5℃/min）下的经验公式。将表 3-1 中升温速率为 0.5℃/min 的孔隙率数据代入式（3-7）中，计算得到 PIBM 体系氧化铝球形坯体在 0.5℃/min 升温速率下表面所受的压缩应力约为 0.3 MPa。

对于源自更高固含量浆料（58 vol%）的陶瓷坯体，孔隙率与压缩应力的关系类似于 50 vol%固含量的坯体。预烧素坯的孔隙率随压缩应力增大呈指数递减趋势，其关系式为

$$P = 34.17 + 1.51e^{-6.7\sigma_s} \tag{3-8}$$

结合式（3-7），可以得出孔隙率与压缩应力之间的关系式为

$$P = X_0 + X_1 e^{-Y \times \sigma_s} \tag{3-9}$$

其中，初始系数 X_0、X_1 以及指数幂 Y 与陶瓷浆料的固含量有关。

坯体强度取决于颗粒堆积密度以及有机物网络的强弱。注凝成型后的陶瓷坯体主要通过有机凝胶网络的固定作用使颗粒牢固结合。在预烧升温过程中随着有机物的热解氧化，坯体强度出现不同程度的变化。不同凝胶体系制备的氧化铝坯体（固含量 50 vol%）强度随预烧温度的变化如图 3-52 所示。初始 EA 体系的氧化铝坯体强度远高于 PIBM 体系，这是因为 EA 体系的氧化铝坯体具有较密集的三维凝胶网络结构。随着预烧温度的升高，PIBM 体系和 EA 体系的氧化铝素坯的强度均呈现先降低后升高的趋势。当温度升高到 400℃，氧化铝坯体强度迅速降低，这是因为有机物网络主要在这个阶段热解氧化，坯体中只剩下颗粒之间的范德瓦耳斯力等微弱作用。因此，两个凝胶体系所制备的坯体在这个温度的强度几乎相同，只有约 1 MPa。随着温度的继续升高，有机物完全热解、燃烧脱离坯体，陶瓷颗粒随之发生重排，堆积密度提高，强度得以提高；800℃以后，颗粒之间发生物质扩散加强了颗粒间的连接，坯体强度逐渐升高。

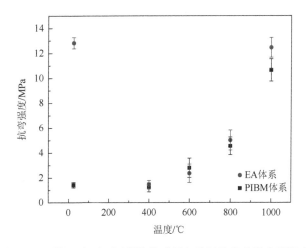

图 3-52　预烧温度对不同凝胶体系制备的坯体弯曲强度的影响

3. 预烧体和烧结体的性能

在预烧阶段，坯体开裂与否与应力和强度有关。一旦所受应力大于强度，坯体会出现开裂。图 3-53 所示为不同凝胶体系的球形坯体预烧后结果。经升温速率为 0.5℃/min、温度为 1000℃的预烧后，PIBM 体系的氧化铝球形坯体完好无损，EA 体系的球形坯体表面有裂纹产生。根据上节的讨论，PIBM 体系的氧化铝球形坯体在预烧过程中所受到的平均热应力约为 0.3 MPa，小于坯体的最低强度（1 MPa），因此，在预烧过程中 PIBM 体系的坯体完好。但是，EA 体系坯体出现了开裂情况，有两个原因：①EA 体系坯体在 500℃左右出现了内外温差的急速反转（图 3-46），表面产生瞬时张应力，导致表面裂纹的产生；②从图 3-42 可知 EA 体系素坯在 400℃附近出现强烈的 CO_2 放热峰，表明大量的 CO_2 释放，内外气压差的急速上升也可能导致裂纹的产生。图 3-54 是不同凝胶体系的球形坯体经高温烧结的照片。在 1600℃下烧结 2 h 后，PIBM 体系的球形坯体能完好烧结成氧化铝球形陶瓷，由 EA 体系制备的氧化铝陶瓷球出现了严重开裂。

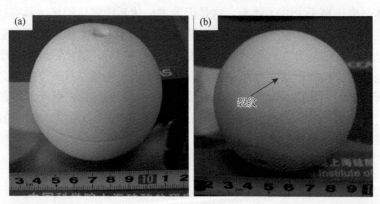

图 3-53　PIBM（a）和 EA（b）体系的氧化铝坯体球经 1000℃预烧后的照片（升温速率 0.5℃/min）

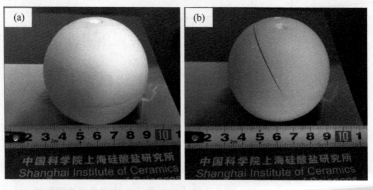

图 3-54　PIBM（a）和 EA（b）体系的氧化铝球经 1600℃烧结后的照片（升温速率 2℃/min）

总之，不同凝胶体系制备的坯体，由于有机物添加量的不同造成脱粘过程中坯体内外温差不同。对于 PIBM 体系（有机物 0.3 wt%）的坯体，内部温度始终低于表面温度；对于 EA 体系的坯体，在 500℃附近内部温度高于表面温度，这种内外温差的急速反转影响坯体内部热应力的分布，导致坯体脱粘开裂。研究发现，在脱粘过程中，坯体表面受到压缩应力而内部受拉应力，且应力随升温速率的提高而增大。通过加载预烧实验，建立了热应力与孔隙率之间的指数关系模型。依据该模型可以预测坯体所受的应力，并与坯体的强度比较，可以判断 PIBM 体系制备坯体的热应力（0.3 MPa）小于坯体强度（1 MPa），在脱粘过程中不会开裂。

3.3 典型透明陶瓷的烧结

3.3.1 概述

烧结是高温下粉体颗粒之间发生粘结转变成致密多晶体的过程，赋予陶瓷优异的力学、光学以及电学等性能。在成型体中，粉末颗粒尺寸很小，具有较高的表面能量，颗粒间接触面积也很小，气固表面的表面积很大，在烧结过程中通过扩散和液相或气相传递等方式推动物质的迁移，原来能量较高的气固界面逐渐转变为能量较低的固固界面，即烧结驱动力是颗粒表面能的减小。烧结过程中晶粒的生长和气孔的排出主要通过扩散过程来完成，包括表面扩散、晶格扩散、气相传质和晶界扩散等[24]。Coble 博士将陶瓷烧结过程分为烧结初期、烧结中期和烧结末期三个阶段，在不同的烧结阶段，控制致密化和气孔演变的主要方法不同[25, 26]。

对于透明陶瓷而言，低至 0.1%的气孔率足以使光学透过率大幅度下降。烧结是气孔排出的过程，也就是陶瓷密度不断增大的过程。此外，为了提高透明陶瓷弯曲强度和硬度等力学性能，还需要在烧结过程中控制晶粒的大小[27, 28]。

目前，通过烧结工艺参数控制、烧结助剂的添加以及先进烧结技术的应用实现气孔排除和控制晶粒生长的技术手段层出不穷，如氢气气氛烧结、真空烧结、放电等离子体烧结（SPS）[29]、热等静压（HIP）烧结、超快烧结（UHS）[30]等。氢气气氛烧结是批量化制备半透明氧化铝陶瓷最成熟的技术，热等静压烧结常用于预烧体的进一步热处理，以制备具备良好光学性能的透明陶瓷[31]。

在第 1 章介绍了自固化凝胶成型具有普适性，可用于多种先进陶瓷以及透明陶瓷的成型。陈晗[32]在 Al_2O_3 陶瓷浆料中引入 Al_2O_3 片晶（C 晶面），成型后在高温烧结过程中以片晶作为模板诱导晶粒生长得到了类单晶结构的 Al_2O_3 透明陶瓷。刘梦玮[33]采用纳米粉体为原料配制陶瓷浆料，成型后经预烧结和热等静压烧结，制备了细晶高强度、高透过率的 $MgAl_2O_4$ 透明陶瓷。本节介绍这两种典型的透明陶瓷致密化过程，即类单晶结构 Al_2O_3 透明陶瓷的烧结机理以及细晶 $MgAl_2O_4$ 透明陶瓷制备过程中预烧体的临界特征参数和热等静压工艺对透明陶瓷致密化的影响规律。

3.3.2 类单晶结构氧化铝透明陶瓷的烧结

陈晗[32]结合自固化凝胶成型技术，利用浆料流动产生的剪切力将氧化铝片晶平铺在氧化铝颗粒中，经过高温烧结以片晶作为模板诱导晶粒定向生长，XRD谱图证实形成了定向结构（类蓝宝石单晶结构）。为了进一步理解片晶模板法制备类单晶结构氧化铝透明陶瓷的形成机理，采用电子背散射衍射技术从微观结构的角度研究了烧结温度和不同尺寸（微米和毫米量级）片晶以及片晶加入量对晶粒定向生长的影响。电子背散射衍射（electron backscattered diffraction，EBSD）已经在材料微观组织结构及微区织构化表征中得到了广泛应用。相较于上述通过X射线衍射来表征织构化的方法，EBSD的主要特点是对微区的取向结构进行表征，EBSD测试结果包含样品的欧拉图和极图信息。欧拉图可以表征每个单独晶粒的取向，极图是表示被测多晶体材料取向分布的一种图形，即晶体各{hkl}面法向在样品坐标系内分布状态的一种表达方法，相较于EBSD对单个晶粒晶向的表征，极图可以表征数百微米范围内晶粒的取向结构。

1. 烧结温度对氧化铝多晶陶瓷定向生长的影响

以添加1 wt%氧化铝片晶（宽2~3 μm，厚1~2 μm；C晶面）为例，研究了不同烧结温度下陶瓷的织构化结构，当烧结温度为1600℃时，EBSD测试结果如图3-55所示。红色晶粒表示（001）方向的晶粒，可以看到陶瓷中的大部分晶粒已经形成了定向，但仍存在绿色和蓝色的未定向晶粒。通过对晶粒大小的统计，发现较小的晶粒是蓝色和绿色，分别对应（100）和（010）晶面，较大的晶粒为（001）晶面。

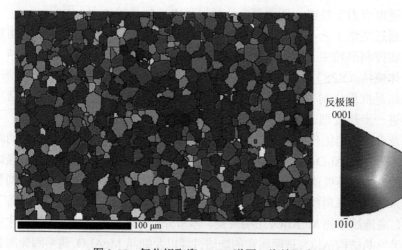

图 3-55　氧化铝陶瓷 EBSD 谱图（烧结温度 1600℃）

　　当烧结温度为 1860℃时，根据 XRD 结果计算，陶瓷的取向度已经达到 99%左右。EBSD 结果（图 3-56）表明，大多数陶瓷晶粒已经定向，但是仍存在少量绿色和蓝色的非定向晶粒。这说明 EBSD 较 XRD 测试具有更高的精度，能更准确地表征陶瓷的取向结构。

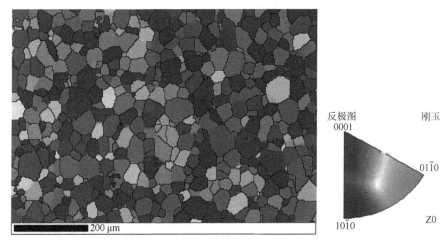

图 3-56　氧化铝陶瓷 EBSD 谱图（烧结温度 1860℃）

　　图 3-57 是 1860℃下烧结后陶瓷的极图。可以看到陶瓷向着（001）晶面方向发生了定向。

图 3-57　氧化铝陶瓷的极图（烧结温度 1860℃）

2. 片晶含量对多晶陶瓷定向生长的影响

　　为了分析片晶模板添加量对氧化铝陶瓷织构化结构的影响，以添加模板含量为 0.1 wt%和 0.01 wt%的氧化铝陶瓷为例，统计了晶粒取向与（006）晶面的夹角，结果分别如图 3-58 和图 3-59 所示。

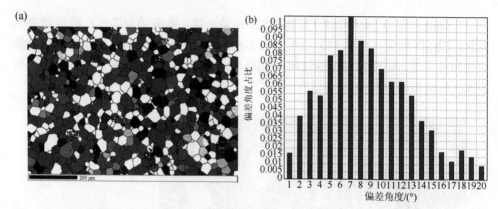

图 3-58　氧化铝陶瓷 EBSD 谱图（a）及晶粒与（006）晶面夹角统计图（b）（模板添加量 0.1 wt%，
烧结温度 1860℃）

　　图 3-58 是模板添加量为 0.1 wt%氧化铝陶瓷的 EBSD 谱图（a）及晶粒与（006）晶面夹角统计图（b）。与添加模板含量为 0.01 wt%氧化铝陶瓷相比，模板含量为 0.1 wt%的陶瓷中，完全取向的晶粒占比增加到 33%，同时，出现了 10%左右与（006）晶面夹角为 6°左右的晶粒。这些结果表明当模板添加量增加时，被模板吞并的晶粒数增加了，同时，模板的诱导作用有所增强，出现了更多与（006）晶面夹角小的晶面。

　　图 3-59（a）是模板添加量为 0.01 wt%氧化铝陶瓷的 EBSD 谱图。黑色晶粒为完全定向的晶粒，白色晶粒为未定向晶粒，红色部分为出现定向结构的晶粒，随着颜色的变浅，定向程度减弱。图 3-59（b）是晶粒取向与（006）晶面的夹角的统计图，以夹角低于 5°为完全取向，可以看到完全取向的晶粒约占 13%，模板的初始添加量为 0.01wt%，故在晶粒生长过程中，模板晶粒吞并了基体晶粒，使得陶瓷取向度增加。同时，还可以看到陶瓷中出现了大量与（006）晶面夹角为 10°左右的晶粒。这表明模板除通过吞并基体使其定向外，还能诱导周围晶粒定向。总的来看，随着片晶 DN 加入量的减少，晶粒定向率逐渐降低。

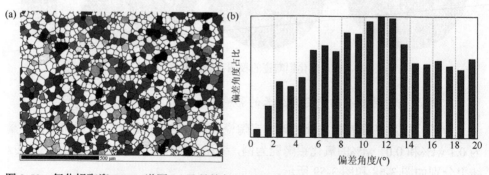

图 3-59　氧化铝陶瓷 EBSD 谱图（a）及晶粒与（006）晶面夹角统计图（b）（模板添加量 0.01 wt%，
烧结温度 1860℃）

3. 类单晶结构氧化铝透明陶瓷的形成机理

本节采用不同晶面取向的氧化铝单晶片进行晶粒定向生长机理的探究。将氧化铝单晶片与氧化铝粉体复合形成复合体，烧结致密化后，通过 SEM、EBSD 等表征手段，分析不同晶面对周围氧化铝晶粒定向生长的影响。

1）实验设计

为了避免杂质离子的影响，采用的基体原料为高纯氧化铝（SMA-6，Baikowski，France，氧化铝含量＞99.99 wt%，平均粒径 200 nm），烧结助剂为氧化镁。选取的氧化铝单晶片有 4 种晶面取向：C 晶面、M 晶面、R 晶面和 A 晶面，单晶片尺寸为 10 mm×10 mm×0.5 mm。其中，C 晶面对应（001）晶面，M 晶面对应（100）晶面，R 晶面对应（012）晶面，A 晶面对应（110）晶面。C 晶面对应的晶面是氧化铝晶粒定向排布的基面，A 晶面和 M 晶面对应的晶面是与（001）晶面夹角为 90°的晶面，R 晶面对应的晶面与（001）晶面的夹角为 58°。

氧化铝单晶片与粉体颗粒的复合体制备过程如下：①取 2 g 氧化铝粉体加入模具中压平，模具直径为 20 mm，将单晶片平放在粉体压实体上，保证单晶片的中心和粉体压实体的中心重合；②再继续向干压模具中加入 2 g 氧化铝陶瓷基体粉，盖过单晶片，将粉体振匀后利用压机压平；③将干压后的样品放入冷等静压机（200 MPa）进一步压实，得到单晶片与粉体的复合体；④在马弗炉中预烧复合体，升温速率是 1℃/min，预烧温度是 800℃，保温时间 2 h，接着，在真空炉中进行预烧体的烧结，升温速率是 2℃/min，在 1200℃保温 1 h，最终烧结温度为 1300～1860℃，保温时间为 6～12 h。将高温烧结后的单晶片与陶瓷的复合体（图 3-60）沿直径垂直向下切开，将切面磨平抛光，制得样品，用于 SEM 观察和 EBSD 测试。

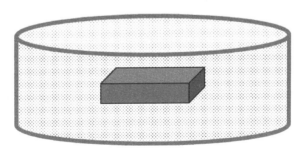

图 3-60　氧化铝单晶片与陶瓷复合体示意图（单晶片 10 mm×10 mm×0.5 mm）

2）温度对单晶陶瓷复合体的显微结构演化

以 A 晶面单晶片为例，与不添加氧化镁烧结助剂的氧化铝粉体复合，分析烧结过程中单晶与多晶界面处的变化。复合体在 1300～1800℃烧结后的显微结构如图 3-61 所示。当烧结温度为 1300℃时，陶瓷晶粒尺寸约为 1 μm，单晶与多晶陶

瓷间存在明显的界面，开始出现单晶对多晶的吞并［图 3-61（a）］。当烧结温度为
1400℃时，晶粒尺寸为 1～3 μm，晶粒尺寸存在不均匀的现象。同时，单晶与陶
瓷的界面处开始出现扩散层，扩散层呈现锯齿状，部分界面处的多晶仍然存在，
但有部分多晶被单晶吞并，单晶最远的扩散距离约为 4 μm［图 3-61（b）］。出现
这种现象的原因可能是与单晶晶面夹角较小的多晶会迅速被吞并，与单晶晶面夹
角较大的多晶需要较长的时间才能被吞并。当烧结温度为 1500℃时，多晶陶瓷晶
粒开始长大，晶粒尺寸为 2～6 μm，单晶向外拓展的距离变宽，单晶最远的拓展
距离约为 7 μm［图 3-61（c）］。

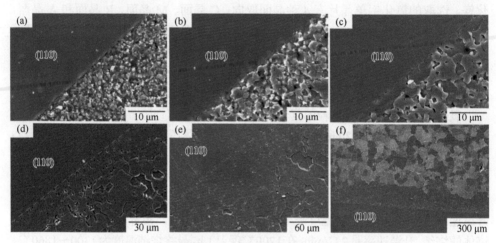

图 3-61　单晶陶瓷复合体在不同温度烧结后的显微结构
（a）1300℃；（b）1400℃；（c）1500℃；（d）1600℃；（e）1700℃；（f）1800℃

　　当烧结温度为 1600℃时，多晶晶粒进一步长大，晶粒尺寸为 5～10 μm，单晶
与多晶间的扩散层变得更为明显，与单晶直接接触的多晶颗粒均被吞并，距单晶
最远的拓展距离约为 25 μm［图 3-61（d）］，被单晶转化的多晶内部存在大量的气
孔，这可能是因为没有添加氧化镁助剂。当烧结温度为 1700℃时，多晶晶粒尺寸
为 10～45 μm，存在明显的晶粒不均匀现象。单晶的拓展距离进一步加深，扩散
的范围增加到约 75 μm［图 3-61（e）］，单晶向多晶的延伸曲面呈现"凹"字型，
这是晶面曲率生长的必然结果。典型晶粒的生长是由晶粒边界弯曲驱动的，弯曲
造成晶粒边界表面的总面积变小，从本质上说，晶粒生长的驱动力是晶粒边界表面
的表面能减少。被单晶吞并的多晶内部存在大量的气孔，气孔的数目从单晶向多晶
方向呈现减少趋势，导致这种现象的原因是紧贴单晶的多晶是直接被单晶吞并的，
而远离单晶的多晶先自由生长再被单晶吞并，晶粒的自由生长有利于气孔的排出。
从 1300℃到 1700℃的温度变化过程，多晶晶粒从 1 μm 生长到 45 μm，单晶拓宽的
距离为 0～75 μm，这说明单晶对多晶的吞并速度明显大于晶粒生长速度。

复合体在 1800℃烧结后的显微结构如图 3-61（f）所示。可以看到，在单晶上部的多晶仍呈现正常的形貌，多晶晶粒尺寸约 60 μm，单晶向外拓宽约 200 μm。

表 3-2 统计了不同晶面单晶片与陶瓷复合体在低于 1800℃烧结后晶面的拓展情况。可以看到，虽然不同单晶向外的拓宽距离有所差异，但是相差不大，这表明在晶粒并未出现异常长大的温度范围内，没有添加烧结助剂时氧化铝各个晶面生长速度比较接近，即向外的拓宽距离接近。

表 3-2　不同单晶向外的拓展距离（μm）

烧结温度	A 晶面	R 晶面	C 晶面	M 晶面
1400℃	1～4	约 1	约 1	约 1
1500℃	2～6	约 5	约 7	约 6
1600℃	5～10	约 10	约 13	约 15
1700℃	约 75	约 77	约 80	约 75
1800℃	200	—	—	—

以 C 晶面单晶片为例，研究添加 500 ppm 氧化镁作为烧结助剂的单晶陶瓷复合体烧结过程中显微结构的变化。图 3-62（a）是复合体在 1400℃烧结后的显微结构。可以清晰地看到中间的单晶与两侧的多晶界面十分清晰，将界面处放大后 ［图 3-62（b）］，可以看到单晶延伸的距离大概为 1 μm，这表明单晶对多晶的吞并才刚刚开始。对氧化铝陶瓷的晶粒尺寸进行统计，可以看到陶瓷的晶粒尺寸以 0.8 μm 为中心呈现正态分布，平均晶粒尺寸在 1 μm 左右。

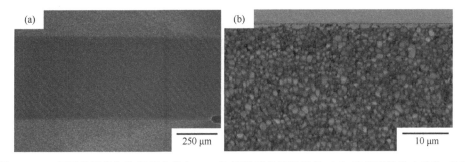

图 3-62　C 晶面单晶片与陶瓷复合体在 1400℃烧结后的显微结构（a）及界面处放大结构（b）

图 3-63（a）是复合体在 1600℃烧结后的显微结构。单晶向外延伸的界面变得明显，单晶向外拓宽了 13 μm 左右，这表明随着温度的升高，单晶对多晶的吞并能力增强了，这与未添加 MgO 烧结助剂的结果类似。将界面处放大后 ［图 3-63（b）］，

可以看到单晶与多晶的接触面存在大量的气孔，可能的原因是：在单晶与陶瓷粉压制成片时，由于单晶表面光滑，粉体和单晶接触不紧密；另外，单晶对多晶的吞并速度过快，气孔来不及排出。统计 1600℃烧结的复合体中氧化铝陶瓷的晶粒尺寸，可以看到陶瓷的晶粒尺寸分布较宽（从 1 μm 至 7 μm），平均晶粒尺寸在 4 μm 左右。

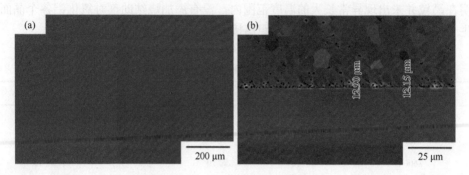

图 3-63　C 晶面单晶片与陶瓷复合体在 1600℃烧结后的显微结构（a）及界面处放大结构（b）

图 3-64（a）是复合体在 1860℃烧结后的显微结构。单晶向外拓宽了 112 μm 左右，气孔多集中在单晶与被转化的单晶界面处，被转化的单晶内部气孔量较少［界面处放大后，图 3-64（b）］，这说明气孔产生主要原因是制备过程中单晶和陶瓷颗粒的空隙。另外，多晶显微结构中并未出现晶粒异常长大现象，在未添加 MgO 时可以明显观察到晶粒异常长大，说明 MgO 的确可以有效抑制晶粒异常长大，使晶粒生长均匀化。统计 1860℃烧结的复合体中氧化铝陶瓷的晶粒大小，平均晶粒尺寸约为 32 μm，未发现粗大的晶粒。

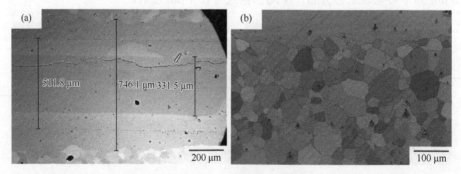

图 3-64　C 晶面单晶片与陶瓷复合体在 1860℃烧结后的显微结构（a）及界面处放大结构（b）

对添加 C 晶面单晶片的单晶陶瓷复合体（烧结温度 1860℃）进行了 EBSD 表征，结果如图 3-65 所示。C 晶面所对应的晶面为（001）晶面，被 C 晶面所吞并的多晶呈现与 C 晶面相同的取向。

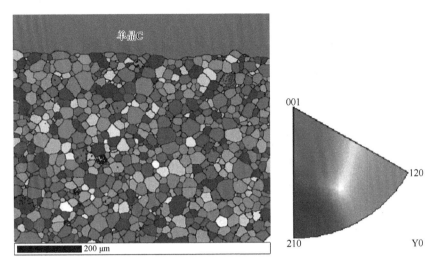

图 3-65　C 晶面与陶瓷复合体的 EBSD 谱图（烧结温度 1860℃）

同时，对添加 C 晶面单晶片的单晶陶瓷复合体进行了极图表征，以 200 μm 为界限，分为 C 晶面、邻近 C 晶面的多晶和远离 C 晶面的多晶三部分，结果如图 3-66 所示。C 晶面呈现出完美的取向，取向方向为（001）方向，邻近 C 晶面的多晶也出现了明显的织构现象。随着与 C 晶面距离的增加，织构化现象减弱。

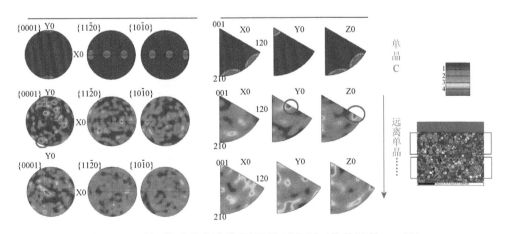

图 3-66　C 晶面与陶瓷复合体的极图与反极图（烧结温度 1860℃）

图 3-67 是添加 A 晶面单晶片的单晶陶瓷复合体（烧结温度为 1860℃，添加氧化镁烧结助剂）的显微结构。单晶向外拓宽了 110 μm 左右，与 C 晶面的结果类似，表明两种不同单晶吞并多晶的速度相近。与没有添加氧化镁的结果对比，单晶的吞并速度有所减弱，表明 MgO 有抑制晶粒生长的作用。该结果

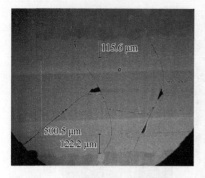

图 3-67　A 晶面单晶片与陶瓷复合体
在 1860℃烧结后的显微结构

与 Suvaci 等[34]的结果不一致。他们以 CaO
和 SiO$_2$ 作为烧结助剂，同样采用单晶片与陶
瓷粉压制成片，在相同的烧结温度下，A 晶
面拓展的范围约为 C 晶面的 20 倍。可能的原
因是溶质在 CaO 和 SiO$_2$ 所形成的液相中沿
垂直 A 晶面的方向上具有较快的迁移速率，
单晶拓展更快。本研究中 MgO 助剂含量低不
能形成液相，同时 MgO 具有抑制晶粒各向异
性生长的作用，因此，A 晶面和 C 晶面的拓
展范围相近。

　　同样，对添加 A 晶面单晶片的单晶陶瓷复
合体（烧结温度为 1860℃）进行 EBSD 表征，结果如图 3-68 所示。可以看到 A
晶面所对应的晶面为（110）晶面，被 A 晶面所吞并的晶面呈现出与 A 晶面相同
的取向。

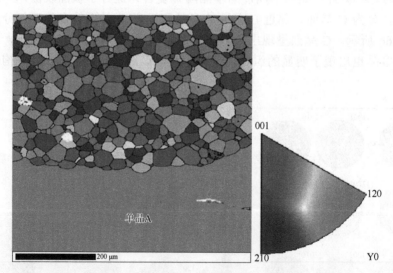

图 3-68　A 晶面与陶瓷复合体的 EBSD 谱图（烧结温度 1860℃）

　　对添加 A 晶面单晶片的单晶陶瓷复合体进行了极图的表征，以 200 μm 为界
限，分为 A 晶面、邻近 A 晶面的多晶和远离 A 晶面的多晶三部分，结果如图 3-69
所示。可以看到 A 晶面的极图显示出单晶沿（110）方向呈现明显的取向，这与
EBSD 谱图相对应。对邻近 A 晶面的多晶进行分析，可以看到多晶出现了取向结
构，取向方向为（110）方向，这部分多晶并未被单晶吞并却呈现出了类单晶结构，
表明单晶对周围多晶的取向诱导不仅是通过吞并多晶实现的，还存在远距离的作

用力。对远离 A 晶面的多晶进行分析，可以看到多晶取向结构变得不明显，这表明，A 晶面的这种远距离作用力的范围大概为 200 μm，超过这个范围后，单晶不再能影响取向。

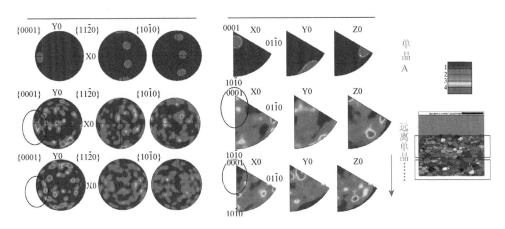

图 3-69　A 晶面与陶瓷复合体的极图与反极图（烧结温度 1860℃）

对比紧邻 A 和 C 两种晶面的多晶可以发现，邻近 C 晶面的多晶呈现出更明显的织构化取向，同时，远离 C 晶面的多晶仍呈现出织构化取向。表明 C 晶面较 A 晶面具有更强的远距离诱导多晶定向的能力，影响距离可达 400 μm。

3）片晶诱导晶粒定向生长的机理

许多科研人员研究了氧化铝晶粒的定向生长或织构化。在晶粒模板生长法制备织构化氧化铝透明陶瓷过程中，Suvaci 和 Messing 等[35]观察到陶瓷的取向结构演变分为三个阶段：①致密化；②单个模板晶粒的径向生长直到模板受到撞击；③模板晶粒增厚。基体的密度、模板间距及模板与基体晶粒之间的尺寸比是模板生长的关键因素。织构化程度的迅速增加需要陶瓷密度达到 90%以上，模板数量决定模板间的间距，进而决定最终取向的程度。为了获得高取向的陶瓷，需要保持良好的热力学条件，这意味着模板厚度与基体晶粒之间的尺寸比必须达到 1.5 以上，才能使模板在不碰撞的情况下生长。Seabaugh 等[36]研究了液相含量对陶瓷织构化的影响，认为 CaO 和 SiO$_2$ 的添加为烧结期间模板颗粒的各向异性生长创造了有利条件，晶间液相可作为高温溶剂和晶体与基质之间的快速扩散路径。基质表面积的减少和基质颗粒附近液体的过饱和驱动了这两个过程。织构化的极限是由模板浓度控制的，当初始模板浓度增加到 15%时，平均模板尺寸减小，这时再增加模板浓度也不会影响最终的织构化程度。Sacks 等[37]在借助热压烧结制备具有织构化结构的陶瓷时，发现在织构化演变过程中，模板晶粒沿径向快速增长了 3 倍，而厚度几乎保持恒定，由此认为定向模板晶粒的各向异性生长是织构化发展的机理。

　　Nakada 和 Schock 等[38]也指出，氧化铝织构化是由与基底表面平行的（0001）晶面的优先生长控制的，与板状晶粒共享低能界面的内部晶粒优先生长，并且促进基体表面与样品表面平行的晶粒生长过程。Seabaugh 等[39]尝试将不同晶面取向的氧化铝单晶与氧化铝陶瓷粉压制在一起，同时添加 CaO 和 SiO$_2$ 作为液相烧结助剂，研究氧化铝晶粒的各向异性生长过程。他们发现，当液相助剂含量为 5 wt%，烧结温度为 1550℃时，（0001）晶面的纵向影响范围为 3 μm，（01$\bar{1}$2）和（11$\bar{2}$0）晶面的纵向影响范围分别为 50 μm 和 60 μm，（0001）晶面的作用范围明显小于其余二者，可能是因为：①（0001）晶面的晶面能小，垂直（0001）晶面的生长速度慢，表现为（0001）晶面作用范围小；②（0001）晶面的生长方式与其余晶面不同，（0001）晶面的生长呈现明显的螺状生长模式，影响其生长速度的关键是过饱和度，而影响（01$\bar{1}$2）和（11$\bar{2}$0）晶面生长的主要因素是液相晶界的扩散。总而言之，目前对于织构化陶瓷定向机理的研究大多是以添加大宽厚比的片状模板和液相烧结助剂的陶瓷体系为主，并且研究大多集中于陶瓷织构化的演变，对于单一晶粒在织构化进程中的变化分析很少。在大多数模板诱导晶粒生长（TGG）研究中，模板的数量很大，这限制了模板生长的可用距离，因此，一旦模板碰撞，模板生长的"真实"动力学就被掩盖了[36, 39]。并且，在 TGG 中需要显著大于基体晶粒尺寸的模板晶粒为定向生长提供热力学的驱动力[40]，随着微观结构的发展，模板颗粒和基体晶粒都会生长，这时模板颗粒的尺寸优势会降低。在这种情况下，由于模板与基体晶粒尺寸比的减小或模板间相互碰撞，生长驱动力显著降低，这时的机理分析就变得艰难。如果在实验中选用比模板颗粒尺寸大几个数量级（即＞100 μm）的单晶样品，再将单晶的生长速度与 TGG 中模板的生长速度进行比较，可能有助于确定特定的生长机理，这是因为二维成核和生长机理受晶体界面面积的影响强烈[41]。

　　陈晗[32]通过观察不同晶面单晶片与陶瓷复合体在烧结过程中显微结构及织构化的演变，发现在添加 MgO 作为烧结助剂的氧化铝陶瓷体系中，MgO 的加入使不同晶面对周围多晶的吞并速度相近，但是 C 晶面却因具有更高的热膨胀系数而具有更强的诱导晶粒扭转的能力。因此，模板诱导晶粒定向的机理应该分为两部分：①单晶表面具有的低能量可以吞并周围多晶使其定向；②烧结过程中单晶与多晶界面处产生内应力，这种内应力因单晶晶面的不同而有所差异，C 晶面具有高的热膨胀系数，可以利用内应力诱导较远处未接触的多晶定向。

　　总之，在氧化铝片晶诱导晶粒定向的变化过程中，除出现完全定向的晶粒外，基面与（006）晶面夹角较小的晶粒个数也明显增加，并且增加个数与模板个数（添加量）呈正相关，表明模板除通过吞并基体使其定向外，还能诱导周围晶粒定向。通过将不同晶面的单晶片与陶瓷粉体复合，发现随着烧结温度的升高，单晶对多晶的吞并距离增加，被单晶吞并的多晶呈现出与单晶相同的取向。单晶还能通过远距离的作用力使晶粒定向。C 晶面较 A 晶面单晶具有较长的远距离作用力，可以影响

400 μm 处晶粒的取向，导致 A 晶面与 C 晶面作用的差别可能是氧化铝各晶向热膨胀系数的差异，沿 C 轴方向具有更大的热膨胀系数，在基体中产生更大的热应力。

3.3.3　预烧结合热等静压烧结镁铝尖晶石

1. 固含量对坯体相对密度和气孔分布的影响

刘梦玮[33]采用镁铝尖晶石纳米粉体（S25CR，法国）制备了固含量 40 vol%～54 vol% 的陶瓷浆料，分别进行压力辅助自固化凝胶成型。图 3-70（a）展示压力辅助注凝成型制备的陶瓷坯体相对密度与浆料固含量之间的关系。由图可见，随着浆料固含量的增加，陶瓷坯体的相对密度几乎呈线性增加，坯体相对密度和浆料固含量参数之间具有稳定的对应关系。因此，在稳定调节浆料固含量的基础上，采用压力辅助自固化凝胶成型工艺，可以实现对陶瓷坯体相对密度的精确控制。当浆料固含量为 40 vol% 时，陶瓷坯体的相对密度为 53.6%；当浆料固含量提高至 54 vol% 时，陶瓷坯体的相对密度提高到 62.7%，接近理论极限[42, 43]。

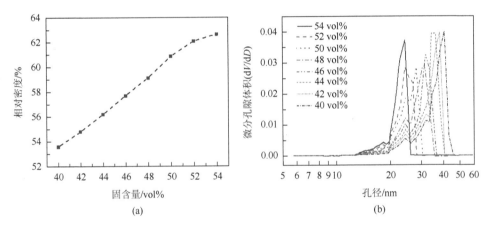

图 3-70　浆料固含量对压力辅助注凝成型 $MgAl_2O_4$ 坯体相对密度（a）和孔径分布（b）的影响

图 3-70（b）是不同固含量的陶瓷浆料经压力辅助自固化凝胶成型制备的陶瓷坯体孔径分布图。该孔径分布通过压汞仪测得。由图可见，每一条孔径分布曲线上，均存在一个显著的最大峰，称为主峰。随着浆料固含量的不断增加，主峰向左偏移。表明随着浆料固含量的增加，陶瓷坯体的气孔尺寸不断减小。例如，当浆料固含量为 40 vol% 时，主峰对应的孔尺寸为 44.4 nm；当浆料固含量为 54 vol% 时，主峰对应的孔尺寸减小至 24.3 nm。在气孔分布曲线上，峰的数量也有差别。例如，由 40 vol% 和 42 vol% 固含量的浆料制备的陶瓷坯体气孔分布曲线上，峰数目为 4。除了主峰，其余三个峰分别位于 31.4 nm、24.1 nm 和 18.2 nm。由 44 vol%、

46 vol%、48 vol%、50 vol%和 52 vol%固含量的浆料制备的陶瓷坯体气孔分布曲线上，峰数目为 3。由 54 vol%固含量浆料制备的陶瓷坯体气孔分布曲线上，峰数目为 2。每一条气孔分布曲线上均有位于 18.2 nm 的最小峰。

孔径分布曲线上峰向左偏移和峰数目的减少表明陶瓷坯体均匀性的提高。在陶瓷坯体中，气孔可以分为两种类型。一种为团聚体颗粒堆积形成的孔，这种孔位于团聚体颗粒之间，孔的尺寸会随着固含量的变化而变化，孔尺寸取决于团聚体颗粒之间的距离。另一种为团聚体内部孔，这种孔的尺寸不会随着固含量的变化而变化。例如，尺寸为 18.2 nm 和 24.1 nm 的峰代表的孔即为团聚体内部孔。这种类型孔的尺寸取决于团聚体的堆积密度，也就是一次颗粒之间的距离，不会随着团聚体之间的距离改变而改变。在图 3-71（b）中，固含量为 54 vol%的浆料制备的陶瓷坯体孔尺寸分布曲线的主峰对应的孔尺寸只有 24.1 nm，与团聚体内部孔具有相同的尺寸。这是因为当浆料固含量足够高时，团聚体之间的距离已经足够小。团聚体之间的距离和团聚体内部颗粒之间的距离具有类似的尺寸。因此，由固含量为 54 vol%的浆料经压力辅助注凝成型制备的陶瓷坯体可以看作一种均匀性很高的样品。

根据上述关于浆料固含量、坯体相对密度和坯体孔尺寸分布的讨论，可知高固含量陶瓷浆料能够制备具有高相对密度和高均匀性的陶瓷坯体。并且，通过精确控制陶瓷浆料的固含量，可以实现对陶瓷坯体相对密度和显微结构的精确控制。

2. 浆料固含量对预烧的影响

浆料固含量对预烧的影响其实对应坯体的相对密度对预烧的影响。在预烧结合热等静压的后处理工艺过程中，预烧过程用来消除陶瓷样品中的开口气孔，即形成完全的闭口气孔。如果将开口气孔没有完全消除的陶瓷样品直接进行热等静压处理，高压气体就会通过开口气孔进入陶瓷样品内部，影响致密化过程[44]。更为甚者，进入到陶瓷样品内部的高压气体可能直接导致样品开裂。因此，通过预烧形成完全闭口气孔非常必要。

在预烧过程中形成的闭口气孔分为晶界气孔和晶内气孔。晶内气孔一旦形成，即使通过热等静压这种高驱动力烧结方式也很难排出。无法排出的晶内气孔将会对陶瓷的光学、力学等性能产生严重影响。因此，预烧过程既要保证开口气孔完全排出，又要尽量避免形成晶内气孔。预烧过程中残留于晶界处的闭口气孔可以在热等静压过程中有效排出，获得完全致密的陶瓷样品。因此，对于制备完全致密的陶瓷材料来说，研究预烧过程中闭口气孔的形成机理和演变过程是非常重要的。

图 3-71 是由不同固含量的浆料经压力辅助自固化凝胶成型制备的陶瓷坯体的临界预烧温度和临界相对密度。由图可见，随着固含量的提高，临界预烧温度逐

渐下降，与之相应的临界相对密度逐渐升高。由 40 vol%固含量浆料制备的陶瓷坯体，临界预烧温度为 1520℃，临界相对密度为 93.9%；由 54 vol%固含量浆料制备的陶瓷坯体，临界预烧温度为 1450℃，临界相对密度为 95.8%。在湿法成型工艺过程中，通过提高浆料固含量来提高坯体相对密度，可以实现烧结温度的降低，这一理论在众多文献中均有报道[45]。该实验中临界预烧温度随浆料固含量的升高而降低也是因为坯体相对密度的提高。具有高固含量的陶瓷浆料能够通过压力辅助自固化凝胶成型被制备成具有高相对密度的陶瓷坯体，高致密度的陶瓷坯体能够在较低预烧温度条件下消除开口气孔，实现致密化烧结。

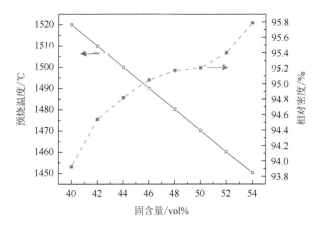

图 3-71　固含量-临界预烧温度-临界相对密度三元关系

尽管临界气孔的形成过程对于后续热等静压烧结非常重要，但是，现有文献中关于临界气孔形成的报道却非常少。通常粗略地认为，预烧体相对密度约为94%～96%时，即已经形成了完全的闭口气孔[46]，可以进行热等静压烧结。但是，文献没有阐述清楚临界气孔形成和预烧体相对密度之间的关系。2000 年以前，针对临界气孔的形成问题，研究者分别建立了三种理论模型并计算临界气孔形成和陶瓷相对密度的关系。第一个模型由 Budworth[47]建立。计算得到所有陶瓷材料临界气孔形成时的相对密度是 92%，但该模型中没有考虑陶瓷材料成分对临界气孔形成机理的影响。Beere[48]及 Carter 和 Glaeser[49]建立了第二个模型，他们考虑了二面角对临界气孔形成过程的影响，即通过该模型计算材料的临界气孔率受材料成分的影响。Svoboda 等[50]建立了第三个模型，在该模型中，材料的晶体结构和二面角均会对临界相对密度产生显著影响。尽管这些研究者在建立陶瓷材料临界气孔形成和相对密度之间的关系方面做了比较细致的工作，但是，都没有将陶瓷坯体性质对临界气孔形成的影响考虑在内。2016 年，Spusta 等[51]报道了 Al_2O_3 陶瓷、ZrO_2 陶瓷和 $MgAl_2O_4$ 陶瓷的临界气孔形成机理。他们使用不同的冷等静压成型压力获得具有不同相对密度和显微结构的陶瓷坯体,研究了陶瓷坯体相对密度和显微结构对临界气孔形成机理的影响。得出的结论是陶瓷材料烧结过程中临界气孔的形成仅受陶瓷材料本征属性的影响,与陶瓷坯体相对密度和显微结构均无关。然而,Krell 等[52]认为,陶瓷材料临界气孔的形成过程受陶瓷坯体中气孔分布的影响非常显著,但是并没有详细阐述临界气孔形成和陶瓷坯体中气孔分布的具体关系。

从图 3-71 中临界相对密度和浆料固含量之间的关系可知,由低固含量浆料制备的陶瓷坯体具有更低的临界相对密度,预烧体的临界相对密度随着浆料固含量的提高而提高。临界相对密度是由浆料固含量和临界预烧温度两个参数共同决定的,临界相对密度和临界气孔率是两个相互关联的变量,因此,临界相对密度的提高即意味着临界气孔率的降低。由 40 vol%固含量的浆料制备的陶瓷坯体,临界气孔率为 6.1%;由 54 vol%固含量的浆料制备的陶瓷坯体,临界气孔率为 4.2%。总的来说,随着浆料固含量的提高,陶瓷坯体相对密度呈升高趋势,临界预烧温度呈下降趋势,临界相对密度呈升高趋势,临界气孔率呈下降趋势。

对于预烧结合热等静压两步烧结工艺来说,预烧体的显微结构非常重要。首先,预烧体的晶粒生长必须控制在一定的范围,如果预烧体晶粒尺寸已经非常大,那么热等静压处理之后晶粒尺寸将更大;其次,预烧过程还要控制气孔的演变,既要保证开口气孔全部消除,又要避免晶内气孔产生。

图 3-72(a)和(b)是固含量分别为 44 vol%和 54 vol%的陶瓷浆料制备的坯体经临界预烧温度预烧后的断面腐蚀显微结构,临界预烧温度分别为 1500℃和1450℃,保温时间均为 6 h。由图可见,前者的气孔数量明显多于后者。并且,经临界预烧温度预烧后的样品中,残余气孔均位于晶界处,未发现晶内气孔。这些气孔均为闭口气孔,表明预烧过程已经进入到了烧结末期。如果继续以更高的温度或更长的保温时间烧结,则会导致气孔和晶界分离,产生晶内气孔,这种晶内气孔在后续烧结过程中将无法排除。

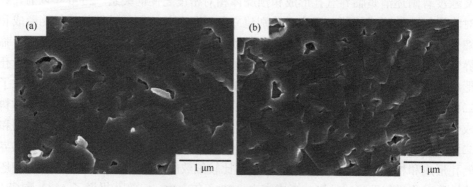

图 3-72　预烧样品显微结构

(a) 44 vol%,1500℃预烧;(b) 54 vol%,1450℃预烧

图 3-73 是固含量为 44 vol% 的浆料制备的陶瓷坯体经 1520℃ 预烧的断面显微结构。由图可见，过烧样品中存在明显的晶内气孔，这与上述推断一致。这表明晶界与气孔分离的现象已经发生，烧结过程已经完全进入到了烧结末期。

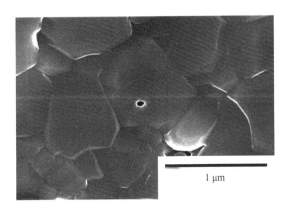

图 3-73　固含量 44 vol%、1520℃ 预烧样品显微结构

图 3-74 是由不同固含量浆料制备的陶瓷坯体经预烧后的平均晶粒尺寸。平均晶粒尺寸随固含量升高大致呈线性减小。由低固含量浆料制备的陶瓷坯体临界预烧温度高，平均晶粒尺寸大。例如，由 44 vol% 固含量浆料制备的陶瓷坯体，经 1500℃ 预烧后，平均晶粒尺寸为 0.54 μm；由 54 vol% 固含量浆料制备的陶瓷坯体，经 1450℃ 预烧后，平均晶粒尺寸为 0.37 μm。在烧结中期，晶粒生长主要取决于烧结温度。一般而言，烧结温度越高，晶粒尺寸越大。

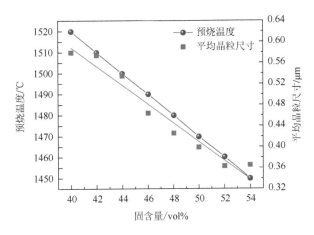

图 3-74　临界预烧平均晶粒尺寸随浆料固含量的变化

3. 热等静压烧结过程气孔钉扎效应

Chretien 等[53]提出，热等静压能够在烧结末期避免或减少气孔和晶界的分离，从而抑制晶粒的异常生长。如图 3-72 所示，预烧后的陶瓷样品中，气孔均位于晶界处。如果将预烧的陶瓷样品采用热等静压烧结，可以避免这些位于晶界的气孔进入晶内。并且，位于晶界处的气孔还可以通过钉扎效应抑制晶粒的生长[54]。

图 3-75（a）和（b）分别为由固含量 44 vol%和 54 vol%浆料制备的陶瓷坯体，经预烧后，再经热等静压处理后的显微结构，热等静压条件为 1550℃，180 MPa 保持 3 h。它们的平均晶粒尺寸分别为 1.37 μm 和 2.14 μm。显微照片上不存在残余气孔，表明热等静压后处理对烧结末期气孔排出效果非常好。

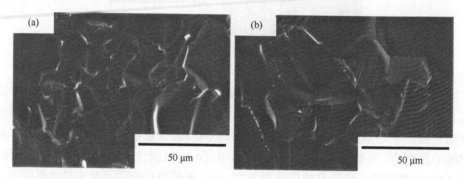

图 3-75　热等静压（1550℃，180 MPa 保持 3 h）处理后样品显微结构
（a）44 vol%，1500℃预烧；（b）54 vol%，1450℃预烧

图 3-76 是热等静压处理后样品平均晶粒尺寸随浆料固含量的变化。由图可见，随着固含量的提高，透明陶瓷样品平均晶粒尺寸显著增大。由图 3-74 可知，经临界预烧的样品，平均晶粒尺寸随固含量的升高而减小。也就是说，经过同样条件的热等静压后处理后，晶粒尺寸较小的临界预烧样品晶粒生长速度大于晶粒尺寸更大的临界预烧样品。在热等静压处理过程中，晶粒尺寸与固含量的关系发生了反转。热等静压处理之前，由 40 vol%固含量浆料制备的陶瓷坯体经临界预烧后，平均晶粒尺寸最大（0.58 μm）；热等静压处理之后，平均晶粒尺寸为 1.19 μm。由 54 vol%固含

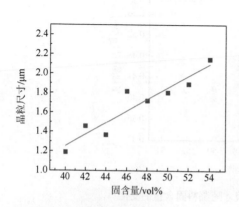

图 3-76　热等静压后平均晶粒尺寸
随浆料固含量的变化

量浆料制备的陶瓷坯体经临界预烧后，平均晶粒尺寸最小（0.37 μm）；热等静压处理之后，平均晶粒尺寸为 2.14 μm。也就是说，由低固含量浆料制备的陶瓷坯体经临界预烧后，在热等静压处理过程中，晶粒生长程度小于由高固含量浆料制备的陶瓷坯体。为了直观地体现热等静压过程中的晶粒生长情况，对比了由不同固含量的陶瓷浆料制备的临界预烧样品在热等静压前后的晶粒生长率。晶粒生长率（growth ratio）定义为同一样品热等静压后的平均晶粒尺寸与热等静压之前的平均晶粒尺寸之比。

　　图 3-77 是固含量-临界气孔率-晶粒生长率三元关系图。随着浆料固含量的升高，临界气孔率显著下降。同时，随着浆料固含量的升高，晶粒生长率显著增大。例如，由固含量为 40 vol%的陶瓷浆料制备的坯体经临界预烧后，在 1550℃热等静压处理过程中的晶粒生长率约为 2；由固含量为 54 vol%的陶瓷浆料制备的坯体经临界预烧后，在 1550℃热等静压处理过程中的晶粒生长率约为 5.9。这表明低固含量浆料制备的临界预烧样品经过相同条件的热等静压处理后，晶粒生长率显著低于高固含量浆料制备的临界预烧样品。同时，也表明具有高临界气孔率的样品经热等静压处理后，晶粒生长率更小。该结果直接证明了临界气孔在热等静压过程中的钉扎效应。众所周知，热等静压烧结是一种具有较高驱动力的烧结方式，但在热等静压过程中控制晶粒生长是难以实现的。该实验使用具有较高临界气孔率的样品，通过气孔钉扎效应有效抑制了热等静压过程中的晶粒生长，实现了高温热等静压条件下晶粒生长率低至 2 的效果。

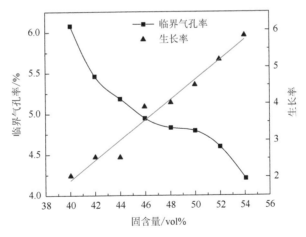

图 3-77　固含量-临界气孔率-晶粒生长率三元关系图

　　综合前文讨论可知，陶瓷坯体经预烧后具有一定的临界气孔率。在热等静压后处理过程中，这些残留的气孔位于晶界，可以通过气孔钉扎效应减慢晶界迁移的速率，达到抑制晶粒生长的效果。由不同固含量的浆料制备的陶瓷坯体，经预烧后具有不同的闭口气孔率。因此，能够形成钉扎效应的气孔数量不同。由更低固含量浆料制备的陶瓷坯体经临界预烧后，临界气孔含量更高，因此，可以形成钉扎效应的气孔数量更多。在热等静压处理过程中，更多的气孔必然导致更显著的气孔钉扎效应，获得具有更小的平均晶粒尺寸的透明陶瓷。

图 3-78 列出了从浆料到透明陶瓷整个工艺过程中涉及的变量，并阐明了变量之间的关系。在所有变量中，浆料固含量是最初始的变量。临界相对密度和临界气孔率是两个关联变量，二者均由坯体相对密度和临界预烧温度共同决定。在热等静压后处理过程中，较高含量的残余气孔很难被排除，因此，烧结获得的透明陶瓷具有较低的直线透过率。但是，较高含量的残余气孔能够在热等静压过程中通过气孔钉扎效应来降低晶界的迁移速率，从而抑制晶粒生长，因此，经热等静压处理之后获得的透明陶瓷具有较小的平均晶粒尺寸（图 3-78）。根据陶瓷材料晶粒尺寸和力学性能之间的 Hall-Petch 关系，具有较小晶粒尺寸的陶瓷具有较高的力学性能。

图 3-78　浆料固含量到透明陶瓷多元关系图

图 3-78 涉及的所有变量关系中，临界气孔率是最核心的变量。预烧后残余气孔在热等静压过程中通过钉扎效应减缓了晶界迁移速率，抑制了晶粒的生长，提高了透明陶瓷的力学性能。在上述关系中，证明了两个关于热等静压的陶瓷烧结理论。第一，热等静压工艺能够有效抑制晶界和气孔的分离。第二，经预烧后陶瓷中残留的闭口气孔能够在热等静压过程中通过钉扎效应抑制晶粒尺寸的生长。但是，具有较小晶粒尺寸的透明陶瓷透过率较低。高温热等静压的烧结制度有待优化。

3.4　本章小结

本章介绍了自固化凝胶成型湿坯的干燥、脱粘和烧结三方面的内容。

浆料原位固化成型湿坯的共性难题是干燥脱水过程中易发生变形开裂问题。在第 2 章中介绍了自固化凝胶成型的湿坯具有自发脱水的特性，本章 3.1 节主要介绍自发脱水的影响因素及其对后续干燥的影响，据此，我们制定了先自发脱水再常规恒温恒湿干燥的分步脱水策略，有效降低了湿坯干燥脱水阶段的变形开裂风险。同时，介绍了压滤辅助脱水和微波干燥的研究结果。基于自固化凝胶成型湿坯的颗粒间有机网络稀疏的特点，采用压滤辅助脱水，可以将 50%固含量浆料凝固的坯体干燥收缩从 4.6%降到 0.5%，干燥时间缩短 40%。微波干燥过程中，湿坯内水分分布均匀，干燥速率可提高 6 倍以上。

比较系统研究了自固化凝胶成型和注凝成型（环氧树脂-多胺体系）坯体的脱粘过程。前者坯体中有机物添加量低（<0.5 wt%），易于脱粘；后者坯体中有机物添加量高（约 4.5 wt%），造成坯体内外温度反转，导致坯体脱粘开裂。依据加载脱粘实验，建立了应力与坯体孔隙率的关系模型，可以预测脱粘过程中坯体所受的热应力。

在烧结这一节，介绍了两个典型的透明陶瓷烧结过程。①Al_2O_3 片晶（C 晶面）作为模板诱导晶粒生长制备类蓝宝石单晶结构的 Al_2O_3 透明陶瓷。在多晶陶瓷织构化过程中，除完全宏向的晶粒外，基面与（006）晶面夹角较小的晶粒个数逐渐增加，并且与模板个数（添加量）呈正相关，表明模板除通过吞并附近颗粒使其定向外，还能诱导周围晶粒定向。通过将不同晶向的单晶与陶瓷粉体复合，研究单晶对邻近晶粒取向的影响以及对远距离晶粒取向结构的影响，发现单晶除通过对多晶的吞并使其定向外，还能通过远距离的作用力使晶粒定向。C 晶面较 A 晶面具有较远的作用力，可能是氧化铝 C 晶面具有更大的热膨胀系数，应力大所致。②细晶 $MgAl_2O_4$ 透明陶瓷的烧结。采用压滤辅助自固化凝胶成型方法将 40 vol%～54 vol%固含量的浆料制成不同密度的坯体，经预烧结，建立了固含量-临界预烧温度-临界相对密度（孔隙率）-晶粒大小关系，再经热等静压烧结，发现低固含量（40 vol%）浆料成型的坯体热等静压后的晶粒尺寸是预烧后的两倍，高固含量（54 vol%）浆料成型的坯体热等静压后的晶粒尺寸是预烧后的 5.9 倍。低固含量浆料制备的坯体密度低，气孔多，在热等静压过程中发挥晶界钉扎作用，具有细化晶粒的效果。尽管该关联性存在材料体系的局限性，但对于预烧结合热等静压烧结制备透明陶瓷和其他高性能陶瓷具有借鉴意义。

参 考 文 献

[1]　Janney M A，Kiggans J O. Method of Dring Articles：US 5885493. 1999-03-23.

[2]　Wang X F，Wang R C，Peng C Q，et al. Thermo-responsive gelcasting: Improved drying of gelcast bodies. Journal of the American Ceramic Society，2011，94：1679-1682.

[3]　Scherer G W. Theory of drying. Journal of the American Ceramic Society，1990，73：3-14.

[4]　Ghosal S，Emami-Naeini A，Harn Y，et al. A physical model for the drying of gelcast ceramics. Journal of the American Ceramic Society，1999，82：513-520.

[5]　金晓，蔡锴，刘炜，等. 单体含量对凝胶注模工艺固化时内应力及坯体性能的影响. 硅酸盐学报，2011，39：794-798.

[6]　Ma L G，Huang Y，Yang J L，et al. Control of the inner stresses in ceramic green bodies formed by gelcasting. Ceramics International，2006，32：93-98.

[7]　　Ishida K，Takeuchi T. Starch to repress syneresis of curdlan gel. Agricultural and Biological Chemistry，1981，45
　　　　（6）：1409-1412.

[8]　　Hansen C L，Rinnan A，Engelsen S B，et al. Effect of gel firmness at cutting time，pH，and temperature on rennet
　　　　coagulation and syneresis: An *in situ* ^{1}H NMR relaxation study. Journal of Agricultural and Food Chemistry，2010，
　　　　58：513-519.

[9]　　Akesowan A. Syneresis and texture stability of hydrogel complexes containing konjac flour over multiple
　　　　freeze-thaw cycles. Life Science，2012，9（3）：1363-1367.

[10]　Scherer G W. Aging and drying of gels. Journal of Non-Crystalline Solids，1988，100：77-92.

[11]　Huang Y，Yang J L. Novel Colloidal Forming of Ceramics. Beijing：Tsinghua University Press，2010.

[12]　彭翔. 大尺寸氧化铝陶瓷的注凝成型研究. 北京：中国科学院大学，2016.

[13]　Sun Y，Shimai S Z，Peng X，et al. A method for gelcasting high strength alumina ceramics with low shrinkage.
　　　　Journal of Materials Research，2024，29：247-251.

[14]　Bae S I，Baik S. Critical concentration of MgO for the prevention of abnormal grain growth in alumina. Journal of
　　　　the American Ceramic Society，1994，77（10）：2499-2504.

[15]　Shimai S Z. Wet processing for translucent ceramics. Tokyo：Tokyo University of Agriculture and Technology，
　　　　2016.

[16]　Huha M A，Lewis J A. Polymer effects on the chemorheological and drying behavior of alumina-poly (vinyl
　　　　alcohol) gelcasting suspensions. Journal of the American Ceramic Society，2000，83（8）：1957-1963.

[17]　Di Z X，Shimai S Z，Zhao J，et al. Dewatering of spontaneous-coagulation-cast alumina ceramic gel by filtrating
　　　　with low pressure. Ceramics International，2019，45（10）：12789-12794.

[18]　刘文龙，微波辅助自发凝固成型氧化铝研究. 北京：中国科学院大学，2023.

[19]　Hemanthakumari P N，Satapathy L N. A comparison of the effects of microwave versus conventional drying on the
　　　　mechanical properties distribution of dried green porcelains. International Journal of Applied Ceramic
　　　　Technology，2008，5（1）：94-100.

[20]　Kingery W D. Introduction to Ceramic. New York：John Wiley & Sons Inc，1975.

[21]　Shende R V，Lombardo S J. Determination of binder decomposition kinetics for specifying heating parameters in
　　　　binder burnout cycles. Journal of the American Ceramic Society，2002，85（4）：780-786.

[22]　Peng X，Shimai S Z，Sun Y，et al. Effect of temperature difference on presintering behavior of gelcast thick
　　　　alumina bodies. Ceramic International，41（2015）7151-7156.

[23]　Frank J，Lin T，Jonghe L C D. Microstructure refinement of sintered alumina by a two-step sintering technique.
　　　　Journal of the American Ceramic Society，1997，80（9）：2269-2277.

[24]　Kingery W D，Bowen H K，Uhlmann D R. Introduction to Ceramics. Hokoken：John Wiley & Sons Inc，1976.

[25]　Coble R L. Sintering crystalline solids. I . Intermediate and final state diffusion models. Journal of Applied
　　　　Physics，1961，32（5）：787-792.

[26]　Coble R L. Sintering crystalline solids. II . Experimental test of diffusion models in powder compacts. Journal of
　　　　Applied Physics，1961，32（5）：793-799.

[27]　Ryou H，Drazin J W，Wahl K J，et al. Below the Hall-Petch limit in nanocrystalline ceramics. ACS Nano，2018，
　　　　12（4）：3083-3094.

[28]　Krell A，Blank P. Grain size dependence of hardness in dense submicrometer alumina. Journal of the American
　　　　Ceramic Society，1995，78（4）：1118-1120.

[29]　Wang S W，Chen L D，Hirai T. Densification of Al_2O_3 powder using spark plasma sintering. Journal of Materails

Research，2000，15（4）：982-987.

[30] Wang C，Ping W，Bai Q，et al. A general method to synthesize and sinter bulk ceramics in seconds. Science，2020，368（6490）：521-526.

[31] Digiovanni A A，Fehrenbacher L，Roy D W. Hard transparent domes and windows from magnesium aluminate spinel. Window and Dome Technologies and Materials Ⅸ. International Society for Optics and Photonics，2005，5786：56-63.

[32] 陈晗. 类单晶结构氧化铝透明陶瓷的形成机制及制备. 北京：中国科学院大学，2022.

[33] 刘梦玮. 细晶高强 $MgAl_2O_4$ 透明陶瓷的制备及晶粒生长行为研究. 北京：中国科学院大学，2022.

[34] Vodenitcharova T，Zhang L C，Zarudi I，et al. The effect of anisotropy on the deformation and fracture of sapphire wafers subjected to thermal shocks. Journal of Materials Processing Technology，2007，194（1）：52-62.

[35] Suvaci E，Messing G L. Critical factors in the templated grain growth of textured reaction-bonded alumina. Journal of the American Ceramic Society，2000，83（8）：2041-2048.

[36] Seabaugh M M，Messing G L，Vaudin M D. Texture development and microstructure evolution in liquid-phase-sintered α-alumina ceramics prepared by templated grain growth. Journal of the American Ceramic Society，2000，83（12）：3109-3116.

[37] Sacks M D，Scheiffele G W，Staab G A. Fabrication of textured silicon carbide via seeded anisotropic grain growth. Journal of the American Ceramic Society，1996，79（6）：1611-1616.

[38] Nakada Y，Schock T. Surface texture formation in Al_2O_3 substrate. Journal of the American Ceramic Society，2006，58：409-412.

[39] Seabaugh M M，Suvaci E，Brahmaroutu B，et al. Modeling anisotropic single crystal growth kinetics in liquid phase sintered α-Al_2O_3. Interface Science，2000，8（2）：257-267.

[40] Seabaugh M M，Kerscht I H，Messing G L. Texture development by templated grain growth in liquid-phase-sintered α-alumina. Journal of the American Ceramic Society，1997，80（5）：1181-1188.

[41] Hong S H，Messing G L. Development of textured mullite by templated grain growth. Journal of the American Ceramic Society，1999，82（4）：867-872.

[42] Parker R L. Book Review：Modeling crystal growth rates from solution. by M. Ohara and R. C. Reid（Prentice Hall，New Jersey，1973）272 pages. Journal of Crystal Growth，1974，22：335.

[43] Jodrey W，Tory E. Computer simulation of isotropic，homogeneous，dense random packing of equal spheres. Powder Technology，1981，30（2）：111-118.

[44] Scott G D，Kilgour D M. The density of random close packing of spheres. Journal of Physics D：Applied Physics，1969，2（6）：863.

[45] Bocanegra-Bernal M. Hot isostatic pressing（HIP）technology and its applications to metals and ceramics. Journal of Materials Science，2004，39（21）：6399-6420.

[46] Kim J M，Kim H N，Park Y J，et al. Fabrication of transparent $MgAl_2O_4$ spinel through homogenous green compaction by microfluidization and slip casting. Ceramics International，2015，41（10）：13354-13360.

[47] Budworth D. Theory of pore closure during sintering. Transactions of the British Ceramic Society，1970，6911：29-31.

[48] Beere W. A Unifying theory of the stability of penetrating liquid phases and sintering pores. Acta Metallurgica，1975，23（1）：131-138.

[49] Carter W，Glaeser A M. The morphological stability of continuous intergranular phases：thermodynamic considerations. Acta Metallurgica，1987，35（1）：237-245.

[50]　Svoboda J，Riedel H，Zipse H. Equilibrium pore surfaces，sintering stresses and constitutive equations for the intermediate and late stages of sintering — I. Computation of equilibrium surfaces. Acta Metallurgica et Materialia，1994，42（2）：435-443.

[51]　Spusta T，Svoboda J，Maca K. Study of pore closure during pressure-less sintering of advanced oxide ceramics. Acta Materialia，2016，115：347-353.

[52]　Krell A，Hutzler T，Klimke J，et al. Fine-grained transparent spinel windows by the processing of different nanopowders. Journal of the American Ceramic Society，2010，93（9）：2656-2666.

[53]　Chretien L，Bonnet L，Boulesteix R，et al. Influence of hot isostatic pressing on sintering trajectory and optical properties of transparent Nd：YAG ceramics. Journal of the European Ceramic Society，2016，36（8）：2035-2042.

[54]　Svoboda J，Riedel H. Pore-boundary interactions and evolution equations for the porosity and the grain size during sintering. Acta Metallurgica et Materialia，1992，40（11）：2829-2840.

第4章 透明陶瓷的自固化凝胶成型

4.1 引 言

1959 年美国 General Electric 公司 Coble[1]研制出半透明氧化铝陶瓷，开创了先进陶瓷透明化的研究领域。透明陶瓷具有强度高、耐高温、耐磨损的优异力学性能，以及宽范围透光性、高热导率、低电导率、低介电常数和低介电损耗等综合特性。同时，与玻璃相比，透明陶瓷具有更高的硬度和更好的抗表面损坏性能；与单晶相比，透明陶瓷制备温度低，周期短，易于实现批量化和低成本生产。针对不同器件应用需求，透明陶瓷更易于实现高浓度的离子掺杂以及复杂形状和复合结构部件的制备。

半个多世纪以来，世界各国的研究人员对透明陶瓷做了大量的研究工作，包括粉体原料制备、烧结助剂添加、成型方法选择和烧结工艺过程控制等，已经制备出了许多高光学质量的透明陶瓷，如 Al_2O_3、Y_2O_3、MgO、$Y_3Al_5O_{12}$（YAG，钇铝石榴石）、$MgAl_2O_4$（镁铝尖晶石，或称铝酸镁）、$Al_{24}O_{24}N_8$（AlON，阿隆）、$Pb_{1-x}La_x$ $(Zr_yTi_{1-y})O_3$（PLZT，锆钛酸铅镧）和 $A_2B_2O_7$（A = RE；B = Zr, Hf, Ti）等氧化物陶瓷体系，以及氟化物、氮化物及硫化物等非氧化物陶瓷体系。透明陶瓷逐渐在照明、激光、核医学成像、强闪光防护和光学成像等工业领域以及红外探测、透明防护等军事领域获得了广泛的应用。例如，半透明氧化铝陶瓷用于制作高压钠灯和陶瓷金卤灯的电弧管；YAG 等激光透明陶瓷用作固体激光介质；$(Y, Gd)_2O_3:Eu$（YGO）和硫氧化钆（Gd_2O_2S，GOS）等闪烁陶瓷用于无损探测、射线探测和医疗影像；CaF_2 和 ZnS 等中远红外波段透明陶瓷用作红外制导导弹的整流罩；$MgAl_2O_4$ 和 AlON 等透明陶瓷具有高硬度的特性，可用作透明装甲的防弹面；PLZT 等透明铁电陶瓷用于制造强光护目镜等。

随着透明陶瓷研究的不断深入和高端应用的牵引，如高质量、高可靠性、大尺寸和复杂形状透明陶瓷部件的应用需求，先进陶瓷制备工艺面临严峻挑战，包括制造装备和操作环境。透明陶瓷的成型工艺可与结构陶瓷采用类似的方法，但是成型过程中对污染物的控制要求很高，需要尽可能避免成型过程中带入杂质。

陶瓷浆料的原位固化成型技术是一种制备高质量、复杂形状陶瓷部件的净尺寸成型技术，在先进陶瓷领域已经显示了巨大的应用潜力。自固化凝胶成型作为一种新型的原位固化成型技术，与传统注凝体系相比，最明显的优势就是采用异丁烯马来酸酐共聚物的铵盐（PIBM）作为添加剂，发挥分散剂和固化剂的作用，在室温空气环境下自发凝胶化。PIBM 是有机高分子聚合物，不含金属离子，添加量少（<1 wt%）；且工艺流程简单，不易引入杂质，十分适合用来成型制备高纯的透明陶瓷。

　　本章主要介绍笔者团队利用自发凝固体系成型透明陶瓷的研究进展，涉及半透明氧化铝陶瓷（Al_2O_3）、亚微米晶透明氧化铝、类单晶结构透明氧化铝、Y_2O_3、YAG、AlON 和 $MgAl_2O_4$ 透明陶瓷等。

4.2　氧化铝透明陶瓷的自固化凝胶成型

　　氧化铝透明陶瓷具有高温强度大、耐热性好、耐腐蚀性强和电绝缘性好的优点，在可见光和红外光波段有良好的透过性，被广泛用作高压钠灯、陶瓷金卤灯的电弧管、LED 用封装基片和高温红外探测窗口等[2, 3]。氧化铝晶体结构属于六方晶系，光学各向异性导致晶界处存在双折射现象。图 4-1 所示是氧化铝透明陶瓷晶界双折射现象的示意图。多晶氧化铝陶瓷内有很多晶粒，入射光每穿过一个晶界就会发生一次晶界双折射，导致直线透过率下降，使氧化铝成为半透明状态。通常 1 mm 厚半透明氧化铝陶瓷的直线透过率在 20%（600 nm 处）左右。

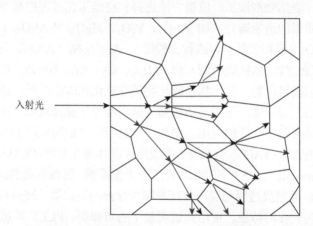

入射光

图 4-1　氧化铝透明陶瓷晶界双折射示意图

　　为了提高氧化铝陶瓷的直线透过率，科研工作者进行了不断的研究和尝试。Mizuta 等[4]采用注浆成型和热等静压（HIP）烧结方法，得到了直线透过率为 46%的氧化铝透明陶瓷。Krell 等[5, 6]运用类似方法，控制晶粒尺寸在 0.4～0.6 μm，650 nm 处直线透过率提高到 60%，但在紫外波段迅速下降。Kim 等[7]提出了采用放电等离子体烧结（SPS）方法来制备亚微米晶氧化铝透明陶瓷，640 nm 处透过率为 47%。Mao 等[8, 9]利用氧化铝的弱磁性，采用磁场辅助注浆成型，控制晶粒光轴平行排列，得到择优取向的高直线透过率氧化铝。在 12 T 磁场强度下成型，制得的氧化铝透明陶瓷在 600 nm 处的直线透过率达到 70%。上述报道大多采用特殊成型或烧结方法，通过控制显微结构制备亚微米晶或者晶粒择优取向的高直线透过率氧化铝陶瓷。但这些方法成本高，对设备要求高，制备过程复杂，相关工艺技术难以走向实际应用。

本节工作选用 PIBM 体系自固化凝胶成型氧化铝素坯，通过优化浆料性能制备高颗粒堆积密度、显微结构均匀的素坯，进而控制烧结体显微结构，减少烧结体内的残留气孔制备直线透过率高的透明氧化铝陶瓷。

4.2.1　半透明氧化铝

1. 高固含量浆料的制备

高固含量浆料是制备高颗粒堆积密度、高均匀性素坯的基础，高质量素坯又是制备微结构均匀、高致密和高光学质量透明陶瓷的前提。孙怡[10]选用两种 PIBM 和两种高纯氧化铝粉作为原料（表 4-1），优化高固含量陶瓷浆料的制备工艺，系统研究了不同原料粉体以及不同结构 PIBM 添加剂对浆料流变性能、成型素坯、烧结陶瓷显微结构以及透过率的影响。其中，SMA6 粉体比 CR10 粉体的比表面积小，颗粒长径比小，呈单分散分布，有制备高固含量浆料的潜力。两种型号的PIBM 所含的官能团不同，分子量相差 9 倍，分子量大的 Ib104 凝胶固化能力强，分子量小的 Ib600 分散能力强。

表 4-1　实验所用主要原料的基本参数

氧化铝的基本参数			PIBM 的基本参数			
型号	平均粒径 $D_{50}/\mu m$	比表面积 $/(m^2/g)$	纯度/%	型号	官能团	分子量	纯度
CR10	0.34	10	99.99	Ib104	酰胺、铵盐、酸酐	55000~65000	AR①
SMA6	0.37	6	99.99	Ib600	铵盐、酸酐	5500~6500	AR

① AR 表示分析纯。

首先将 PIBM 添加剂溶于去离子水中，然后将氧化铝粉体、烧结助剂 MgO（99.99%）按一定配比混合球磨。将分散均匀的浆料真空除气、浇注、原位凝胶固化、脱模、干燥和预烧排胶。最后在真空炉中高温（1800~1890℃）保温 6 h，得到半透明氧化铝陶瓷。

在 PIBM 早期成型实验中，Shimai 等[11]采用 CR10 粉体和 0.5 wt% Ib104 制备了固含量为 40 vol%的浆料，在真空 1850℃烧结 6 h 后得到 600 nm 处透过率为 29%的半透明氧化铝陶瓷。Ha 等[12]在研究不同粒径粉体注凝成型氧化铝素坯时发现，颗粒比表面积越大，分散剂用量越大，此时难以制备高固含量的浆料。选用比表面积比 CR10 小的高纯 SMA6 粉体为原料，添加 0.3 wt% Ib104，得到了 47 vol%固含量的氧化铝浆料，如图 4-2 所示，浆料在整个剪切速率范围内有较低的黏度。添加 0.2 wt% Ib600，可将 SMA6 浆料的固含量进一步提高至 55 vol%。为了兼顾凝胶固化速率，添加 0.2 wt% Ib600 和 0.1 wt% Ib104 的浆料在 100 s^{-1} 剪切速率下的黏度值为 1 Pa·s，能够满足浇注的要求。即经过优化氧化铝浆料的固含量从 40 vol% 增加到了 55 vol%，分散剂添加量由 0.5 wt% 降低到了 0.3 wt%。

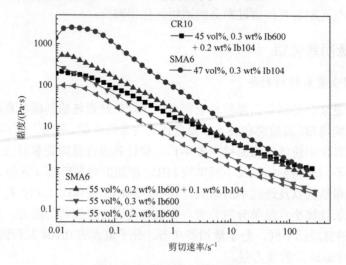

图 4-2　氧化铝浆料的流变性能

　　图 4-3 是不同固含量和添加剂配比制备的浆料凝胶固化、干燥、预烧后的预烧体孔径分布结果。随浆料的固含量从 40 vol%（CR10）增加到 55 vol%（SMA6），样品的累积孔隙体积从 0.27 mL/g 减小到 0.15 mL/g。同时，颗粒间气孔尺寸由 160 nm

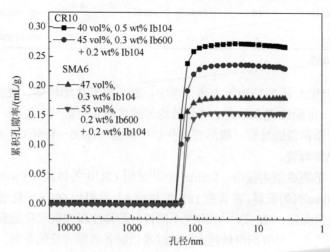

图 4-3　不同固含量预烧体的孔径分布

减小到 130 nm。这主要是浆料固含量高导致颗粒堆积密度高的结果。

根据累积气孔体积计算，40 vol%、45 vol%、47 vol% 和 55 vol%固含量样品对应的相对密度分别为 49.9%、53.3%、58.9%和 62.1%。固含量的提高有效地提高了素坯和预烧体的相对密度，并且减小了孔径尺寸。图 4-4 所示是固含量为 55 vol%的浆料（SMA6）成型预烧体的显微结构。粉体颗粒的平均尺寸为 0.37 μm，堆积致密，不存在明显的气孔和缺陷，微结构均匀。

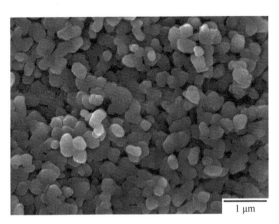

图 4-4　固含量为 55 vol%的浆料（SMA6）成型预烧体的显微结构

2. 高透过率半氧化铝透明陶瓷

图 4-5 是不同固含量样品在真空烧结后的透过率（样品双面抛光，1 mm 厚）。

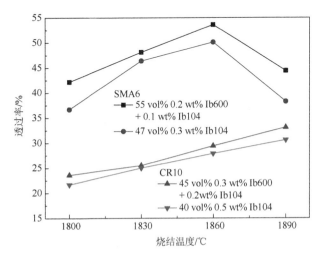

图 4-5　固含量和烧结温度对氧化铝陶瓷透过率（600 nm 处）的影响

对于 CR10 制备的固含量为 40 vol%样品，在 1860℃烧结后的透过率为 27.9%（600 nm），与 Shimai 等报道的采用同样原料和凝胶体系的结果（透过率 29%）近似[11]。但是，Mao 等[13]以同样的氧化铝原料粉体（CR10）为原料，采用环氧树脂-多胺凝胶体系注凝成型制备的半透明氧化铝陶瓷，透过率仅为 10%。

对于 CR10 样品，随固含量增加，样品透过率增加的幅度非常有限。例如，烧结温度为 1860℃时，随着浆料固含量从 40 vol%增加到 45 vol%，陶瓷的透过率从 27.9%增加到 29.4%。相比之下，由 SMA6 粉体制备的样品透过率有了大幅的增大。添加 0.2 wt% Ib600 和 0.1 wt% Ib104，固含量为 55 vol%的样品在 600 nm 处的直线透过率达到 53.6%，远高于其他报道中真空高温烧结氧化铝陶瓷的结果。如图 4-6 实物照片所示，氧化铝陶瓷有非常好的透光性和均匀性，透过样品可以清晰看见字迹。

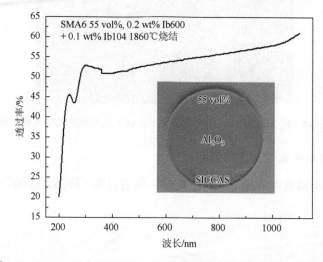

图 4-6　55 vol%固含量（SMA6）烧结陶瓷的透过率曲线和样品照片

对 SMA6 和 CR10 两种原料制备的氧化铝陶瓷透过率的差异进行分析。ICP-AES 测试结果（表 4-2）表明，SMA6 和 CR10 陶瓷内主要杂质离子浓度都很低，在一个数量级，不会对透过率产生太大的影响。烧结助剂 MgO 的浓度几乎相等，也不是产生差异的主要因素。此外，陶瓷致密度都已经达到 99.9%以上，

表 4-2　两种原料制备陶瓷样品中的杂质离子浓度（ppm）

样品名称	Ca	Fe	Si	Na	K	Mg
SMA6 陶瓷	2	9	25	1	<1	510
CR10 陶瓷	2	8	36	3	<1	547

阿基米德排水法测试密度存在误差，无法从密度上区分。相同温度条件下，陶瓷晶粒尺寸也近似，例如，1860℃烧结的样品平均晶粒尺寸都约 35 μm。

因此，推测两种陶瓷透过率的差异主要源于残留气孔率和气孔尺寸。采用光学显微镜的透射模式拍摄透明陶瓷样品内的气孔。图 4-7 中圆圈内是残留气孔，因其对光线有较强的散射，故呈现黑色。

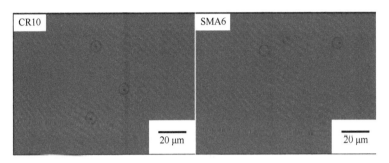

图 4-7　光学显微镜拍摄的 CR10 和 SMA6 样品内气孔尺寸和分布的图片

在每个样品中选取了 12 个不同区域进行气孔尺寸和数量分布统计，得到的拟合曲线如图 4-8 所示。由 CR10 粉体制备的陶瓷和 SMA6 制备的陶瓷相比，气孔数量多，且气孔尺寸相对大。SMA6 粉体制备的样品内气孔体积小且单位体积内气孔数量小，对光的散射作用小，所以直线透过率高。

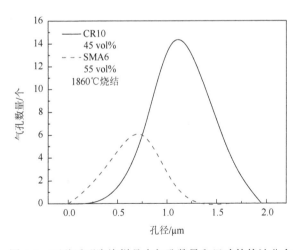

图 4-8　两种透明陶瓷样品内气孔数量和尺寸的统计分布

由 CR10 粉体制备的陶瓷内部残留气孔多，主要源于粉体的团聚。图 4-9 为不同粉体颗粒的堆积示意图。很明显，球形度好、分散均匀的颗粒会具有更高的堆积密度［图 4-9（a）］，对应原料粉体 SMA6。图 4-9（b）粉体中存在团聚体，团聚粉体堆积密度低，团聚体中间的空隙易被自由水占据，相当于减小了有效水的体积，导致浆料的固含量低。团聚体中心孔隙会保留至成型素坯中，对应预烧体内较大的孔隙率，这种孔隙在烧结过程中难以完全排出，残留于晶内，成为散射源，陶瓷的透过率降低。

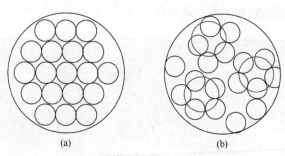

图 4-9　不同粉体颗粒的堆积示意图
(a) SMA6；(b) CR10

4.2.2　亚微米晶氧化铝透明陶瓷

如上节所述，半透明氧化铝陶瓷是在高温下（>1800℃）长时间烧结实现致密化的，这会导致晶粒粗化（一般都大于 20 μm）和力学性能下降。1991 年 Hayashi 等采用热等静压（HIP）方法制备了晶粒尺寸减小至 1～2 μm 的氧化铝透明陶瓷[14]。德国 Krell 教授[5,6]采用注凝成型和低温热等静压的方法制备了晶粒尺寸为 0.5 μm、直线透过率为 55%～65%（0.8 mm 厚，650 nm 处）的高强度、高硬度的氧化铝透明陶瓷。本节利用 PIBM 自固化凝胶成型，采用热等静压烧结技术制备亚微米晶氧化铝透明陶瓷。

1. 浆料制备

要保证烧结陶瓷晶粒尺寸为亚微米级，必须选择纳米级或者亚微米级的原料粉体。细粒径的粉体可以缩短颗粒间的扩散距离，降低烧结活化能，在较低的烧结温度下实现致密化[15]，但是纳米粉体容易产生团聚，阻碍烧结。综合考虑，200 nm 左右的亚微米氧化铝粉体更易实现素坯的致密堆积，获得较高的烧结活性，促进致密化且抑制晶粒长大[16]。本实验选用日本大明化学工业株式会社生产的 TMDAR 氧化铝粉体，晶型为 α（100%），纯度>99.99%，中位粒径约 220 nm，比表面积 14 m²/g。粉体颗粒形貌呈类球形，分散性好。

本实验的浆料和素坯制备过程与 4.2.1 节相同。综合浆料的流变性能和凝胶固化能力，添加 0.8 wt% Ib600 和 0.4 wt% Ib104 制备了 45 vol%固含量的氧化铝浆料。成型、排胶后的素坯在 1250～1325℃真空炉中保温 6 h，得到预烧体。然后，将预烧体在 1275～1325℃、200 MPa 气压下热等静压烧结 4 h，得到亚微米晶氧化铝透明陶瓷。

2. 预烧温度对致密化的影响

为了找到合适的预烧处理工艺，采用热膨胀仪测试了脱粘后素坯在真空中烧结的线收缩情况。测试温度范围为 20～1600℃，升温速率 10℃/min。如图 4-10 所示，随着温度升高，初始阶段样品有少量膨胀；到 1077℃时，$\Delta L/L_0$ 出现拐点，氧化铝素坯开始收缩，随后收缩速率不断加快；至 1350℃时，$d(\Delta L/L_0)/dT$ 曲线达到拐点，对应收缩率最大的温度点，基本完成闭气孔转变；随着温度进一步升高，致密化过程缓慢。考虑到热膨胀测试升温速率快，存在致密化过程相对测试温度的滞后现象，在 1250～1325℃范围内，研究预烧温度对真空预烧氧化铝致密化和晶粒生长过程的影响。

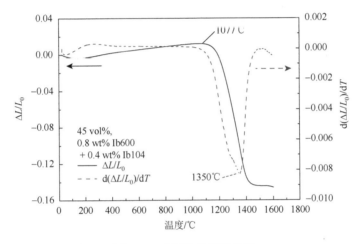

图 4-10　素坯的热膨胀曲线

图 4-11 是经不同温度预烧后样品断面的显微结构图。可以看出，随着预烧温度的升高，预烧体的致密度增加，同时晶粒尺寸变大。在 1275℃时，晶粒间的闭气孔已基本排除，在 1325℃时，晶粒生长非常明显，有的晶粒尺寸甚至大于 1 μm。

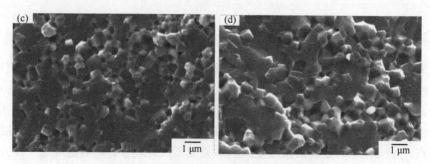

图 4-11　不同烧结温度下预烧体的显微结构

(a) 1250℃；(b) 1275℃；(c) 1300℃；(d) 1325℃

图 4-12 是预烧体相对密度和平均晶粒尺寸与预烧温度的关系曲线。随着真空预烧温度从 1250℃升高到 1275℃、1300℃和 1325℃，预烧体的相对密度从 94.3%增加到 96.8%、98.6%和 99.5%，同时平均晶粒尺寸从 440 nm 增加到 560 nm、690 nm 和 810 nm。由曲线斜率可知，在此温度阶段，晶粒的生长速率大于素坯致密化的速率。

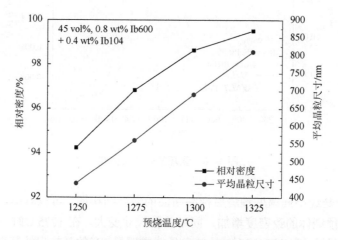

图 4-12　预烧温度对预烧体相对密度和晶粒尺寸的影响

图 4-13 是预烧体在热等静压烧结后的直线透过率（样品双面抛光，0.8 mm厚）。在相同烧结温度下，随着真空预烧温度的升高，透过率减小。在陶瓷烧结初期，颗粒间形成颈部并不断长大至形成晶界，晶界之间又相连形成晶界网络，颗粒间堆积孔隙不断缩小，相互之间不再连通直至成为孤立气孔即闭气孔。在烧结后期，孤立气孔扩散至晶界逐渐消除，晶界移动晶粒长大。1250℃真空烧结后，预烧体的致密度已经达到 94.3%，烧结初期的致密化过程基本结束，完成了闭气孔的转变。随着预烧温度的进一步升高，虽然致密度进一步提高，但

是速率减慢，晶粒生长处于主导地位（图 4-12）。晶界移动速率快容易将闭气孔包裹到晶粒内，形成残留气孔，不能通过热等静压处理消除，导致透过率降低。从图 4-11 的显微结构中可以看到，烧结温度为 1275℃、1300℃和 1325℃的预烧体中已经存在晶内气孔。因此，1250℃是合适的预烧温度，足够形成闭气孔结构，且晶粒尺寸相对更小。

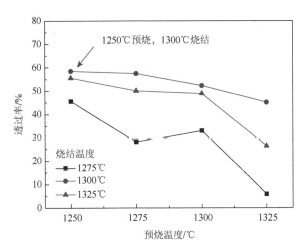

图 4-13　烧结温度对氧化铝透明陶瓷直线透过率（640 nm 处）的影响

1250℃预烧体在 1300℃热等静压后，具有最高直线透过率。如图 4-14 所示，样品在 600 nm 处的直线透过率达到 55.9%，高于真空高温烧结半透明陶瓷的结果

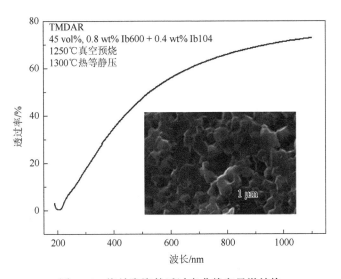

图 4-14　烧结陶瓷的透过率曲线和显微结构

图 4-15　亚微米氧化铝透明陶瓷的
实物照片

（53.6%，图 4-6）。由断面显微结构可以看出，陶瓷晶粒的平均尺寸为 1 μm，分布均匀致密，无异常长大，没有明显残余晶内气孔存在。对应的氧化铝透明陶瓷三点弯曲强度达到（621±17）MPa。这个结果与 Krell 等报道[6]的相近。

图 4-15 是亚微米氧化铝透明陶瓷的实物照片，可以看出制备的样品具有非常好的透光性和均匀性。当样品距离纸面一定距离时，透过样品仍然可以清晰地看见背面字迹。充分展现了 PIBM 体系成型高致密度、高均匀性、低杂质含量素坯的优势。

4.2.3　自固化结合模板法制备类单晶结构透明氧化铝

利用自固化凝胶成型技术，陈晗等[17]在氧化铝陶瓷浆料中引入部分宽厚比较小（宽度 2~3 μm，厚度 0.5 μm）的片状氧化铝单晶（简称"片晶"，C 晶面），利用浆料流动过程中产生的剪切力使其定向（图 4-16），在烧结过程中作为晶种诱导其他晶粒定向，制备了具有类单晶结构的氧化铝透明陶瓷。将氧化铝片晶和等轴状氧化铝粉体制备的浆料注入长 120 mm×宽 35 mm×高 8 mm 的模具中，片晶在剪切流下定向排布，浆料固化后得到片晶定向排布的氧化铝陶瓷素坯（图 4-17）。图中的小黑点为片晶，左上角为放大十倍的显微结构图，表明利用浆料流动的剪切力成功实现了片晶的水平排布。

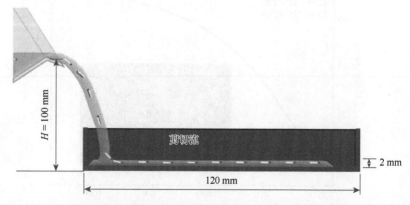

图 4-16　氧化铝片晶在剪切流下定向排布的模拟示意图

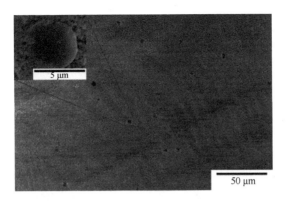

图 4-17　添加 1 wt%片晶所制备的素坯表面显微形貌

将添加 1 wt%片晶制备的陶瓷素坯在不同温度下进行烧结，XRD 表征结果如图 4-18 所示。烧结温度为 1200℃时，与素坯类似，各个衍射峰对应的峰强没有明显变化，这表明晶粒定向还未开始。当烧结温度上升到 1300℃，（006）晶面对应的

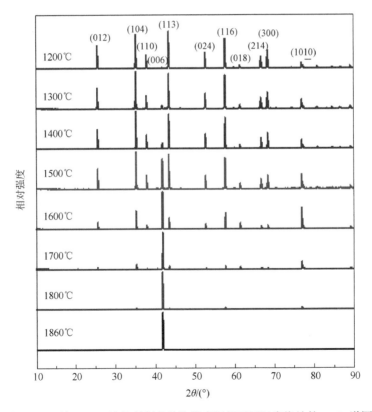

图 4-18　添加 1 wt%片晶所制备的陶瓷素坯经不同温度烧结的 XRD 谱图

衍射峰强度开始增强，其余衍射峰强度无明显变化。当烧结温度上升到 1600℃时，（006）晶面所对应的衍射峰已经成为最强峰，（1010）晶面所对应的衍射峰成为次强峰。当烧结温度为 1700℃时，定向结构基本已经形成，（1010）晶面所对应的衍射峰强度开始下降。当烧结温度为 1860℃时，XRD 谱图中只存在一个衍射峰，对应（006）晶面，这表明类单晶结构已经完成构建。关于氧化铝晶粒的定向机理在第 3 章 3.3 节 "烧结" 中有详细讨论。

图 4-19 是所制备样品的直线透过率曲线（1 mm 厚）。烧结条件是 1840℃真空预烧 6 h，然后在 1850℃、200 MPa 的条件下进行热等静压烧结。可以看到，添加 5 wt%片晶的样品透过率最高，达到 78.4% @ 600 nm，为目前文献报道的最高值[18]。

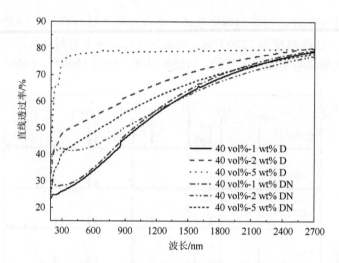

图 4-19　片晶含量对陶瓷（1 mm）直线透过率的影响（真空预烧：1840℃保温 6 h，HIP：1850℃，200 MPa 保持 3 h）

4.3　Y₂O₃ 透明陶瓷的自固化凝胶成型

Y_2O_3 透明陶瓷具有高熔点（2430℃）、宽透过波段（0.2～8 μm）、高热导率 [13.6 W/(m·K)]、耐腐蚀和化学稳定等优异特性，在高温窗口、红外探测、发光介质、半导体行业等领域有着实际和潜在的应用价值，因而受到了极大的关注[19-22]。随着应用领域和应用需求的不断拓展，部件的尺寸、形状以及可靠性要求变得更高，现有的成型工艺面临严峻挑战。

本节采用 PIBM 体系自固化凝胶成型结合真空烧结制备 Y_2O_3 透明陶瓷。由于 Y_2O_3 粉体和水有较高的反应活性，需要对原料粉体进行抗水化处理。

4.3.1　抗水化处理

选用商业 Y_2O_3 粉体作为原料，ZrO_2 为烧结助剂。四乙烯五胺和异氰酸酯为抗水化试剂。首先对粉体进行抗水化处理。将 Y_2O_3 粉体、ZrO_2 粉体、四乙烯五胺、异氰酸酯和无水乙醇混合球磨 1 h，混合均匀。将浆料放置在 60℃烘箱中干燥 24 h，使乙醇完全挥发，然后过 200 目筛，得到有机物包覆的抗水化粉体。图 4-20 所示为原料 Y_2O_3 粉体和抗水化处理后 Y_2O_3 粉体的显微形貌。原料粉体团聚严重，呈片状结构，平均粒径为 2 μm，比表面积为 3.44 m^2/g。经球磨、抗水化处理、过筛后，粉体团聚在一定程度上被打碎，有助于提高浆料稳定性和成型素坯的均匀性。

图 4-20　原料（a）和抗水化处理氧化钇粉体（b）的显微形貌

Y_2O_3 粉体和水有很高的反应活性，在水中会发生反应生成氢氧化钇。即 Y_2O_3在水溶液中以钇离子和氢氧根离子状态存在［式（4-1）］：

$$Y_2O_3 + H_2O \longrightarrow Y(OH)_3 \longrightarrow Y^{3+} + 3OH^- \qquad (4-1)$$

异氰酸酯与四乙烯五胺发生亲核加成反应形成取代脲［式（4-2）］。反应形成的有机网络包覆在 Y_2O_3 颗粒表面，阻隔其与水接触，同时具有空间位阻的作用，增强抗水化效果。

$$R_1{-}N{=}C{=}O + H_2N{-}R_2 \longrightarrow R_1{-}NH{-}CO{-}NH{-}R_2 \qquad (4-2)$$

如图 4-21 所示，原料 Y_2O_3 粉体制备的悬浮液的 pH 在 5 h 内由 7 增加到了 9.3，并在 48 h 后达到 10，说明未经修饰的 Y_2O_3 粉体与水发生了反应。相反，抗水化后的 Y_2O_3 粉体制备的悬浮液 pH 在 8.5 左右，并在长达 48 h 时间内基本保持不变，说明抗水化效果好。即有机物在粉体表面形成了稳定化学结构，有效抑制了 Y_2O_3与 H_2O 的反应。

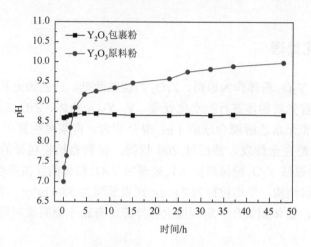

图 4-21　抗水化和原始氧化钇粉体悬浮液的 pH 随时间变化曲线

　　浆料的制备过程与 4.2.1 节相同。将抗水化处理的 Y_2O_3 粉体添加到 PIBM 水溶液中制备陶瓷浆料，流变测试结果见图 4-22（a）。若只用 Ib104 为分散剂，浆料的固含量最高为 77 wt%。随着 Ib104 含量从 0.5 wt%增加到 0.7 wt%和 1.0 wt%，浆料的黏度逐渐增加。0.5 wt% Ib104、77 wt%固含量的 Y_2O_3 浆料在 $100\ s^{-1}$ 剪切速率处的黏度为 1.0 Pa·s。联合使用分散能力强的 Ib600 和凝胶化能力强的 Ib104，浆料的固含量可提高至 81 wt%。浆料在剪切速率范围内保持剪切变稀，黏度与 77 wt%固含量的样品相比没有明显增加，适合浇注成型。

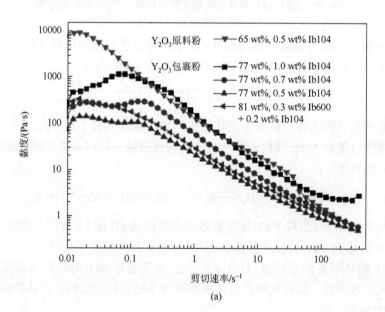

(a)

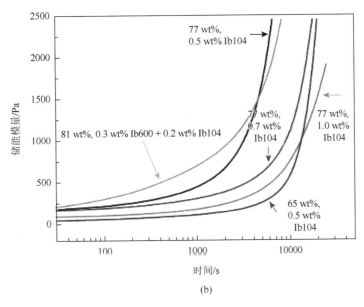

(b)

图 4-22　氧化钇浆料的流变（a）和储能模量（b）曲线

图 4-22（b）是室温下浆料凝胶固化过程中储能模量随时间变化的曲线。对于 Ib104 制备的固含量为 77 wt% 的浆料，随着 Ib104 含量增加，浆料的凝胶固化速率减慢。即在相同固化时间下，储能模量变小。假设以储能模量 1000 Pa 为浆料凝胶结构初步形成的标准，添加 0.5 wt%、0.7 wt% 和 1.0 wt% Ib104 的浆料凝胶化需要的时间分别是 0.9 h、2.55 h 和 3.75 h。以 0.3 wt% Ib600 和 0.2 wt% Ib104 为分散剂，固含量为 81 wt% 浆料的固化曲线也示于图 4-22（b）中，其凝胶速率快于固含量为 77 wt% 的浆料。

为了对比 Y_2O_3 粉体的抗水化效果，直接用 Y_2O_3 原料粉体制备了浆料。由于原料粉体与水反应，溶液中离子浓度高，制备的浆料固含量从 77 wt% 降低到了 65 wt%。同时，浆料黏度增加 [图 4-22（a）]，浆料凝胶固化能力差，在 3 h 内储能模量基本不增加 [图 4-22（b）]。这个结果间接说明了抗水化的必要性和作用。

4.3.2　Y_2O_3 透明陶瓷的制备

将成型后的素坯以 1℃/min 的速率升温至 1000℃，保温 3 h 脱粘。然后，在真空钨丝炉中以 1850℃ 真空烧结 6 h，得到 Y_2O_3 透明陶瓷，最后在马弗炉中 1400℃ 保温 5 h 退火。

固含量为 77 wt% 和 81 wt% 样品脱粘后的气孔分布如图 4-23 所示。气孔主要分布在 60～100 nm，说明预烧体中陶瓷颗粒排布均匀致密，与断面显微结构结果一致［图 4-24（a）］。81 wt%样品的累积孔隙体积为 0.17 mL/g，小于 77 wt%样品的累积孔隙体积（0.20 mL/g）。根据累积气孔体积可以算出固含量为 81 wt%和 77 wt%预烧体的相对密度分别为 54.8%和 50.8%。同时，81 wt%样品颗粒间气孔尺寸也较小。高固含量的浆料对应低孔隙率的成型素坯，有助于高温真空烧结的致密化，得到光学质量更好的 Y_2O_3 透明陶瓷。

如图 4-25 所示，双面抛光后 1 mm 厚的 81 wt%样品在 1100 nm 处直线透过率为 80.9%，已接近理论值，高于 77 wt%的样品（78.2%）。图中 Y_2O_3 透明陶瓷具有很好的透光性，其断面显微结构显示［图 4-24（b）］平均晶粒尺寸为 6 μm，晶粒分布均匀，晶界清晰，没有明显残留气孔存在。

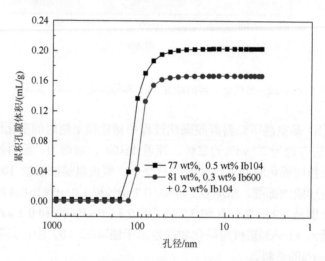

图 4-23　浆料固含量对预烧体的孔径分布

图 4-24　氧化钇预烧体（a）和烧结陶瓷（b）的显微结构

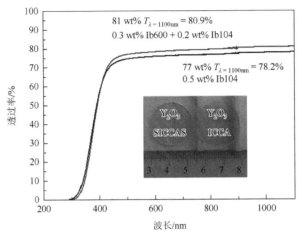

图 4-25　Y_2O_3 透明陶瓷的透过率曲线和样品照片

4.4　AlON 透明陶瓷的自固化凝胶成型

AlON 透明陶瓷大多采用干压成型，湿法成型的报道很少。Miller 和 Kaplan 等[23]采用 Al_2O_3 和 AlN 粉作为原料，报道了水基胶态成型 AlON 陶瓷，利用 AlN 的水解实现浆料的凝胶固化成型。同样，Kumar 等[24]报道了以 Al_2O_3 和 AlN 为原料，采用水基湿法成型制备 AlON 陶瓷。制备过程中先对 AlN 做抗水化处理，实验流程比较复杂。虽然他们制备的陶瓷都是 AlON 相，但都不透明。王军[25]以单相 AlON 粉体为原料并采用自固化凝胶成型制备 AlON 透明陶瓷。

4.4.1　粉体抗水化处理

实验室自制的单相 AlON 粉体团聚比较严重。在实验前需要进行球磨。把 AlON 粉、烧结助剂 Y_2O_3 和 La_2O_3 以及无水乙醇按一定的比例混合，再以转速为 270 r/min 在行星球磨机上球磨 20 h。球磨前粉体的平均粒径是 22.4 μm，球磨后粉体的平均粒径为 0.25 μm。图 4-26 是球磨前后 AlON 粉体的 SEM 图。

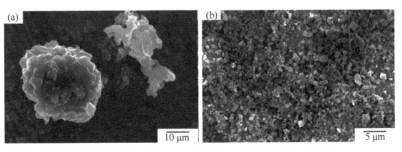

图 4-26　原始（a）和球磨后（b）AlON 粉体的形貌

与 Y$_2$O$_3$ 类似，AlON 粉体与水易发生反应。采用异氰酸酯和四亚乙基五胺作抗水化试剂，对球磨后的 AlON 粉体进行抗水化处理，抗水化流程同于前节 Y$_2$O$_3$ 粉体的抗水化处理。然后，将抗水化后的 AlON 粉体和 Ib104 以及水按一定比例混合，在行星球磨机上球磨半小时使之混合均匀，浆料除气 20 min，浇入石膏模具，一段时间后再脱模干燥。干燥后的素坯经过脱粘（预烧）后，在氮气气氛下 1950℃无压烧结 8 h。

王军[25]将 AlON 粉体在水中浸泡不同时间研究 AlON 粉体的水化产物。放置 28 h 后的粉体表面可以检测到 Al(OH)$_3$ 相的存在（图 4-27），证明 AlON 与水发生了反应。而抗水化处理后的粉体可以在水中稳定。

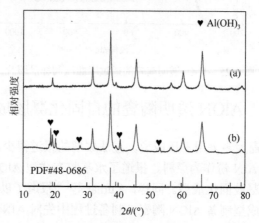

图 4-27　AlON 原粉（a）和抗水化处理粉体（b）在水中放置 28 h 后的 XRD 图

从图 4-28 可以看到，原始粉在水中的 pH 随着时间的延长而不断增加，即从最初的 8.8 增到了 9.6 左右。在抗水化处理过程中，添加了不同量的抗水化试剂，但

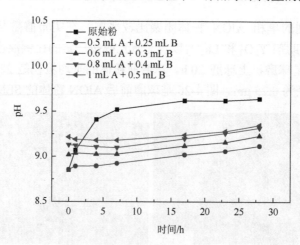

图 4-28　AlON 原始粉体和抗水化粉体在水中的 pH 变化

异氰酸酯（A）和四亚乙基五胺（B）的体积比保持在 2∶1。抗水化处理后的粉体在水中的 pH 变化都很小，证明了抗水化效果良好。添加 1 mL 异氰酸酯和 0.5 mL 四亚乙基五胺时，pH 的变化最小。随着异氰酸酯和四亚乙基五胺的添加量逐渐增加，抗水化处理的粉体在水中的 pH 逐渐上升，这是因为四亚乙基五胺显碱性。

4.4.2　AlON 浆料的流变性和凝胶化

图 4-29 是 Ib104 对 AlON 粉体在水中 Zeta 电位的影响。可以看到，未经过抗水化处理的 AlON 粉体在水中的等电点位于 pH 8.6 左右，抗水化处理后粉体的等电点位于 3.7 左右，这是由于粉体表面包裹了一层疏水性的有机物 R_1—NH—CO—NH—R_2，其产生的空间电荷使等电点向 pH 小的方向移动。当抗水化处理的粉体加入 Ib104 水溶液后，虽然等电点并未有太大的改变，但是在 pH = 9 的条件下，Zeta 电位的绝对值由 25 mV 变为了 40 mV。Ib104 电离和水解后形成很多的 —COO⁻ 基团，这些基团将会吸附在 AlON 颗粒的表面造成 Zeta 电位的改变。由 DLVO 理论知道，浆料中陶瓷颗粒表面 Zeta 电位的绝对值越大，浆料越稳定。即 Ib104 在中性和碱性水溶液环境中对 AlON 粉体具有很好的分散作用，换句话说，加入 Ib104 后浆料变得更稳定。

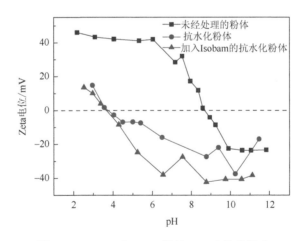

图 4-29　Ib104 对 AlON 浆料 Zeta 电位的影响

图 4-30（a）是 Ib104 添加量对浆料黏度的影响，浆料的固含量为 35 vol%。从图中可以看出，浆料呈现出剪切变稀的现象。随着 Ib104 的添加量从 0.3 wt% 增加到 0.9 wt% 时，浆料的黏度逐渐降低，当 Ib104 的添加量为 0.9 wt% 时，浆料的黏度最低，适合浇注。

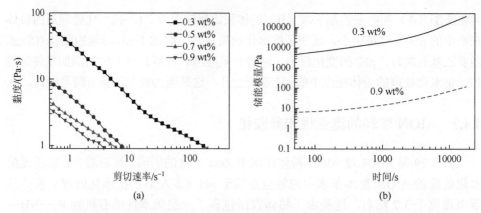

图 4-30　Ib104 添加量对浆料黏度（a）和储能模量（b）的影响

　　浆料原位固化时体系的储能模量显著升高。据此，可以通过测量储能模量的变化了解凝胶固化的进程。图 4-30（b）是不同 Ib104 添加量对 AlON 浆料储能模量的影响，浆料的固含量为 35 vol%。可以看出浆料的储能模量从测试起始点开始就随着时间的延长逐渐升高，这与环氧树脂-多胺凝胶体系的凝胶行为有着很大的不同。由环氧树脂-多胺凝胶体系制备的陶瓷浆料存在一段诱导时间，然后储能模量迅速升高[13]。但是，当 Ib104 的添加量由 0.3%变为 0.9%时储能模量降低。这是由 PIBM 体系的固化机理决定的，Isobam 水溶液自身并不能形成凝胶，PIBM 机理是陶瓷颗粒参与凝胶网络的形成，即吸附在氧化铝陶瓷颗粒上的 PIBM 分子间通过氢键和疏水作用形成凝胶。当水中 Isobam 浓度高时，Isobam 分子会在水中相互缠绕，阻碍陶瓷颗粒间的相互作用，凝胶固化速率必然会降低，表现为浆料的储能模量降低。

4.4.3　AlON 透明陶瓷的制备

　　图 4-31（a）是固含量为 35 vol%的浆料自固化凝胶成型的素坯。为了对比研究，采用干压法制备了 $\varphi20 \times 4$ mm 的素坯。图 4-31（b）是两种素坯的孔隙分布图，从图中可以看出，自固化凝胶成型的素坯累积孔隙体积和平均孔径分别是 0.21 mL/mg 和 55.4 nm，干压成型的素坯累积孔隙体积和孔径分别为 0.20 mL/mg 和 93.9 nm。即两者的累积孔隙体积相差无几，但自固化凝胶成型素坯的平均孔径更小，有利于烧结过程中气孔的消除和高光学质量的 AlON 透明陶瓷的制备。

　　图 4-32（a）是自固化凝胶成型制备的 AlON 透明陶瓷的实物照片，可以清晰地看到样品下面的字体，证明样品具有很高的光学质量。图 4-32（b）是自固化凝胶成型和干压成型样品的透过率曲线图，可以看到两者在 1100 nm 处的透过率均为 81%左右（2 mm 厚）。在可见光区，自固化凝胶成型样品的透过率为 79.6%（400 nm 处），高于干压成型样品（76.8%）。这表明自固化凝胶成型样品的结构中

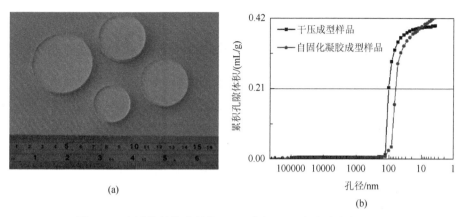

图 4-31 自固化凝胶成型的 AlON 素坯（a）和孔隙分布（b）

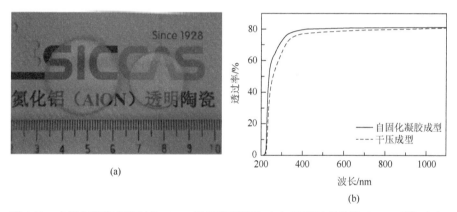

图 4-32 自固化凝胶成型制备 AlON 透明陶瓷照片（a）及透过率曲线（2 mm 厚）（b）

含有更少的气孔，这是由于素坯中的孔隙分布更窄，而且平均孔径更小，有利于烧结过程中排除气孔。图 4-33 是 AlON 透明陶瓷的断面结构，样品的平均晶粒约 112 μm，断面干净，没有出现晶粒异常长大的现象，也未观察到残余气孔。

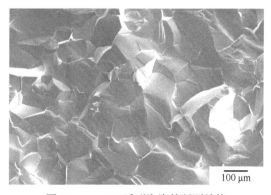

图 4-33 AlON 透明陶瓷的断面结构

4.5　YAG 透明陶瓷的自固化凝胶成型

自 1995 年日本科学家 Ikesue 等[26]制备出高透过率的 Nd∶YAG（$Y_3Al_5O_{12}$）陶瓷并首次实现该介质激光输出以来，YAG 透明陶瓷的研究获得了空前关注，并得到了飞速发展[27-29]。业已证明，YAG 透明陶瓷是一种很好的激光介质材料，通过掺杂各种稀土离子，可以获得不同波长的激光输出，应用于军事、工业、医疗、农业等领域。由于 YAG 具有高熔点和优良的化学稳定性，可以被用来制作耐等离子体腐蚀窗口、高温窗口、高压钠灯和陶瓷金卤灯的灯管；由于高折射率，可以被用来制作相机镜头和各种光学仪器。

YAG 透明陶瓷的制备方法之一是先合成高烧结活性的 YAG 相纳米粉体，再经成型和烧结，实现陶瓷致密化。另一种方法是将氧化铝、氧化钇粉体两相混合均匀，成型后，通过高温反应烧结一步完成固相合成和致密化制备 YAG 透明陶瓷。孙怡[10]以氧化铝和氧化钇粉体为原料，利用 PIBM 体系自固化凝胶成型和反应烧结制备高光学质量的 YAG 透明陶瓷。

4.5.1　复合粉体的浆料制备

选用商业 Al_2O_3 和 Y_2O_3 粉体作为原料，二氧化硅（以正硅酸乙酯引入）为烧结助剂。由于 Al_2O_3 和 Y_2O_3 粉体粒径差异大，直接制备浆料容易出现分层，需要对两相粉体进行预混处理。将一定比例的 Al_2O_3 粉体、Y_2O_3 粉体、正硅酸乙酯（TEOS）和无水乙醇混合球磨 12 h。将浆料干燥、筛分，即得到 YAG 配比的混合均匀的 Al_2O_3 粉体和 Y_2O_3 粉体。如图 4-34 所示，混合前，Al_2O_3 粉体分散性好，平均粒径为 300 nm［图 4-34（a）］，Y_2O_3 粉体严重团聚，呈不规则板块状，平均粒径 4 μm［图 4-34（b）］；混合球磨后，Y_2O_3 粉体中的团聚有效打开，平均粒径减小，与 Al_2O_3 粉体均匀混合［图 4-34（c）］。

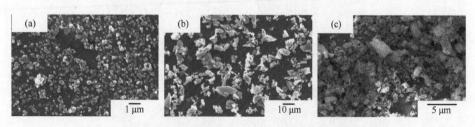

图 4-34　氧化铝（a）、氧化钇（b）和混合粉体（c）的显微形貌

浆料的制备过程与 4.2.1 节相同。成型后的素坯以 1℃/min 的速率升温至

1000℃保温 3 h，脱粘预烧。然后在真空钨丝炉中以 1720℃真空烧结 6 h，得到 YAG 透明陶瓷。最后在马弗炉中 1400℃保温 5 h 退火。

4.5.2　YAG 透明陶瓷性能

经过 PIBM 体系的浆料性能优化，采用 68 wt%固含量，0.5 wt% Ib104 的配比制备 Al_2O_3 和 Y_2O_3 两相陶瓷浆料。凝胶固化，干燥排胶后，预烧体内的气孔分布如图 4-35（a）所示。PIBM 注凝成型样品的气孔分布峰陡直，范围窄，说明气孔尺寸均匀，颗粒排布均匀，颗粒间孔隙主要分布在 100 nm 左右。由于固相反应需要粉体有足够活性，选用的原料粉体粒径较小，同时 Y_2O_3 粉体还会发生一定的水解，所以浆料固含量不高，对应素坯相对密度较低，颗粒间距大，气孔尺寸大。

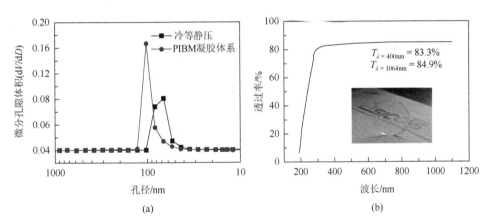

图 4-35　（a）YAG 预烧体的孔径分布；（b）YAG 透明陶瓷的透过率曲线和样品照片（1 mm 厚）

在高温烧结过程中，Al_2O_3 粉体和 Y_2O_3 粉体发生固相反应，生成 $Y_3Al_5O_{12}$，同时完成致密化。图 4-35（b）所示是制备的 YAG 透明陶瓷，样品光学质量好，均匀性好，肉眼可见范围内没有缺陷。在 400 nm 和 1064 nm 处，1 mm 厚 YAG 陶瓷的透过率达到 83.3%和 84.9%，接近理论值。

图 4-36 是透明陶瓷热腐蚀表面和断面形貌图。平均晶粒尺寸为 10 μm，晶界清晰，样品断裂模式是穿晶断裂，没有明显可见残留气孔存在，证实了制备的 YAG 陶瓷拥有很好的光学质量。

YAG 实验结果证明，PIBM 体系可以应用于两相原料的成型，制备混合均匀浆料，得到组分分布均匀的素坯，经反应烧结制得所期望的单相透明陶瓷。类似地，Yao 等[30]以 Ib104 作为氧化铝和氧化钇混合粉体的分散剂和凝胶剂，添加

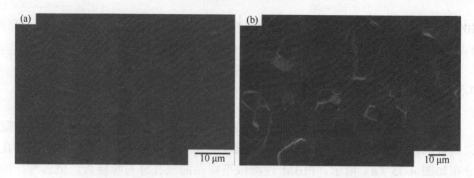

图 4-36　YAG 陶瓷热腐蚀表面（a）和断面（b）的显微结构

0.5 wt% Ib104，制备了 68 wt%固含量的浆料，经成型和烧结，获得了直线透过率 75.7% @ 1064 nm 的 YAG 透明陶瓷。Chen 等[31]对比了自固化凝胶成型和干压成型对 YAG 透明陶瓷致密化、显微结构和光学性能的影响，结果表明，在制备 YAG 透明陶瓷方面，自固化凝胶成型比干压成型更具优势。Luo 等[32]研究了四甲基氢氧化铵（TMAH）对自固化凝胶成型体系制备的 Nd：YAG 浆料流变性的影响，结果表明，TMAH 的添加有效地改善了自固化凝胶成型体系浆料的流变性，添加 1 wt% TMAH，制备了 78.8 wt%固含量的浆料，经成型和烧结，获得了透过率 75.1% @ 1064 nm 的 Nd：YAG 透明陶瓷。

4.6　$MgAl_2O_4$ 透明陶瓷的自固化凝胶成型

$MgAl_2O_4$ 属于立方晶系，光学各向同性。镁铝尖晶石透明陶瓷具有优异光学和力学性能[33]，在透明装甲、红外窗口及光学头罩等方面具有极其重要的实际和潜在应用。例如，用于多模制导的红外整流罩[34]、高能激光系统的大口径窗口[35]、热防护的高温窗口[36]和光刻工艺中的紫外窗口[37]等。目前，镁铝尖晶石透明陶瓷的成型大多采用干压结合冷等静压的传统成型方法，关于湿法制备镁铝尖晶石透明陶瓷的报道较为少见。本节采用商业化的 T-20 亚微米和 S30CR 纳米粉体为原料，通过自固化凝胶成型和无压烧结结合热等静压后处理的方式制备具有良好光学质量的镁铝尖晶石透明陶瓷。

4.6.1　亚微米粉体的自固化凝胶成型

1. $MgAl_2O_4$ 粉体分散剂的优化和选择

张培培[38]采用日本大明化学工业株式会社公司生产的 T-20 镁铝尖晶石粉体作为原料，其平均粒径为 0.27 μm，纯度大于 99.99%，比表面积为 18.9 m^2/g。此粉体比表面积大、烧结活性较高，但不易配制高固含量浆料。X 射线荧光半定量分析表明 T-20 镁铝尖晶石粉体中 MgO 与 Al_2O_3 摩尔比为 0.93，并含有硅、硫和氯等杂质。

　　湿法成型一个重要的步骤就是粉体的分散，确定一种适宜的分散剂需要不断地进行试验。表 4-3 是几种分散剂的主要参数。图 4-37 是不同种类的分散剂对 $MgAl_2O_4$ 浆料 Zeta 电位的影响。未加分散剂时 $MgAl_2O_4$ 浆料的等电点位于 pH 10.8 处，随着分散剂的加入，$MgAl_2O_4$ 浆料的等电点都向左移动，说明了这几种分散剂都能够分散 $MgAl_2O_4$ 粉体。添加 Ib600 分散剂的浆料 Zeta 电位绝对值在 pH 为 10.8 时达到–80 mV，根据 DLVO 理论可知，浆料 Zeta 电位的绝对值越大，浆料的稳定性越好，可以认为 PIBM 在中性及碱性环境中对 $MgAl_2O_4$ 粉体有很好的分散稳定作用。

表 4-3　几种分散剂的主要参数

分散剂	分子名	产地	活性物质含量/wt%	pH	分子量
Ib104	异丁烯马来酸酐共聚物的铵盐	日本	100	7	5500～6500
Ib600		日本	100	7	55000～65000
Dolapix CE64	聚甲基丙烯酸酯，铵盐	德国	70	7	300
Darvan C-N		美国	25	7.5～9.0	10000～16000

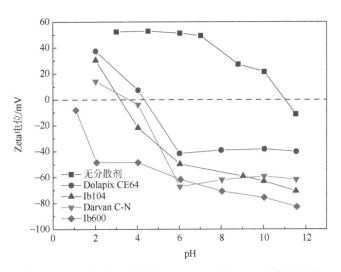

图 4-37　不同种类分散剂对 $MgAl_2O_4$ 浆料 Zeta 电位的影响

图 4-38（a）是不同种类分散剂对 MgAl$_2$O$_4$ 浆料（30 vol%固含量）流变性的影响。可以看出随着剪切速率的增加，浆料呈现出剪切变稀的特性，并且 Ib600 的加入呈现出最低的黏度。采用 Ib600 制备的 MgAl$_2$O$_4$ 浆料具有最好的稳定性和流动性，有利于自固化凝胶成型制备透明陶瓷。图 4-38（b）是 Ib600 含量对浆料黏度的影响。随着 Ib600 的含量从 0.5 wt%增加到 0.7 wt%尖晶石浆料的黏度在不断减小，并且在 0.7 wt%达到最低；随着 Ib600 的含量从 0.8 wt%增加到 1.0 wt%，浆料黏度增加缓慢。根据 Israelachvili 的研究结果可知，随着浆料中分散剂浓度的增加，分散剂在水中的分子结构可能是环状的、螺纹状的、球状的或者伞状的[39]；Takai 等也报道：浆料黏度的增加可能是由于过量的分散剂导致分子链缠绕在一起。但是，分散剂量过少不能充分分散粉体颗粒，会导致浆料沉降[40]。

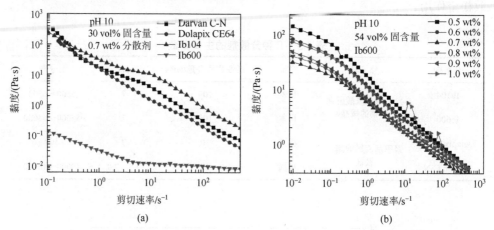

图 4-38　分散剂种类（a）及其含量（b）对 MgAl$_2$O$_4$ 浆料黏度的影响

图 4-39（a）是 Ib600 和 Ib104 混合使用对 MgAl$_2$O$_4$ 浆料黏度的影响。以 0.7 wt% Ib600 添加量为基础，再加入 0.1 wt%～0.3 wt% Ib104（固含量 47 vol%）。随着 Ib104 含量的增加，黏度不断增大。此外，以分散剂总量为 0.7 wt%，当 Ib104（固含量 47 vol%）从 0.1 wt%增加到 0.2 wt%，浆料黏度不断增加。固含量为 47 vol% 的 MgAl$_2$O$_4$ 浆料，添加 0.7 wt% Ib600 和 0.1 wt% Ib104 的浆料黏度最小；添加 0.6 wt% Ib600 和 0.1 wt% Ib104 的浆料黏度略高仍适于浇注。进一步优化这两组浆料，可以制备 50 vol%固含量的浆料，制得的浆料流动性良好，利于除气，适于浇注。

图 4-39（b）展示了 PIBM 添加量对储能模量的影响。模量测试的起始模量就大于零，表明凝胶过程已在缓慢地进行着，随着时间的延长，储能模量不断增大。此体系模量的增加与环氧树脂凝胶体系有很大不同，环氧树脂凝胶体系有一段诱导时间，然后储能模量迅速升高。这是因为两种体系的凝胶固化机理完全不同。

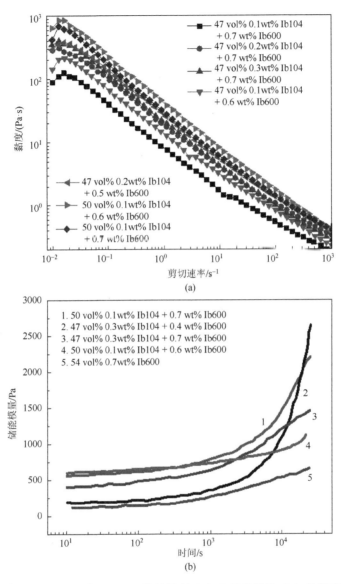

图 4-39　PIBM 对 MgAl₂O₄ 浆料黏度（a）和储能模量（b）的影响

添加 0.3 wt% Ib104 和 0.4 wt%Ib600 的浆料（固含量 43 vol%）模量升高得快，但坯体收缩大，干燥易开裂。综合考虑黏度、固含量和储能模量，选择 50 vol%固含量，添加 0.1 wt% Ib104 和 0.7 wt% Ib600 的浆料制备 MgAl₂O₄ 透明陶瓷。

2. MgAl₂O₄ 自固化凝胶成型坯体和陶瓷性能

坯体强度高有利于搬运和机械加工，以及复杂形状样品的成型。MgAl₂O₄ 坯体的弯曲强度列于表 4-4 中，随着 $MgAl_2O_4$ 浆料固含量的增加，坯体的强度不断加大，添加 0.7 wt% Ib600、0.1 wt% Ib104 制备的固含量为 50 vol% 的浆料，凝胶固化后坯体的弯曲强度为 2.62 MPa。

表 4-4　不同固含量 $MgAl_2O_4$ 素坯的弯曲强度

固含量/vol%	43	45	47	50
素坯强度/MPa	2.06	2.25	2.30	2.62

图 4-40 是浆料固含量对 $MgAl_2O_4$ 坯体的密度和线性收缩率的影响曲线。从图 4-40（a）中可以看出随着固含量从 43 vol% 增加到 50 vol%，坯体的相对密度从 56.4% 增加到 60.5%。这说明固含量越高，坯体的扎隙率越小和密度越高。图 4-40（b）展示了固含量对干燥和预烧过程中坯体线性收缩的影响。可以观察到在干燥和预烧过程中浆料的固含量越高，坯体的收缩越小，这有利于降低坯体变形开裂的风险。

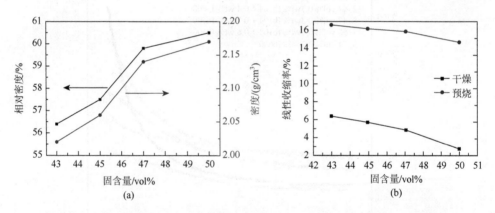

图 4-40　固含量对 $MgAl_2O_4$ 坯体素坯密度（a），干燥、预烧收缩（b）的影响

图 4-41（a）是浆料固含量对陶瓷样品透过率的影响。在相同烧结条件下源自浆料固含量越高的样品透过率越高。这是因为预烧后高固含量的样品有更高的相对密度和更小的缺陷。图 4-41（b）是 $MgAl_2O_4$ 透明陶瓷的照片。所有样品均在 1600℃ 真空预烧 6 h 后，采用热等静压后处理（1800℃×4 h）。显微结构（图 4-42）显示，固含量为 43 vol% 的样品断面上有微小气孔存在；在高固含量的样品中则很难观察到微小气孔的存在，说明高固含量浆料的制备对自固化凝胶成型非常重要。

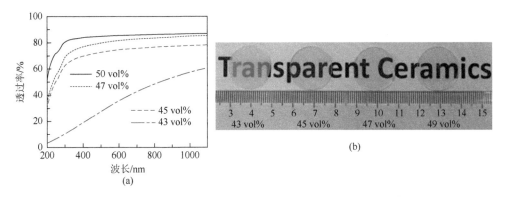

图 4-41　不同固含量 $MgAl_2O_4$ 样品（1 mm 厚）的透过率（a）和照片（b）

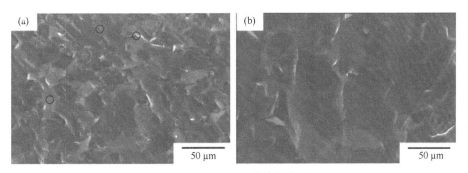

图 4-42　$MgAl_2O_4$ 陶瓷的断面
（a）43 vol%固含量；（b）45 vol%固含量

4.6.2　纳米粉体的自固化凝胶成型

刘梦玮[41]选用两种型号高纯 $MgAl_2O_4$ 纳米粉体（S25CR、S30CR，Baikowski，法国）为原料，开展自固化凝胶成型研究。两种粉体平均颗粒尺寸（D_{SEM}）分别为 67.7 nm 和 50.3 nm，比表面积分别为 22.3 m^2/g 和 28.9 m^2/g。采用激光粒度分析仪分析粉体 S25CR 和 S30CR 粒径，如图 4-43 所示。二者的粒径均呈双峰分布，其中，S30CR 粒径分布更宽，说明粉体颗粒越小，团聚越严重。

1. Mg^{2+}的固化作用

在前面多个章节中，自固化凝胶成型体系所用的异丁烯与马来酸酐共聚物是一种分子量较大的分散剂（Ib104，分子量：55000～65000），既是分散剂又是固化剂。但当该分散剂应用于分散纳米粉体时，很难制备高固含量的陶瓷浆料。本节选用常规低分子量的聚丙烯酸铵（A30SL，分子量：6000）作为分散剂。分子结构中的羧酸根基团（—COO⁻）通过静电作用吸附到粉体颗粒表面，使

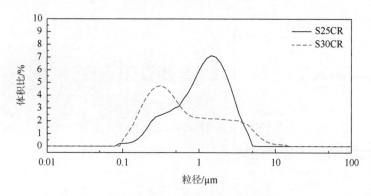

图 4-43　粉体 S25CR 和 S30CR 粒径分布

　　颗粒带负电互相排斥，达到分散效果，可以制备出较高固含量的 $MgAl_2O_4$ 陶瓷浆料。

　　S25CR 和 S30CR 粉体中均存在游离的 MgO，这些游离的 MgO 在水基浆料中会发生水化。如图 4-44 所示，MgO 水化形成 $Mg(OH)_2$，$Mg(OH)_2$ 电离产生游离的 Mg^{2+}。游离 Mg^{2+} 通过静电吸引作用与—COO^- 基团结合，在浆料中形成有机网络，实现浆料的凝胶固化。Dakskobler 等[42]曾报道，通过游离 Mg^{2+} 和—COO^- 基团的结合，能够在陶瓷浆料中形成凝胶网络，制备絮凝的陶瓷悬浮液。Hashiba 等[43]在 Al_2O_3 陶瓷浆料中加入 MgO，实现了浆料的凝胶固化，制备了多孔 $MgAl_2O_4$ 陶瓷。本节先制备较高固含量的浆料，再利用这样的反应，使具有流动性的浆料静置后变成具有一定弹性的湿坯。

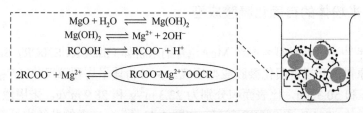

图 4-44　Mg^{2+} 与羧酸根结合固化陶瓷浆料

　　储能模量是表征陶瓷浆料固化过程最常用的手段。对分别以粉体 S25CR、S30CR 和 1.5 wt% A30SL 分散剂制备的固含量为 38 vol%的陶瓷浆料进行储能模量测试。图 4-45 为浆料的储能模量结果，由两种粉体制备的陶瓷浆料储能模量均随时间延长而升高。因此，可以判断，分别由粉体 S25CR、S30CR 和 1.5 wt% A30SL 分散剂制备的固含量为 38 vol%的陶瓷浆料能够凝胶固化。

　　为了系统研究浆料的凝胶固化行为，对由粉体 S25CR 和 S30CR 制备的陶瓷浆料静置不同时间后形成的湿坯进行"压痕法"测试。

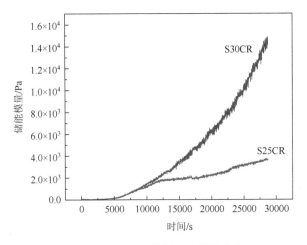

图 4-45　38 vol%浆料储能模量曲线

"压痕法"测试装置中的压头为直径 5 mm 的圆球形红宝石。当压入深度小于压头半径时,压头和测试样品的接触面不断增大。因此,测试的阻力也会受到接触面积的影响。为了消除接触面积变化对测试结果的影响,将压痕测试的阻力计算为硬度。图 4-46 是压痕测试的硬度随深度的变化曲线。由图可见,在较短的固化时间内(S25CR:4 天,5 天,6 天;S30CR:8 天,10 天,12 天),压痕硬度均迅速升高至稳定值。当固化时间较长时,压痕硬度的波动也较大。压痕硬度曲线的变化趋势与载荷-位移曲线的变化趋势类似。当固化时间较短时,由两种粉体制备的陶瓷浆料压痕硬度差别较大,说明粉体 S25CR 和粉体 S30CR 制备的陶瓷浆料固化速度存在较大差别。由粉体 S30CR 制备的陶瓷浆料比 S25CR 制备的陶瓷浆料静置双倍的时间后,压痕硬度仍然偏低,说明由粉体 S25CR 制备的陶瓷浆

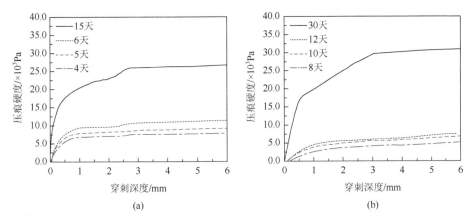

图 4-46　"压痕法"测试硬度曲线

(a) S25CR;(b) S30CR

料具有更快的凝胶固化速度。这与粉体中游离 MgO 的含量一致，说明影响陶瓷浆料固化速度的主要因素是游离 MgO 的含量。可以判断，当压痕硬度超过 25 kPa 时，陶瓷浆料即已实现了较为完全的固化，可作为固化样品脱模的判据。

2. 素坯与陶瓷性能

为了实现 $MgAl_2O_4$ 透明陶瓷的制备，采用空气氛预烧结合热等静压的烧结方式。在烧结前，先对源自粉体 S30CR，固含量为 38 vol%浆料的陶瓷素坯进行相对密度和孔尺寸分布表征。首先，采用阿基米德排水法测试了经过脱粘处理的素坯相对密度为 46.3%。然后，采用全自动压汞仪测试了经过脱粘处理的素坯孔径分布。图 4-47 为样品孔径分布。在该陶瓷素坯中，气孔尺寸呈双峰分布。较小的峰在 24.1 nm 附近；较大的主峰约在 38.2 nm 处。数量较少的小尺寸气孔为团聚体内部气孔，数量较多的大尺寸气孔为团聚体颗粒之间堆积形成的气孔。可以看出，该陶瓷素坯中团聚体内的气孔数量很少，说明陶瓷粉体经研磨后获得了良好的分散效果，颗粒均匀性较好。

在预烧结合热等静压制备透明陶瓷的工艺中，预烧是为了使陶瓷预烧体具有完全的闭口气孔。预烧在空气中进行，保温时间均设为 6 h。陶瓷烧结过程分为初期、中期和末期三个阶段。预烧过程中开口气孔完全转变为闭口气孔即为烧结中期完全转变为烧结末期。在烧结中期，陶瓷预烧体中还存在一些开口气孔，气孔主要位于晶界处；当烧结过程进行到烧结末期时，陶瓷预烧体中已经不存在开口气孔，并且有部分气孔已经被包裹进晶粒内部。当部分气孔进入到晶粒内部时，气孔钉扎效应抑制晶粒生长的作用就会减弱。

图 4-48 展示了源自粉体 S30CR，固含量为 38 vol%浆料的陶瓷素坯经不同温度的空气氛预烧处理后的相对密度和开口气孔率。由图可见，随着烧结温度的升高，预烧体的相对密度几乎呈线性增大。当预烧温度为 1400℃时，预烧体相对密

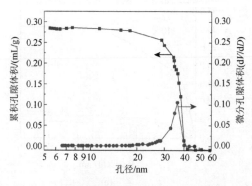

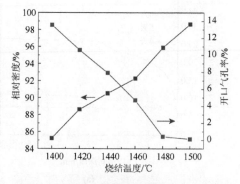

图 4-47　陶瓷素坯孔径分布（粉体 S30CR；　　　图 4-48　陶瓷预烧体相对密度与开口气孔
　　　　　固含量 38 vol%）　　　　　　　　　　　　率（粉体 S30CR；固含量 38 vol%）

度为 85.2%；当预烧温度升高到 1480℃和 1500℃时，预烧体相对密度分别为 95.9% 和 98.7%。另一方面，预烧温度为 1400℃时，预烧体开口气孔率约为 13.6%，随烧结温度升高，开口气孔率逐渐下降；预烧温度为 1480℃时开口气孔率约为 0.4%，进一步升高烧结温度至 1500℃，开口气孔率约为 0.2%。由此可以判断，预烧温度 1480℃即可作为满足热等静压条件的素坯预烧临界温度。

　　图 4-49 是预烧体平均晶粒尺寸随温度的变化情况。当预烧温度为 1400℃时，预烧体平均晶粒尺寸为 107 nm。随着烧结温度的升高，预烧体平均晶粒尺寸不断增大。当预烧温度分别为 1420℃、1440℃和 1460℃时，平均晶粒尺寸分别为 157 nm、169 nm 和 188 nm。温度从 1400℃升到 1460℃，晶粒尺寸增大的幅度减小。这一阶段，烧结过程处于烧结中期，所有气孔均位于晶界处。因此，气孔钉扎效应在抑制晶粒生长方面起到了显著的作用，晶粒生长较缓。当预烧温度提高到 1480℃和 1500℃时，预烧体平均晶粒尺寸分别为 293 nm 和 365 nm。这一阶段，预烧体晶粒尺寸增大幅度显著。由图 4-48 可知，当预烧温度升高到 1480℃时，预烧体中已基本不存在开口气孔，烧结过程已经进行到了烧结末期。这一阶段，开口气孔完全消除，一些晶内气孔开始产生，气孔钉扎效应抑制晶粒生长的作用显著减弱，晶粒生长较快。

　　为了获得光学质量良好的透明陶瓷，采用热等静压处理 1480℃预烧体。热等静压的参数是：温度分别为 1500℃、1550℃和 1600℃，保温时间为 3 h，压强 180 MPa，氩气气氛。

　　图 4-50 是不同温度热等静压烧结后透明陶瓷的透过率曲线，样品厚度为 1 mm。经 1500℃、1550℃和 1600℃三个温度热等静压烧结后，透明陶瓷样品的透过率差别较小，在波长 600 nm 处的直线透过率均高于 84%，均呈现出优异的光学质量。图 4-50 插图是不同温度热等静压后透明陶瓷紫外波段透过率的细

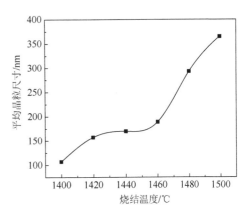

图 4-49　S30CR 粉体制备样品的平均晶粒尺寸随预烧温度变化曲线

节。由此可知，热等静压温度对透明陶瓷的紫外透过率影响显著。随着热等静压温度的升高，透明陶瓷的紫外波段透过率不断提高。例如，在波长 350 nm 处，经 1500℃、1550℃和 1600℃热等静压后处理的透明陶瓷透过率分别为 81.1%、82.6% 和 83.2%。透明陶瓷的透过率主要受气孔尺寸和气孔含量的影响。一般而言，气孔量的多少会对透明陶瓷特定波段透过率的高低产生影响，气孔量越高，透过率越低。气孔尺寸的大小也对透明陶瓷特定波段的透过率产生影响，气孔尺寸小影

响透明陶瓷短波段的透过率。因此，可以推断，随着热等静压温度的升高，透明陶瓷中的纳米级气孔含量显著减少，提高了紫外波段的透过率。

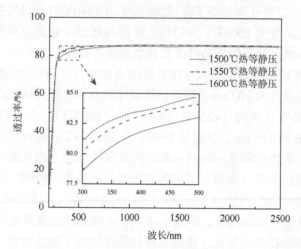

图 4-50　由粉体 S30CR 制备的素坯经 1480℃预烧和热等静压后透明陶瓷的透过率（1 mm 厚）

图 4-51 是由粉体 S30CR 制备的陶瓷素坯经烧结制备的透明陶瓷硬度与热等静压温度的关系。当热等静压烧结温度分别为 1500℃、1550℃和 1600℃时，维氏硬度分别为 13.5 GPa、13.1 GPa 和 12.9 GPa；纳米压痕硬度分别为 23.4 GPa、22.9 GPa 和 22.1 GPa。即随着热等静压烧结温度的升高，维氏硬度和纳米压痕硬度均降低。热等静压烧结温度对透明陶瓷晶粒生长情况影响显著，升高热等静压温度必然导致晶粒的显著生长。因此，当热等静压烧结温度升高时，维氏硬度和纳米压痕硬度均显著降低。对比相同热等静压烧结温度条件下的维氏硬度和纳米压痕硬度，制备的透明陶瓷纳米压痕硬度均较高。

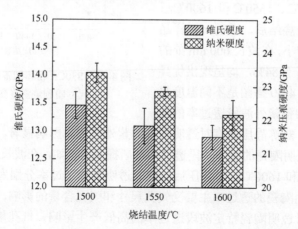

图 4-51　由粉体 S30CR 制备的素坯经 1480℃预烧和不同温度热等静压后透明陶瓷的硬度

总之，对于亚微米粉体，采用 PIBM 自固化凝胶成型体系，可以制备适于浇注的 50 vol%固含量浆料，获得的生坯结构均匀致密，强度可达 2.62 MPa，无压结合热等静压烧结后，透明陶瓷在 1100 nm 处 1 mm 厚样品光学透过率可达到 86.9%。对于纳米粉体，基于 $MgAl_2O_4$ 粉体中游离 MgO 水解生成的 Mg^{2+} 和聚丙烯酸铵分散剂中的—COO^- 基团之间的静电作用，设计了全新的注凝成型体系，并制备了 $MgAl_2O_4$ 透明陶瓷（1 mm 厚），在波长 600 nm 处和紫外 350 nm 处的直线透过率分别高于 84%和 83%。

4.6.3 大尺寸 $MgAl_2O_4$ 透明陶瓷的自固化凝胶成型[44]

使用 CE64 作为纳米级镁铝尖晶石粉体的分散剂，虽然可以制备出高于 50 vol%固含量的陶瓷浆料，但是浆料的凝胶固化速率慢。其凝胶固化原理是基于浆料中镁离子与 CE64 分散剂分子链上羧基的螯合反应，类似于上节介绍的镁离子与聚丙烯酸铵的反应。由于 CE64 分子链较短，凝胶固化能力弱，导致所制备素坯的强度低，无法满足大尺寸样品的制备要求。为此，使用纳米级镁铝尖晶石粉体为原料，结合 CE64 强分散作用和 PIBM 体系的凝胶作用，开展大尺寸镁铝尖晶石透明陶瓷的制备。

基于上述思路，突破了浆料制备过程黏度过高、浇注过程引入空气、干燥过程开裂、烧结过程变形等主要工艺瓶颈，制备了尺寸达到 470 mm×235 mm×10 mm 的大尺寸镁铝尖晶石透明陶瓷，如图 4-52 所示。表 4-5 给出了这块大尺寸透明陶瓷不同位置的总透过率和雾度，自固化凝胶成型制备的大尺寸镁铝尖晶石透明陶瓷不同位置均具有较高的总透过率和较低的雾度，均匀性好。

图 4-52 自固化凝胶成型制备的大尺寸镁铝尖晶石透明陶瓷

表 4-5 自固化凝胶成型制备的大尺寸镁铝尖晶石透明陶瓷不同位置的总透过率和雾度

测量位置	总透过率/%	雾度/%
①	80.9	1.57
②	82.5	1.82

测量位置	总透过率/%	雾度/%
③	81.2	1.69
④	78.6	1.77
⑤	83.6	1.62

4.7 本 章 小 结

自固化凝胶成型工艺被发明以来，其分散-凝胶固化双功能成型剂不含金属离子且添加量低等优点促成了此工艺在透明陶瓷方面的广泛应用。针对不同特性的粉体，自固化凝胶成型体系显示出良好的普适性，实现了高光学质量氧化铝、氧化钇、钇铝石榴石、氮氧化铝、镁铝尖晶石等透明陶瓷的制备。其中，高光学质量氧化铝透明陶瓷包括半透明氧化铝、亚微米晶透明氧化铝和片晶诱导的类单晶结构透明氧化铝。对于 Y_2O_3 和 AlON，由于粉体易与水发生反应生成高价离子（Y^{3+}、Al^{3+}），与分散剂的羧酸根发生静电作用，导致浆料的黏度升高，不能制备高固含量的浆料，同时，与水反应的结果会带来组分的改变。因此，必须进行抗水化处理，才能实现高固含量浆料的制备和凝胶固化。对于细颗粒的镁铝尖晶石粉体，选择短链的阴离子型分散剂可提高浆料的固含量，同时，利用粉体含有的微量氧化镁的水解，与羧酸根发生螯合反应，实现浆料的凝胶固化。

在利用镁铝尖晶石粉体制备透明陶瓷的过程中，发展了"压痕法"测试浆料凝胶固化过程中的强度变化。与储能模量测试相比，压痕法是一种直接作用于实际样品的原位测试方法，测试结果更加贴近样品的实际强度，并且，测试过程不受其他因素影响。当压痕硬度达到一定的数值后，即可脱模。因此，压痕测试方法的结果可以直接用来指导自固化凝胶成型等原位固化成型工艺的脱模。

鉴于自固化凝胶成型体系的原位固化特性，通过灵活选择添加剂和制备工艺，未来将在复杂形状、高光学质量透明陶瓷制备方面发挥更大的作用。

参 考 文 献

[1] Coble R L. Transparent alumina and method of preparation: US3026210A. 1962.

[2] Vanvliet J A J M, Degroot J J. High-pressure Sodium discharge lamp. IEE Proceedings（Physical Science, Measurement and Instrumentation, Management and Enducation, Reriens）1981, 1281: 415-441

[3] Wei G. Transparent ceramic lamp envelope materials. Journal of Physics D: Applied Physics, 2005, 38（17）: 3057.

[4] Mizuta H, Oda K, Shibasaki Y, et al. Preparation of high-strength and translucent alumina by hot isostatic pressing. Journal of the American Ceramic Society, 1992, 75（2）: 469-473.

[5]　Krell A，Blank P，Ma H，et al. Transparent sintered corundum with high hardness and strength. Journal of the American Ceramic Society，2003，86（1）：12-18.

[6]　Krell A，Baur G M，Dahne C. Transparent sintered sub-μm Al₂O₃ with infrared transmissivity equal to sapphire. Proceedings of the AeroSense 2003，International Society for Optics and Photonics，2003.

[7]　Kim B N，Hiraga K，Morita K，et al. Spark plasma sintering of transparent alumina. Scripta Materialia，2007，57（7）：607-610.

[8]　Mao X J，Wang S W，Shimai S Z，et al. Transparent polycrystalline alumina ceramics with oriented optical axes. Journal of the American Ceramic Society，2008，91（10）：3431-3433.

[9]　Yi H L，Mao X J，Zhou G H，et al. Crystal plane evolution of grain oriented alumina ceramics with high transparency. Ceramics International，2012，38（7）：5557-5561.

[10]　孙怡. 多官能团一元凝胶体系的改性及应用研究. 北京：中国科学院大学，2016.

[11]　Shimai S Z，Yang Y，Wang S W，et al.　Spontaneous gelcasting of translucent alumina ceramics. Optical Materials Express，2013，3（8）：1000-1006.

[12]　Ha C，Jung Y，Kim J，et al. Effect of particle size on gelcasting process and green properties in alumina. Materials Science and Engineering A，2002，337（1）：212-221.

[13]　Mao X，Shimai S Z，Dong M J，et al. Gelcasting and pressureless sintering of translucent alumina ceramics. Journal of the American Ceramic Society，2008，91（5）：1700-1702.

[14]　Hayashi K，Kobayashi O，Toyoda S，et al. Transmission optical properties of polycrystalline alumina with submicron grains. Materials Transactions，JIM，1991，32（11）：1024-1029.

[15]　Zeng W，Gao L，Gui L，et al. Sintering kinetics of α-Al₂O₃ powder. Ceramics International，1999，25（8）：723-726.

[16]　Krell A，Ma H W. Sintering transparent and other sub-μm alumina：The right powder. Proceedings of the CFI Ceramic Forum International，Göller，2003.

[17]　Chen H，Shimai S，Zhao J，et al. Highly oriented α-Al₂O₃ transparent ceramics shaped by shear force. Journal of the European Ceramic Society，2021，41（6）：3838-3843.

[18]　Chen H，Zhao J，Shimai S，et al. High transmittance and grain-oriented alumina ceramics fabricated by adding fine template particles. Journal of Advanced Ceramics，2022，11（4）：582-588.

[19]　Micheli A L，Dungan D F，Mantese J V. High-density yttria for practical ceramic applications. Journal of the American Ceramic Society，1992，75（3）：709-711.

[20]　Kopylov Y L，Kravchenko V，Komarov A，et al. Nd：Y₂O₃ Nanopowders for laser ceramics. Optical Materials，2007，29（10）：1236-1239.

[21]　Iwasawa J，Nishimizu R，Tokita M，et al. Plasma-resistant dense yttrium oxide film prepared by aerosol deposition process. Journal of the American Ceramic Society，2007，90（8）：2327-2332.

[22]　Fukabori A，Yanagida T，Pejchal J，et al. Optical and scintillation characteristics of Y₂O₃ transparent ceramic. Journal of Applied Physics，2010，107（7）：073501.

[23]　Miller L，Kaplan W D. Water-based method for processing aluminum oxynitride（AlON）. International Journal of Applied Ceramic Technology，2008，5（6）：641-8.

[24]　Kumar R S，Rajeswari K，Praveen B，et al. Processing of aluminum oxynitride through aqueous colloidal forming techniques. Journal of the American Ceramic Society，2010，93（2）：429-35.

[25]　王军. AlON 透明陶瓷的凝胶注成型和无压烧结. 上海：中国科学院上海硅酸盐研究所，2014.

[26]　Ikesue A，Kinoshita T，Kamata K，et al. Fabrication and optical properties of high-performance polycrystalline

Nd：YAG ceramics for solid-state lasers. Journal of the American Ceramic Society，1995，78（4）：1033-1040.

[27] Yagi H，Yanagitani T，Takaichi K，et al. Characterizations and laser performances of highly transparent Nd^{3+}：$Y_3Al_5O_{12}$ laser ceramics. Optical Materials，2007，29（10）：1258-1262.

[28] Nishiura S，Tanabe S，Fujioka K，et al. Properties of transparent Ce：YAG ceramic phosphors for white LED. Optical Materials，2011，33（5）：688-691.

[29] Yang H，Zhang J，Qin X，et al. Polycrystalline Ho：YAG transparent ceramics for eye-safe solid state laser applications. Journal of the American Ceramic Society，2012，95（1）：52-55.

[30] Yao Q，Zhang L，Jiang Z，et al. Isobam assisted slurry optimization and gelcasting of transparent YAG ceramics. Ceramics International，2018，44（2）：1699-1704.

[31] Chen L，Luo Y，Xia Y，et al. Densification，microstructure and optical properties of YAG transparent ceramics prepared by dry-pressing and gelcasting. Optical Materials，2021，121：111509.

[32] Luo P，Guo R，Xin Y，et al. Effects of TMAH dispersant on rheological behavior of Nd：YAG slurries and optical properties of transparent ceramics. Seventeenth National Conference on Laser Technology and Optoelectronics，SPIE，2022，12501：308-315.

[33] Rubat Du Merac M，Kleebe H J，Müller M M，et al. Fifty years of research and development coming to fruition：unraveling the complex interactions during processing of transparent magnesium aluminate（$MgAl_2O_4$）spinel. Journal of the American Ceramic Society，2013，96（11）：3341-3365.

[34] Sepulveda J L，Loutfy R O，Chang S，et al. High-performance spinel ceramics for IR windows and domes. Proceedings of the Window and Dome Technologies and Materials XII. SPIE，2011，8016：32-43.

[35] Sanghera J，Bayya S，Villalobos G，et al. Transparent ceramics for high-energy laser systems. Optical Materials，2011，33（3）：511-518.

[36] Roy D W，Hustert J L. Polycrystalline $MgAl_2O_4$ spinel for high temperature windows. 7th Annual Conference on Composites and Advanced Ceramic Materials，John Wiley & Sons，2009（7-8）：502.

[37] Burnett J H，Kaplan S G，Shirley E L，et al. High-index materials for 193 nm immersion lithography. Optical Microlithography X VIII. SPIE，2005，5754：611-621.

[38] 张培培. $MgAl_2O_4$ 透明陶瓷的凝胶注成型及其性能研究. 徐州：江苏师范大学，2016.

[39] Israelachvili J N. Intermolecular and Surface Forces：With Applications to Colloidal and Biological Systems. New York：Academic Press，1985.

[40] Takai C，Tsukamoto M，Fuji M，et al. Control of high solid content yttria slurry with low viscosity for gelcasting. Journal of Alloys and Compounds，2006，408：533-537.

[41] 刘梦玮. 细晶高强 $MgAl_2O_4$ 透明陶瓷的制备及晶粒生长行为研究. 北京：中国科学院大学，2022.

[42] Dakskobler A，Kosma T. Weakly flocculated aqueous alumina suspensions prepared by the addition of Mg(II)ions. Journal of the American Ceramic Society，2000，83（3）：666-668.

[43] Hashiba M，Harada A，Adachi N，et al. Near-net-shape fabrication of porous alumina-spinel castings. Materials Transactions，2005，46（12）：2647-2650.

[44] 赵瑾，毛小建，章健，等. 自发凝固成型制备透明陶瓷研究进展. 现代技术陶瓷，2024，45（21）：12-23.

第 5 章　泡沫陶瓷的自固化凝胶成型

5.1　引　言

泡沫陶瓷是一种具有泡沫状结构的多孔陶瓷[1]，由致密的孔筋（孔棱）或孔壁及其所包围的孔穴构成。根据孔的存在状态和分布，一般可以分为开孔（网状结构）泡沫陶瓷和闭孔泡沫陶瓷[2]。开孔泡沫陶瓷中形成泡沫结构的气孔是相互连通的，闭孔泡沫陶瓷中气孔是相互孤立、有固体壁面隔离而没有相互连通的。大部分泡沫陶瓷是同时含有开孔和闭孔结构的半开孔结构。泡沫陶瓷的气孔率可达 70%～90%，使用温度可以达到 1600℃[3]，氧化铝含量超过 99.5%的泡沫陶瓷作为高温炉的隔热材料，使用温度可以超过 1800℃。根据气孔尺寸的不同，又可以分为三类：气孔尺寸小于 2 nm 的称为微孔材料；气孔尺寸在 2～50 nm 之间的为介孔材料；气孔尺寸大于 50 nm 的称为宏孔材料[4]。作为高温炉隔热材料和过滤熔融金属的泡沫陶瓷，孔径分别达到微米和毫米量级。

泡沫陶瓷的应用开始于 20 世纪 70 年代，以氧化铝、高岭土等原料制备开孔泡沫陶瓷，并用于过滤熔融金属，显著提高了铸件的质量。随后，泡沫陶瓷得到了快速发展，众多性能优异的泡沫陶瓷制备出来，如氧化铝、二氧化硅、二氧化锆、莫来石、堇青石、碳化硅和氮化硅等。泡沫陶瓷具有低密度、低热导率、低介电常数、低热容、高空隙率、高渗透率及高比表面积等优异特性；同时，泡沫陶瓷兼具结构陶瓷的耐高温、抗氧化、耐酸碱、绝缘等性质。因此，泡沫陶瓷能够在高温、强腐蚀等苛刻环境下使用。随着不同类型和性能泡沫陶瓷的出现，其应用领域也随之不断扩大，由熔体过滤扩展到结构、隔热、吸音、电子、光电、传感、生物、环境及化学等领域[5-8]。

泡沫陶瓷的制备方法主要包括有机泡沫浸渍法、溶胶-凝胶法、添加造孔剂法和直接发泡法等。20 世纪 90 年代以来，随着注凝成型技术问世以及新型凝胶体系不断涌现[9-12]，它们与直接发泡法结合，被用来稳定固化泡沫，制备孔结构可控的泡沫陶瓷[13-17]。

本章 5.2 节介绍发泡剂的分类及其发泡效果；5.3 节选择阴离子型发泡剂与 PIBM 体系结合，制备泡沫氧化铝和泡沫氧化锆陶瓷；5.4 节选择阳离子型发泡剂修饰 PIBM 体系以及常规阴离子型分散剂，合成了集分散、发泡和凝固于一体的多功能试剂，并用于泡沫氧化铝和泡沫莫来石陶瓷的制备。

5.2 发泡剂的分类与发泡效果

5.2.1 发泡剂的分类

　　表面活性剂能够显著降低水溶液的表面张力，使水溶液容易起泡，这种性质称为发泡性，所以表面活性剂也称为发泡剂。气泡产生后，水溶液中的表面活性剂分子能够快速移动到气液界面，在气液界面定向排列，降低新形成的气液界面的表面张力，同时，表面活性剂的疏水基团在范德瓦耳斯力和疏水作用下相互吸引，使表面活性剂分子在气液界面形成紧密排列的分子层。亲水基团处于水溶液中，疏水基团处于气相中，如图 5-1 所示。表面活性剂分子在气液界面发挥稳定泡沫的作用，所以表面活性剂也被称为泡沫稳定剂。

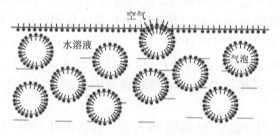

图 5-1　表面活性剂稳定泡沫的原理示意图

　　如表 5-1 所示，发泡剂主要分为阴离子、阳离子和两性离子型三大类。本节首先分别尝试一种发泡剂在水和 PIBM 分散液水溶液中的发泡，再选择两种发泡剂联合发泡，观察发泡效果。最后应用于氧化铝浆料中，观察发泡效果和泡沫的稳定性，并制备泡沫陶瓷。实验涉及的氧化铝粉体和其他试剂原料列于表 5-2。

表 5-1　常见的发泡剂/表面活性剂

产品名称	化学名称	分子式	类型
Emal TD	十二烷基硫酸三乙醇胺（TLS）	$C_{12}H_{25}OSO_3HN(C_2H_5OH)_3$	阴离子
Emal 20 T	月桂醇聚醚硫酸酯（TEA）	$C_6H_{15}NO_3(C_2H_4O)_nC_{12}H_{26}O_4S$	阴离子
EMAL AD-25 R	月桂基硫酸铵（ALS）	$C_{12}H_{25}SO_4NH_4$	阴离子
—	十二烷基三甲基氯化铵（DTAC）	$C_{15}H_{34}ClN$	阳离子
—	八烷基三甲基氯化铵（OTAC）	$C_{11}H_{26}ClN$	阳离子
—	四乙基氯化铵（TEAC）	$C_8H_{20}ClN$	阳离子

续表

产品名称	化学名称	分子式	类型
—	甲基三丁基氯化铵（MTAC）	$C_{13}H_{30}ClN$	阳离子
—	四甲基氯化铵（TMAC）	$C_4H_{12}NCl$	阳离子
Amphitol 24 B	月桂基甜菜碱（LPB）	$C_{16}H_{33}NO_2$	两性离子
Amphitol 20Y-B	椰油酰两性基乙酸钠（SCA）	$C_{18}H_{35}N_2O_4Na$	两性离子
Amphitol 20 N	十二烷基二甲氧化胺（DMDAO）	$C_{14}H_{31}NO$	两性离子

表 5-2　实验原料

名称	说明	生产厂家
AES-11	Al_2O_3 粉体，$d_{50} = 0.45\ \mu m$，纯度 99.5%	Sumitomo，Osaka，Japan
PIBM 分散剂	一种异丁烯和马来酸酐共聚物的酰胺-铵盐，分子量 55000～65000	Kuraray，Osaka，Japan
DE211 树脂	乙二醇缩水甘油醚	Hanjin Chemtech CO.，South Korea
四乙烯五胺	$C_8H_{23}N_5$，简称多胺	国药集团

5.2.2　单一发泡剂

张小强[18]研究了 Emal TD（TLS）等 6 种发泡剂分别在水和 PIBM 分散剂水溶液中的发泡能力和泡沫稳定性。发泡后的体积与发泡前溶液的体积之比定义为发泡率（ratio of foaming）。发泡过程中搅拌机的搅拌速率设为 1000 r/min，发泡时间设为 5 min。水的发泡：在去离子水中，加入表面活性剂后直接发泡。PIBM 水溶液的发泡：量取 50 mL 去离子水，加入 0.6 g PIBM 分散剂，手动搅拌 30 min 后加入表面活性剂发泡。Al_2O_3 浆料的发泡：量取 25 mL 去离子水，加入 0.3 g PIBM 分散剂，手动搅拌 30 min 后加入 Al_2O_3 粉体，配制固含量为 50 vol%、PIBM 添加量为 0.3 wt%（相对于 Al_2O_3 质量，下同）的浆料，250 r/min 球磨，2 h 后加入表面活性剂发泡。

图 5-2 展示 TLS 在水和 PIBM 分散剂水溶液中的发泡效果。如图 5-2（a）所示，在水中随着 TLS 添加量的增加，发泡率呈增大趋势。当 TLS 添加量为 0.3 vol%（相对于浆料体积，下同）时发泡率达到 6.3，添加量为 0.4 vol% 时发泡率接近 6.5，随后趋于平稳。在 PIBM 分散剂水溶液中，随着 Emal TD 的加入，发泡率迅速增加［图 5-2（b）］。当 TLS 添加量为 0.3 vol% 时发泡率达到最大值 5.9，之后略微

下降，当 TLS 添加量为 0.4 vol%时发泡率开始稳定在 5.6 附近。与在水中的发泡能力相比，TLS 在 PIBM 水溶液中发泡能力略微下降。发泡后静置 1 h，两种液体的体积基本不变，表明体系产生的泡沫比较稳定。

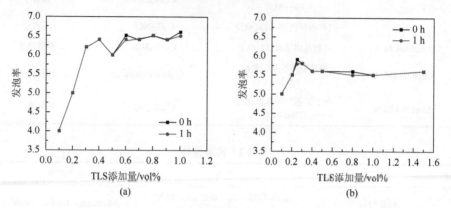

图 5-2　TLS 在水（a）和 PIBM 水溶液（b）中的发泡效果

图 5-3 展示 Emal 20T 在水和 PIBM 分散剂水溶液中的发泡效果。如图 5-3（a）所示，在水中，随着 Emal 20T 添加量的增加，发泡率呈增大趋势。当 Emal 20T 添加量为 0.2 vol%时发泡率为 4.5，随后趋于平稳。此时所得泡沫疏松，存在少量大气泡，且稳定性不好，消泡现象较明显。例如，在添加量为 1.0 vol%时，随着放置时间的延长，泡沫迅速消失、合并成大气泡。发泡后静置 1 h 泡沫体积下降 42%。如图 5-3（b）所示，在 PIBM 水溶液中发泡率变化趋势与水中类似，当 Emal 20T 添加量为 0.3 vol%时发泡率开始稳定在最大值 5.5 附近，并且泡沫较稳定，消泡现象较弱。即 PIBM 有助于提高 Emal 20T 的发泡能力和泡沫稳定性。

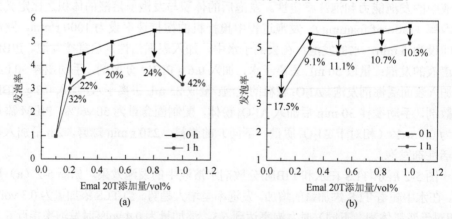

图 5-3　Emal 20T 在水（a）和 PIBM 水溶液（b）中的发泡效果

表 5-3 总结了单一发泡剂的发泡能力。可以看到 Amphitol 20Y-B 发泡率最高，

TLS 次之。这两种发泡剂发泡所得泡沫稳定性高，几乎无消泡现象，可以长时间存在，泡沫均匀细小。其他发泡剂在水和分散剂水溶液中的发泡率相近，但稳定性不足，泡沫不均匀，存在大气泡。

表 5-3　单一发泡剂在水和 PIBM 分散剂水溶液中的最大发泡率及稳定性

溶液体系	水		PIBM 分散剂	
发泡剂	最大发泡率	稳定性	最大发泡率	稳定性
TLS	6.6	好	5.9	好
Emal 20T	5.5	差	5.8	较好
Emal AD-25R	6.5	好	6.1	好
Amphitol 24B	6.4	较差	5.8	较好
Amphitol 20N	6.5	较差	6.1	较差
Amphitol 20Y-B	10.4	好	8.5	好

5.2.3　双发泡剂

在单一发泡剂发泡效果的基础上，研究了四种双发泡剂组合分别在水、PIBM 分散剂水溶液和 Al_2O_3 浆料中的发泡能力和泡沫稳定性。

图 5-4 是 0.4 vol%TLS + Amphitol 24B 在水、分散剂水溶液和 Al_2O_3 浆料中的发泡曲线。如图 5-4（a）所示，保持 TLS 为 0.4 vol%不变、改变 Amphitol 24B 的添加量，当未加 Amphitol 24B 时发泡率为 6.4，加入 Amphitol 24B 后，发泡能力有一定提高。当 Amphitol 24B 添加量为 0.1 vol%时发泡率为 7.2，但继续增加 Amphitol 24B 添加量时发泡率几乎不发生变化。泡沫中存在一些稍大气泡，但形成的泡沫的稳定性好，几乎无消泡现象。如图 5-4（b）所示，在 PIBM 分散剂水溶液中，随着 Amphitol 24B 添加量的增加，发泡能力先升高后降低，未添加 Amphitol

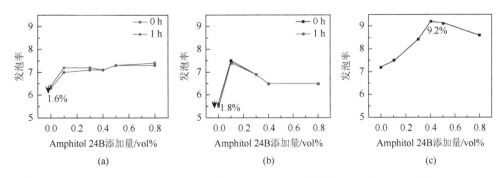

图 5-4　0.4 vol% TLS 和 Amphitol 24B 在水（a）、PIBM 水溶液（b）和 Al_2O_3 浆料（c）中的发泡率

24B 时发泡率为 5.6，当 Amphitol 24B 添加量为 0.1 vol%时发泡率为 7.5，Amphitol 24B 添加量为 0.5 vol%时发泡率为 6.5，随后保持稳定，形成的泡沫致密均匀，稳定性好，体积几乎不变。如图 5-4（c）所示，在 Al_2O_3 浆料中，未加 Amphitol 24B 时发泡率为 7.2，随着 Amphitol 24B 添加量的增加，发泡能力先迅速上升，在 Amphitol 24B 添加量为 0.4 vol%附近达到最大值 9.2 后开始缓慢下降，当 Amphitol 24B 添加量为 0.8 vol%时发泡率降至 8.6。

图 5-5 为 0.5 vol% Amphitol 24B + Amphitol 20N 在水和 PIBM 水溶液中的发泡曲线。如图 5-5（a）所示，保持 Amphitol 24B 为 0.5 vol%不变，改变 Amphitol 20N 的添加量。在水中未加 Amphitol 20N 时发泡率为 5.6，随着 Amphitol 20N 添加量的增加，发泡率基本保持稳定；但泡沫体积下降速度总体加快，Amphitol 20N 添加量为 1.0 vol%时，泡沫体积在 1 h 内降低 32.3%。形成的泡沫尺寸不均，存在大气孔，且随着 Amphitol 20N 添加量的增加，大气孔出现的次数更多，尺寸更大（可达 10 mm），泡沫存在时间为 3～5 h。如图 5-5（b）所示，在 PIBM 分散剂水溶液中，未添加 Amphitol 20N 时发泡率为 5.6，随着 Amphitol 20N 添加量的增加，发泡率呈上升趋势，当 Amphitol 20N 添加量为 0.3 vol%时发泡率为 6.5，随后基本保持稳定。但泡沫稳定性不好、消泡速度波动较大，Amphitol 20N 添加量为 0.5 vol%时，泡沫体积在 1 h 内的降低 20.6%。形成的泡沫稍微致密，但随着放置时间的延长，仍出现大气孔，泡沫存在 4～6 h。Al_2O_3 浆料球磨后进行发泡，发现发泡能力很弱，几乎不产生泡沫。所以 Amphitol 24B + Amphitol 20N 不适合用于 Al_2O_3 浆料的发泡。

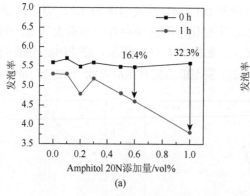
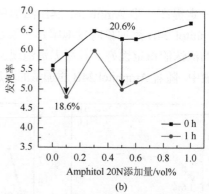

图 5-5　0.5 vol% Amphitol 24B 和 Amphitol 20N 在水（a）、PIBM 水溶液（b）中的发泡效果

表 5-4 总结了两种发泡剂组合在水、PIBM 分散剂水溶液和 Al_2O_3 浆料中的发泡性能。可知，TLS + Amphitol 24B 在水、PIBM 分散剂水溶液有好的发泡效果，在 Al_2O_3 浆料中的发泡率可达 9.5，且泡沫浆料的稳定性好，几乎没有大气泡；TLS +

Amphitol 20Y-B 在水、PIBM 分散剂水溶液和 Al_2O_3 浆料中同样具有较高的发泡能力，且获得的泡沫稳定性好，在 Al_2O_3 浆料中的最高发泡率为 8.5；尽管 Amphitol 24B + Amphitol 20N 在水和分散剂溶液中发泡效果较好，但在 Al_2O_3 浆料中几乎不发泡。所以，在以下研究中将以 TLS、TLS + Amphitol 24B 和 TLS + Amphitol 20Y-B 组合发泡，制备 Al_2O_3 和 Ca-ZrO_2 泡沫陶瓷。

表 5-4 双发泡剂在水、PIBM 分散剂水溶液和 Al_2O_3 浆料中的最大发泡率

溶液体系	水		PIBM 分散剂		Al_2O_3 浆料	
发泡剂	最大发泡率	稳定性	最大发泡率	稳定性	最大发泡率	稳定性
TLS + Emal 20T	10.2	好	9.5	好	4.5	较好
TLS + Amphitol 24B	7.7	好	8.4	好	9.5	好
Amphitol 24B + Amphitol 20N	5.7	差	6.7	差	1	差
TLS + Amphitol 20Y-B	9.6	好	8.3	好	8.5	好

5.3 自固化体系结合阴离子型发泡剂

5.3.1 自固化稳定泡沫

如上节所述，表面活性剂（发泡剂）具有稳定泡沫的作用。但是，表面活性剂稳定的泡沫状态是热力学非稳态。表面活性剂在气液界面的吸附能量通常在几个 kT（k 为玻尔兹曼常量；T 为热力学温度）[19]，这样的吸附能量较小，导致吸附分子易从界面脱附，泡沫易发生合并和粗化。为了避免泡沫失稳导致的结构失控，快速固化是表面活性剂稳定泡沫的必经之路。目前，凝胶注模是普遍采用的表面活性剂稳定泡沫的固化方法。自 1999 年 Sepulveda 等[20]采用丙烯酰胺凝胶体系固化泡沫浆料以来，各种低毒和无毒的合成有机物和天然有机物以及无机化合物凝胶体系也被用于泡沫浆料的固化，代表性的固化体系有聚乙烯醇（PVA）交联[21]、环氧树脂-多胺亲核加成[16]等。这些凝胶体系通过改变组分含量可以在短时间内固化湿泡沫结构。

如第 2 章所述，PIBM 自固化凝胶成型的基本原理是利用一种异丁烯马来酸酐共聚物的酰胺-铵盐发挥分散和凝胶固化双功能，实现陶瓷浆料的分散和凝固。因此本节采用 PIBM 自固化凝胶成型体系稳定湿泡沫。

5.3.2 氧化铝泡沫陶瓷的制备

自发凝固体系结合阴离子型发泡剂制备泡沫陶瓷的工艺包括：浆料制备、

直接发泡、浇注、固化、脱模、干燥和烧结（图 5-6）。由于发泡剂稳定的湿泡沫容易发生合并和粗化，湿泡沫的固化变得十分必要。上海硅酸盐研究所开发了自发凝固体系，并将其用于湿泡沫的固化，制备了气孔率和孔径可控的开孔泡沫陶瓷。

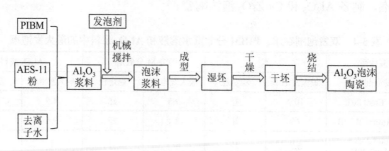

图 5-6　氧化铝泡沫陶瓷的制备工艺流程图

PIBM 分散剂采用的是分子量为 55000～65000 的 Ib104，表面活性剂选用阴离子型表面活性剂十二烷基硫酸三乙醇胺（TLS）。首先，将 Ib104 溶解配制成水溶液，其加入量为氧化铝粉体的 0.3%（质量分数）；然后向该溶液中逐渐加入氧化铝粉并混合球磨，制备固含量为 40 vol%的浆料；在上述浆料中加入一定量的发泡剂并强烈搅拌约 10 min，产生湿泡沫；将混合均匀的泡沫注入塑料模具中静置固化；经干燥和烧结，获得氧化铝泡沫陶瓷。

图 5-7 是发泡剂加入量对自发凝固体系制备的氧化铝浆料及泡沫陶瓷气孔率的影响。可以看出，随发泡剂加入量的增大，泡沫陶瓷的气孔率先增大后增幅趋缓。泡沫陶瓷的气孔率随发泡剂加入量的变化规律是由浆料的气孔率随发泡剂加入量的变化决定的。

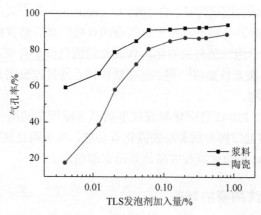

图 5-7　自发凝固体系制备氧化铝浆料及泡沫陶瓷气孔率随 TLS 发泡剂加入量的变化[17]

从表 5-5 和图 5-8 可知，泡沫陶瓷的总气孔率和平均孔径均随 TLS 加入量的增大而增大，TLS 加入量由 0.014 wt%增大到 0.085 wt%时，泡沫陶瓷的总气孔率由 66.4%增大到 84.4%，平均孔径由 124 μm 增大到 206 μm。另外，泡沫陶瓷的抗压强度随 TLS 添加量的增大而显著降低。

表 5-5　TLS 发泡制备的氧化铝泡沫陶瓷的总气孔率、平均孔径和抗压强度等[17]

样品编号	PIBM 加入量/wt%	TLS 加入量/wt%	总气孔率/%	平均孔径/μm	抗压强度/MPa
P2T1		0.014	66.4	124±65	62.8±5.7
P2T2		0.029	75.2	128±56	34.6±2.2
P2T3	0.25	0.044	77.9	148±76	26.4±3.1
P2T4		0.061	81.1	155±68	16.0±2.8
P2T5		0.072	82.9	9.7±0.7	
P2T6		0.085	84.4	206±90	6.8±0.7

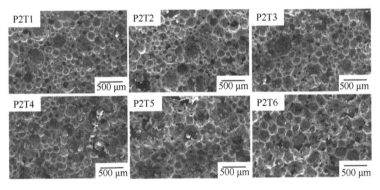

图 5-8　TLS 发泡制备的氧化铝泡沫陶瓷的显微结构（样品名称同表 5-5）[17]

在 PIBM 分散的氧化铝浆料中加入 TLS，浆料的表面张力随 TLS 加入量的增大而降低，导致浆料的发泡能力随之增大。因此，泡沫陶瓷的总气孔率呈现增大的趋势。但是，由于 TLS 稳定湿泡沫的性能较差，且泡沫浆料的固化较为缓慢，气泡在固化过程中出现了粗化和液膜破裂等失稳现象，导致泡沫陶瓷的平均孔径和标准偏差较大。泡沫陶瓷的抗压强度随 TLS 加入量的增大而显著降低归因于泡沫陶瓷气孔率和孔径的增大。这与使用相同原料和相同方法制备氧化铝泡沫陶瓷的研究结果[15]是一致的。

5.3.3　超高孔隙率泡沫氧化铝陶瓷的制备

张小强[18]尝试用阴离子表面活性剂与两性表面活性剂组合作发泡剂，制备高气孔率氧化铝泡沫陶瓷。具体地，利用 TLS + Amphitol 24B 和 TLS + Amphitol 20Y-B 组合发泡，结合 PIBM 体系制备氧化铝泡沫陶瓷，研究发泡剂添加量对氧化铝泡沫陶瓷的密度、气孔率、抗压强度、显微结构和热导率等性能的影响规律。接着，在 TLS 和 Amphitol 24B 组合的基础上，加入 DE211 环氧树脂和多胺，研究环氧树脂-多胺凝胶体系对泡沫浆料凝胶固化过程的作用，以及对氧化铝泡沫陶瓷性能和结构的影响。

在以 TLS + Amphitol 24B 为发泡剂的研究中，固定 TLS 添加量为 0.8 vol%，观察 Amphitol 24B 添加量（0.1 vol%、0.3 vol%、0.5 vol%、0.8 vol% 和 1.0 vol%）对 Al_2O_3 浆料的发泡能力以及泡沫陶瓷性能的影响。

图 5-9 展示了 0.8 vol% TLS + x vol% Amphitol 24B 对 Al_2O_3 泡沫陶瓷性能的影响。可以看出，随着 Amphitol 24B 添加量的增加，泡沫陶瓷密度先降低后升高，在 Amphitol 24B 添加量为 0.5 vol% 时达到最小 0.31 g/cm^3，随后密度缓慢上升。泡沫陶瓷的气孔率随 Amphitol 24B 添加量的增加先增大后减小，在 Amphitol 24B 添加量为 0.5 vol% 时气孔率达到最大值（92.4%）。抗压强度的变化趋势与密度的一致，随着 Amphitol 24B 添加量的增加，抗压强度先降低后升高，在 0.5 vol% 处为最低点（0.5 MPa）。通过扫描电镜观察（图 5-10）表明，在 Amphitol 24B 添加量为 0.5 vol%

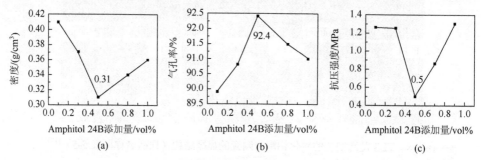

(a)　　　　　　　　　　(b)　　　　　　　　　　(c)

图 5-9　0.8 vol%TLS + Amphitol 24B 对 Al_2O_3 泡沫陶瓷密度（a）、气孔率（b）和抗压强度（c）的影响

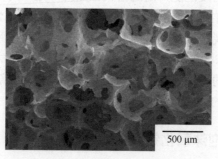

图 5-10　0.5 vol% Amphitol 24B、0.8 vol% TLS 制备的氧化铝泡沫陶瓷的断面形貌

时制备的泡沫陶瓷孔壁结构塌陷严重，平均孔径达到 580 μm。采用 TLS 和 Amphitol 20Y-B 组合也可以制备孔隙率高达 91.9%的氧化铝泡沫陶瓷。并且高气孔率氧化铝泡沫陶瓷的室温热导率很低。当气孔率为 90%时，热导率为 0.68 W/(m·K)。

5.3.4　氧化锆泡沫陶瓷的制备

氧化锆（ZrO_2）具有十分优异的物理和化学性能，除硫酸和氢氟酸外，在酸、碱及碱熔体、玻璃熔体和熔融金属条件下具有良好的稳定性，而且热导率低、热稳定性好、高温蠕变小，在工业生产中得到了广泛的应用。ZrO_2 共有三种晶型，低温时为单斜晶型，在 1100℃以上形成四方晶型，在 1900℃以上形成立方晶型。为了防止立方 ZrO_2 在低温条件下发生晶型转变，导致陶瓷产生缺陷甚至开裂，需要掺杂一定量的氧化物如 Y_2O_3、MgO、CaO 或 CeO_2 等稳定立方 ZrO_2，阻止晶型转变的发生。立方晶系 ZrO_2 的热导率最低，通常以其为原料制备热导率低、隔热效果好的 ZrO_2 泡沫陶瓷。张小强[18]以 CaO 稳定的立方 ZrO_2（CaO 含量：12 mol%）为原料，采用 TLS（Emal TD）发泡剂机械发泡，并结合 PIBM 体系进行凝胶固化成型，制备 Ca-ZrO_2 泡沫陶瓷，发泡制备的坯体在 1450℃下烧结 3 h 得到泡沫陶瓷。

图 5-11 为 TLS 添加量对 Ca-ZrO_2 泡沫陶瓷性能的影响。由图 5-11（a）可知，随着 TLS 添加量的增加，样品的密度依次下降。当 TLS 添加量为 0.3 vol%、0.8 vol% 和 1.5 vol%时，样品的密度分别为 1.44 g/cm^3、0.71 g/cm^3 和 0.61 g/cm^3。与样品密度变化趋势对应，样品的气孔率依次上升，分别为 74.3%、87.3%和 89%。样品的抗压强度随着 TLS 添加量的增加呈下降趋势，当 TLS 添加量为 0.3 vol%、0.5 vol% 和 0.8 vol%时，抗压强度分别为 8.3 MPa、4.8 MPa 和 1.8 MPa。

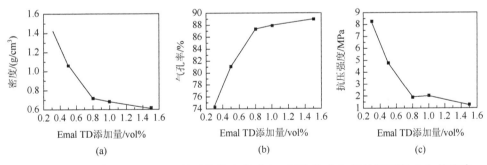

图 5-11　TLS 添加量对 Ca-ZrO_2 泡沫陶瓷密度（a）、气孔率（b）和抗压强度（c）的影响

图 5-12 是 TLS 制备的 Ca-ZrO_2 泡沫陶瓷的断面照片。随着 TLS 添加量的增加，样品的平均气孔尺寸呈增大趋势，气孔分布均匀性变差，孔壁厚度逐渐变小。当 TLS 添加量为 0.3 vol%时，平均气孔尺寸为 336 μm，能够观察到明显的孔壁；当 TLS 添加量为 1.0 vol%时，平均气孔尺寸为 555 μm，孔之间相互接触，孔壁明

显变薄。热导率测试结果显示，气孔率分别为 79% 和 89% 的 Ca-ZrO₂ 泡沫陶瓷的室温热导率分别为 0.20 W/(m·K) 和 0.11 W/(m·K)，具有很好的隔热性能。

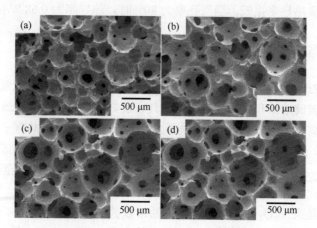

图 5-12　不同 TLS 添加量对 Ca-ZrO₂ 泡沫陶瓷孔结构的影响
（a）0.3 vol%；（b）0.5 vol%；（c）0.8 vol%；（d）1.0 vol%

5.4　自固化体系结合阳离子表面活性剂发泡

5.4.1　颗粒稳定泡沫

　　除了发泡剂和蛋白质分子外，固体颗粒也可以作为泡沫稳定剂。20 世纪初，Pickering[22] 在 Ramsden[23] 发现颗粒稳定乳状液的基础上，研究了颗粒稳定乳状液的机理，开启了颗粒稳定乳状液和颗粒稳定泡沫的研究及应用。

　　与发泡剂稳定泡沫原理类似，颗粒作为泡沫稳定剂首先要吸附在气液界面，形成固态膜。颗粒能否吸附在气液界面，很大程度上取决于颗粒表面的亲疏水性，只有具有一定疏水性的颗粒才能吸附在气液界面[19]。颗粒表面的疏水性可以通过液体在其表面形成的接触角（θ）定量衡量。如图 5-13 所示，当 θ 小于 90° 时，颗粒以亲水性为主，在气液界面倾向于进入水相；当 θ 大于 90° 时，颗粒以疏水性为主，倾向于进入气相或油相。

　　与发泡剂形成的液膜相比，颗粒吸附在气液界面形成的固态膜具有表面黏度大和机械强度高的特点，能够显著降低泡沫的排液和粗化[24]。即颗粒稳定泡沫具有优异的稳定性。从能量角度分析颗粒稳定泡沫的稳定性更加直观，如半径为 R 的球形颗粒在气液界面的吸附能量（E）可使用式（5-1）表示。

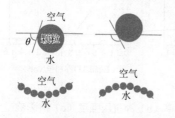

图 5-13　接触角对颗粒在气液界面位置的影响[18]

$$E = \pi R^2 \gamma (1 \pm \cos\theta)^2 \qquad (5\text{-}1)$$

式中，γ 是气液界面张力，括号里面的加号表示颗粒移向气相，减号表示颗粒移向水相[19]。从式（5-1）可以看出，在特定的泡沫体系中，颗粒在气液界面的吸附能量取决于 R 和 θ。对于 θ 在 30°～150°、R 大于 20 nm 的颗粒，其在气液界面的吸附能量高达数千到数百万个 kT，远远大于表面活性剂在气液界面的吸附能量（几个 kT）。因此，颗粒在界面的吸附可以认为是不可逆吸附，颗粒稳定泡沫具有优异的稳定性，适合用于制备闭气孔结构的泡沫陶瓷。

颗粒稳定泡沫在食品和泡沫浮选方面已经得到了广泛的应用。在食品领域，泡沫结构十分常见，如蛋糕、面包和冰淇淋[24]。将颗粒稳定泡沫的原理应用于充气食品，可以显著增强食品的稳定性。泡沫浮选也利用颗粒稳定泡沫的原理，添加捕获剂使颗粒表面部分疏水，从而吸附在气泡界面，随气泡上浮，达到分选的目的[25]。泡沫浮选已成为一种广泛应用的微小固体颗粒废弃物收集方法。近年来，颗粒稳定泡沫在泡沫陶瓷制备领域成为研究热点，最具代表性的工作是瑞士苏黎世联邦理工学院 Gauckler 教授研究团队提出的超稳定泡沫[26]，这项工作开启了颗粒稳定泡沫制备泡沫陶瓷的研究。

5.4.2　泡沫氧化铝的制备

首先在尼龙球磨罐中加入超纯水、PIBM 溶液和氧化铝粉体以及氧化铝研磨球（球料比为 2∶1，球直径 5 mm），使用行星式球磨机以 250 r/min 转速球磨 1 h，得到 PIBM 分散的 50 vol%固含量氧化铝陶瓷浆料。然后向球磨罐中加入十二烷基三甲基氯化铵（DTAC），继续球磨 0.5～1 h，得到氧化铝泡沫浆料。再将泡沫浆料转移至量杯，使用搅拌器配上四方片打蛋棒 600 r/min 搅拌 4 min，得到氧化铝湿泡沫。

表 5-6 给出了在 PIBM 分散的氧化铝浆料中加入 DTAC 制备氧化铝泡沫陶瓷的总气孔率、平均孔径和抗压强度，其中 PIBM 和 DTAC 的加入量均表示为相对于氧化铝粉体的质量分数，图 5-14 给出了这些泡沫陶瓷的显微结构，经测量和统计得出平均孔径数据。

由表 5-6 可以看出，在 PIBM 加入量为 0.2 wt%～0.3 wt%时，泡沫陶瓷的总气孔率均随 DTAC 加入量的增大而增大，尤其在 DTAC 浓度由 0.021 wt%增大到 0.042 wt%阶段；而且，PIBM 加入量越高，泡沫陶瓷总气孔率随 DTAC 加入量的变化幅度越小。例如，当 PIBM 加入量为 0.2 wt%时，DTAC 加入量由 0.021 wt%增大到 0.042 wt%，浆料制备的泡沫陶瓷总气孔率由 68.3%显著增大到 80.4%；PIBM 加入量为 0.3 wt%时，泡沫陶瓷的总气孔率仅由 78.4%增大到 81.4%。另外，在 DTAC 加入量相同时，泡沫陶瓷的总气孔率也随 PIBM 加入量的增大而增大。

表 5-6　DTAC 发泡制备氧化铝泡沫陶瓷的总气孔率、平均孔径和抗压强度[25]

样品编号	PIBM 加入量/wt%	DTAC 加入量/wt%	总气孔率/%	平均孔径/μm	抗压强度/MPa
P1T1		0.021	68.3	59±26	71.1±12.8
P1T2	0.2	0.042	80.4	56±34	28.8±4.1
P1T3		0.063	80.7	50±26	30.4±3.1
P2T1		0.021	72.9	64±30	67.2±7.0
P2T2	0.25	0.042	80.7	61±27	29.4±7.3
P2T3		0.063	82.3	53±30	24.6±5.1
P3T1		0.021	78.4	89±63	32.6±4.3
P3T2	0.3	0.042	81.4	65±31	21.8±1.9
P3T3		0.063	82.9	54±26	18.1±3.0

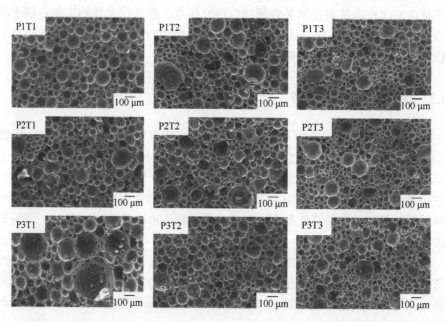

图 5-14　DTAC 发泡制备的氧化铝泡沫陶瓷的显微结构（样品编号同表 5-6）

　　如表 5-6 所示，PIBM 和 DTAC 的加入量对泡沫陶瓷的平均孔径和标准偏差也存在影响。随 DTAC 加入量增大，泡沫陶瓷的平均孔径呈现降低的趋势，尤其在高 PIBM 加入量时。例如，当 PIBM 加入量为 0.2 wt%时，DTAC 加入量由 0.021 wt%增大到 0.063 wt%，泡沫陶瓷平均孔径仅由 59 μm 减小到 50 μm；PIBM 加入量为 0.3 wt%时，泡沫陶瓷的平均孔径由 89 μm 显著减小到 54 μm。另外，在低 DTAC 加入量（如 0.021 wt%）时，PIBM 加入量对平均孔径的影响更加显著，

　　尤其是 PIBM 加入量高于 0.25 wt%时，随着 DTAC 加入量增大，PIBM 加入量对平均孔径的影响减弱，不同 PIBM 加入量制备的泡沫陶瓷的孔径尺寸趋于一致。

　　PIBM 和 DTAC 加入量对泡沫陶瓷总气孔率和平均孔径的影响归因于 PIBM 和 DTAC 对氧化铝浆料表面张力、黏度和发泡能力以及湿泡沫稳定性的影响。在 PIBM 含量相同的氧化铝浆料中，增大 DTAC 加入量，氧化铝浆料表面张力降低，浆料发泡能力增大，但是浆料的黏度也随之增大，限制了浆料发泡能力的增大，所以泡沫陶瓷的总气孔率先增大后趋于平稳。同时，由于颗粒表面的疏水性随 DTAC 加入量增大而增大，氧化铝颗粒稳定的湿泡沫的稳定性随之增大。由此制备的泡沫陶瓷的孔径较小。另外，在 DTAC 加入量相同时，增大 PIBM 加入量，氧化铝浆料黏度降低，浆料发泡能力增大。导致泡沫陶瓷总气孔率随之增大。但是，在低 DATC 含量和高 PIBM 含量时，颗粒表面疏水性较低，且湿泡沫中气泡含量高，导致泡沫容易出现粗化和一些人气孔（图 5-14 中 P3T1）。

　　图 5-15 给出了 DTAC 修饰 PIBM 分散氧化铝浆料制备的泡沫陶瓷的抗压强度。泡沫陶瓷的抗压强度随相对密度的增大而增大，变化关系符合 Gibson-Ashby 模型，线性拟合指数为 2.45。为了比较，图 5-15 也给出了上节中 TLS 发泡制备的氧化铝泡沫陶瓷的抗压强度。TLS 发泡制备的泡沫陶瓷的抗压强度明显小于加入 DTAC 制备的泡沫陶瓷的抗压强度。例如，加入 DTAC 制备的相对密度为 19.3%的泡沫陶瓷（表 5-6 中 P1T3，气孔率 80.7%）的抗压强度高达 30.4 MPa，加入 TLS 制备的相对密度为 18.9%的泡沫陶瓷（表 5-5 中 P2T4，气孔率 81.1%）的抗压强度仅为 16.0 MPa。

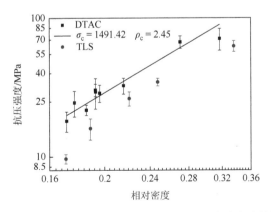

图 5-15　DTAC 修饰 PIBM 分散氧化铝浆料制备的泡沫陶瓷的抗压强度

　　由上述结果可知，在 PIBM 分散的氧化铝浆料中加入 TLS 和 DTAC，在相同气孔率下前者的抗压强度明显小于后者。这是由于泡沫陶瓷的显微结构明显不同：由 TLS 发泡制备的泡沫陶瓷平均孔径大于 120 μm，在较高气孔率（如 84%）下平均孔径超过 200 μm，气孔尺寸标准偏差也很大，介于 50～100 μm，气孔贯通，孔壁上存在窗口，尤其在大气孔之间。与此相反，加入 DTAC 制备的泡沫陶瓷平均孔径小于 90 μm，气孔尺寸标准偏差很小，介于 25～65 μm，孔壁致密，只有少数大气孔。这两种泡沫陶瓷显微结构不同是由湿泡沫稳定性不同造成的。TLS 发泡制备的湿泡沫属于表面活性剂稳定泡沫，泡沫稳定性较差，容易出现泡沫粗化和液膜破裂等失稳现象，再加上 PIBM 凝胶速率较慢，无法有效阻止泡沫的失稳，因此，泡沫陶瓷中气孔平均孔径大，气孔贯通。在 PIBM 分散氧化铝浆料中加入 DTAC 制备的湿泡沫属于颗粒稳定泡沫，阳离子型表面活性剂 DTAC 作为疏水修饰剂通过 PIBM 连接在氧化铝颗粒表面，增大颗粒表面的疏水性，疏水化的颗粒吸附在气液界面，发挥稳定泡沫的作用，使湿泡沫具有优异的稳定性，湿泡沫的气泡结构能够很好地保留到泡沫陶瓷中，由此制备的泡沫陶瓷中气孔孔径小且孔壁致密。

与此同时，赵瑾等[27]在 PAA（常见阴离子型分散剂，聚内烯酸铵）分散的氧化铝浆料中添加 DTAC，DTAC 与氧化铝颗粒表面的 PAA 发生静电作用，连接在颗粒表面，导致颗粒表面 Zeta 电位降低，疏水性增强。即经 DTAC 疏水修饰的浆料具有凝胶特性。他们还系统研究了 DTAC 和 PAA 加入量与湿泡沫稳定性的关系，制备了具有约80%气孔率，50 μm 平均孔径和孔壁致密的氧化铝泡沫陶瓷，抗压强度高达 30 MPa。同样，赵瑾[17]还尝试了以柠檬酸铵（简称 TAC）作为氧化铝颗粒的分散剂，以 DTAC 作为疏水修饰剂，制备了气孔率为 87.2%、抗压强度达 16.2 MPa 的氧化铝泡沫陶瓷。

5.4.3　高强度氧化铝泡沫陶瓷的制备

为了进一步提高氧化铝泡沫陶瓷的强度，汪林英等[28]以亚微米氧化铝粉体为原料，在 PAA 和 DTAC 的添加量分别为 0.40 wt% 和 0.020 wt% 时，制备的湿泡沫具有最高稳定性，所制备的多孔氧化铝陶瓷的气孔率达到 82%，其中 75% 为闭气孔，气孔平均尺寸为 64 μm，抗压强度达到 39 MPa，优于目前已报道的多孔氧化铝陶瓷，这归功于致密的孔壁和细小的晶粒（0.7 μm）（图 5-16）。泡沫氧化铝的介电常数比致密氧化铝低了 50～60%，满足了微波通信的应用需求（图 5-17）。

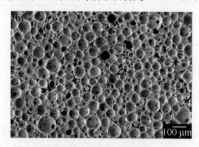

图 5-16　由疏水化的陶瓷颗粒稳定泡沫制备　　图 5-17　闭孔细晶泡沫氧化铝成功用于
　　　的细晶闭孔氧化铝泡沫陶瓷　　　　　　　　　　　某微波窗口

5.4.4 多孔莫来石陶瓷的制备

莫来石陶瓷具有高的高温强度、低热导率、低介电常数、低制备成本以及优异的抗热震性和高温稳定性，在天线罩材料领域具有极大的应用潜力。但是，在高频下致密莫来石的介电常数（ε 约 6.7）不满足天线罩材料的介电性能需求（$\varepsilon<5$），需要找到合适工艺降低介电常数。目前，将材料制备成为多孔陶瓷是降低材料介电常数最有效的方法。

制备多孔莫来石的方法有很多，相比于其他方法，颗粒稳定泡沫工艺制备的多孔莫来石具有孔隙率大、范围可调、孔径细小均匀和强度高等特点。赵瑾等[27]报道了一种间接疏水改性的颗粒稳定泡沫工艺制备多孔氧化铝的方法。该疏水改性方法分为两步，第一步是选用一种合适的分散剂对颗粒进行分散得到分散良好的浆料；第二步是选用与分散剂带有相反电荷的表面活性剂通过静电作用连接到分散剂上，进而完成对颗粒的间接疏水改性。实验证明，采用此法制备的泡沫在范德瓦耳斯力和疏水作用力下自发凝胶，解决了干燥过程中湿坯易开裂的问题[29, 30]，同时简化了颗粒稳定泡沫制备多孔陶瓷工艺。在此方法中，固含量、分散剂等选择至关重要，它们不仅决定着浆料在浇注时的流动性，还会显著影响表面活性剂的疏水改性效果，从而影响多孔陶瓷的孔隙率、孔尺寸及孔结构等。本节采用较为廉价的商业莫来石粉配制浆料，选用这种新型颗粒稳定泡沫方法制备多孔莫来石陶瓷[31]。研究分散剂种类、分散剂含量、发泡剂含量对多孔莫来石孔隙率、孔结构、孔尺寸、抗压强度以及显微形貌的影响，以期制备出孔径细小均匀的多孔莫来石陶瓷。

1. 以莫来石粉为原料制备泡沫莫来石陶瓷

商业莫来石粉体的平均粒径（d_{50}）为 10.4 μm，粒径较大，球磨后粉体的平均粒径为 0.81 μm，适合发泡成型。将一定量的分散剂 Ib104 或 Ib600 加入水中溶解；根据不同固含量配比加入莫来石粉体配制浆料 50 mL，搅拌均匀。加入氧化铝球，球料比为 2∶1，在球磨机上以转速为 250 r/min 球磨 1 h 后，加入 5 wt% DTAC 溶液，搅拌均匀，在球磨机上继续以 300 r/min 球磨发泡 30 min；将发泡得到的泡沫浆料倒入塑料烧杯中，用搅拌机搅拌 4 min，搅拌速率为 600 r/min。搅拌后将泡沫浆料浇注到自制模具中，泡沫在室温下凝胶固化 12 h 后取出，在室温下继续干燥 2 天。将干燥后的样品进行 1100℃预烧，最后在马弗炉中进行 1600℃高温烧结，保温 3 h，得到多孔莫来石陶瓷。

选用 Ib104 作分散剂时，最高固含量可以配制到 40 vol%。在此固含量下，分别加入相对于粉体质量的 0.3 wt%、0.4 wt%、0.5 wt%、0.7 wt% Ib104 作为分散剂。

由图 5-18（a）可知，配制得到的浆料均呈现剪切变稀的性质。随着 Ib104 添加量的升高，浆料的黏度先降低后升高，在 Ib104 添加量为 0.4 wt%时黏度最低。即在 100 s^{-1} 剪切速率下，随着 Ib104 添加量由 0.3 wt%上升至 0.4 wt%时，浆料黏度由 0.84 Pa·s 降低至 0.74 Pa·s，随着 Ib104 含量进一步增加至 0.7 wt%，浆料黏度上升至 0.95 Pa·s。

　　图 5-18（b）是 Ib104 含量对 40 vol%固含量浆料储能模量的影响。由图可知，在固含量相同的情况下，随着 Ib104 含量的增加，莫来石浆料的储能模量先升高后降低，其变化规律与黏度变化规律一致，且在 Ib104 含量为 0.4 wt%时储能模量最大。这说明选用该商业莫来石粉配制浆料时，Ib104 添加过多或过少均不利于浆料的凝胶化。即 Ib104 分散剂添加量为 0.4 wt%时浆料同时具有最低的黏度和最高的储能模量，兼具良好的流动性和凝胶特性。这是因为当 Ib104 含量为 0.4 wt%时，Ib104 分子恰好完全吸附于颗粒表面，浆料中无游离分子阻碍交联，此时浆料最易固化，凝胶性能最好。选用 Ib600 作为分散剂时，配制的莫来石浆料呈现剪切变稀的特性，黏度远低于 Ib104 配制的浆料。固含量可以配制到 45 vol%，Ib600 含量为 0.3 wt%时，浆料的黏度降低至 0.18 Pa·s。

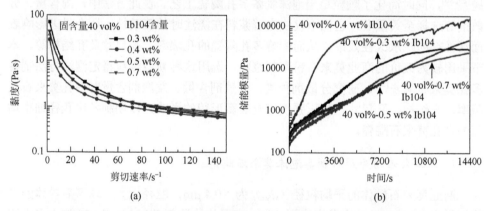

图 5-18　Ib104 含量对莫来石浆料黏度（a）和储能模量（b）的影响

　　以 Ib104 作为分散剂配制固含量为 40 vol%的莫来石浆料，添加 DTAC 疏水修饰剂（发泡剂）制备多孔莫来石。多孔莫来石孔隙率随 DTAC 含量的变化如图 5-19 所示，当 Ib104 分散剂含量为 0.4 wt%时，随着 DTAC 添加量的升高，多孔莫来石的气孔率由 52%上升至 67%。当 Ib104 含量为 0.5 wt%时，随着 DTAC 添加量的增加，多孔莫来石的气孔率由 41%上升至 73%。

　　以 Ib600 为分散剂，配制固含量为 45 vol%的莫来石浆料，再添加 DTAC 疏水修饰剂制备多孔莫来石。随着 DTAC 添加量由 0.10 wt‰提升至 0.42 wt‰，多孔莫来石的总气孔率由 74%降低至 63%，闭气孔率由 13%提升至 57%，相对闭气孔

率高达 91%（图 5-20）。与 40 vol%固含量的浆料相比，45 vol%的浆料更易制备
得到闭孔多孔陶瓷。

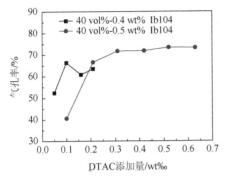

图 5-19 Ib104 为分散剂制备多孔莫来石的
气孔率

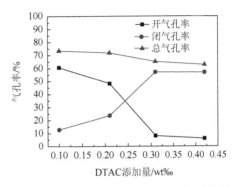

图 5-20 DTAC 含量对多孔莫来石气孔率的
影响（0.3 wt% Ib600，45 vol%固含量）

图 5-21 是所制备多孔莫来石的显微结构。可以看出，多孔莫来石的孔径均匀，
且孔壁致密，孔壁上的窗口基本消失。随着 DTAC 添加量的增加，多孔莫来石的孔
径更加细小均匀。当 DTAC 由 0.10 wt‰升高至 0.42 wt‰，多孔莫来石的平均孔径由
58 µm 逐渐降低至 33 µm，标准偏差由 39 µm 降低至 21 µm。这是因为随着 DTAC 添
加量的增加，泡沫的稳定性提高，使干燥过程中粗化合并减少，孔径更加细小均匀。

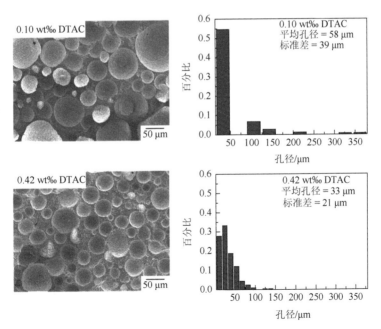

图 5-21 DTAC 添加量对多孔莫来石的显微结构及孔径的影响（0.3 wt% Ib600，45 vol%固含量）

表 5-7 是目前选用不同方法制备得到的多孔莫来石的气孔率、平均孔径及抗压强度。经过对比可以发现，在气孔率相近的情况下，以间接疏水改性颗粒稳定发泡制备的多孔莫来石的抗压强度远高于其他方法制备得到的多孔莫来石。例如，75%气孔率的样品抗压强度达到 27.3 MPa，这都归功于其细小均匀的孔隙。总之，选用短链的 Ib600 做分散剂更有利于制备孔径细小均匀、闭孔结构的多孔莫来石陶瓷。

表 5-7　不同方法制备多孔莫来石的孔隙率及强度

制备方法	气孔率/%	抗压强度/MPa	平均孔径/μm
间接疏水改性颗粒稳定发泡	75 72 69 63	27 39 57 71	30～75
冷冻干燥注凝法[32]	89	1.5	100（树枝状孔）
冷冻铸造法[33]	31.3～79	8.2～80.4	20～25
纤维搭接造孔法[34]	61～71	4.4～7.6	5
热发泡法[35]	95～96	0.2～1.5	0.73～2 mm
醇基注凝工艺[36]	76～82	1.6～3.6	<1
直接烧结空心微球[37]	81	6.3	500
添加造孔剂法[38]	57～62	18～25（弯曲）	—
表面活性剂稳定泡沫[39]	77	15.2	359

2. 反应烧结法制备高纯多孔莫来石陶瓷

上一节选用商业莫来石粉作原料，通过分散和疏水改性制备了多孔莫来石陶瓷。但是，由于商业莫来石粉杂质含量高，制得多孔莫来石介电性能差，不能满足天线罩的应用要求。本节采用高纯度氧化铝和氧化硅为原料，采用类似的发泡工艺，反应烧结制备莫来石陶瓷[38]。

以商业氧化铝粉（商品牌号 AES-11，纯度 99.8%，d_{50} 为 0.45 μm）和熔融石英粉（纯度 99.7%，d_{50} 为 3.83 μm）为原料，选用短链的具有较好分散效果的异丁烯-马来酸酐共聚物（Ib600）为分散剂，DTAC 为发泡剂制备浆料。图 5-22 是两种粉体的 Zeta 电位测试结果，氧化铝粉体的等电点位于 pH 8 左右，熔融石英粉体的 Zeta 电位在 pH = 1～12 范围内均为负值，最高达–71 mV。

首先制备 Ib600 溶液，然后按比例（Al_2O_3：SiO_2 = 71.8：28.2）先后加入石英和氧化铝粉体。搅拌均匀后，加入氧化铝球，球料比 2：1，在行星球磨机上以 250 r/min 球磨 3 h。向浆料中边搅拌边加入相对于粉体质量 0.11～0.34 wt‰的 DTAC 进行疏水改性。继续球磨发泡，转速 250 r/min，球磨 30 min 后得到复合粉体泡沫浆料。再用搅拌器以转速 600～800 r/min 搅拌 4～6 min，使泡沫更为均匀。

随后,将泡沫浇入自制模具中凝胶化 12 h,干燥 48 h。将制备的泡沫素坯在 1100℃ 预烧 2 h,然后在 1300~1600℃下烧结 3 h 制得多孔莫来石陶瓷。

如图 5-23 所示,1300℃烧结后的样品中存在方石英和氧化铝相,但未出现莫来石相;当烧结温度升至 1400℃,样品中出现莫来石相,但仍存在大量的氧化铝和石英相;进一步提高烧结温度至 1500℃,莫来石相成为主相,石英峰基本消失,但是依然有很微弱的氧化铝峰;当烧结温度提升至 1600℃时,谱图中仅存在莫来石相,氧化铝和石英相完全消失。

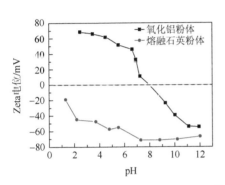

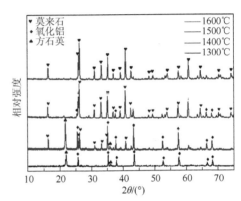

图 5-22　氧化铝和熔融石英粉体的 Zeta 电位　　图 5-23　不同温度烧结后样品的 XRD 谱图

分别配制 50 vol%、和 55 vol%固含量的复合粉体浆料,经过球磨发泡后以 600 r/min 机械搅拌 4 min 得到泡沫浆料;经发泡、干燥和烧结得到多孔莫来石。由图 5-24 可知,复合粉体浆料固含量为 50 vol%时,随着 DTAC 添加量的升高,多孔莫来石的总气孔率略微降低,闭气孔率逐渐升高。例如,当 DTAC 添加量由 0.11‰上升至 0.34‰时,多孔莫来石的总气孔率由 82%逐步降低至 67%,闭气孔率由 2%显著升高至 44%。这说明随着 DTAC 添加量的增加,复合粉体泡沫的稳定性升高,闭气孔率上升。进一步提升浆料固含量至 55 vol%,当 DTAC 添加量

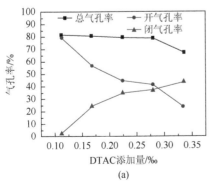

(a)

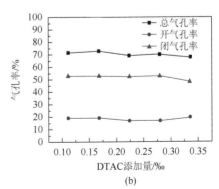

(b)

图 5-24　50 vol%(a)和 55 vol%(b)固含量浆料发泡得到多孔莫来石的气孔率

由 0.11‰ 上升至 0.34‰ 时，多孔莫来石的总气孔率由 72% 降低至 68%，闭气孔率保持在 51% 左右。

图 5-25 是 50 vol% 固含量的莫来石浆料添加不同量 DTAC 疏水改性后所制备的多孔陶瓷的显微结构。随着 DTAC 添加量的增加，多孔莫来石的孔径明显减小。这说明随着 DTAC 添加量的增加，泡沫的稳定性升高，在浆料的干燥过程中泡沫粗化更少，泡沫孔径保持细小。当 DTAC 添加量较少时，孔壁中仍存在少量窗口；随着 DTAC 添加量的增加，孔壁中的窗口逐渐减少直至几乎消失，这是泡沫稳定性升高导致的。

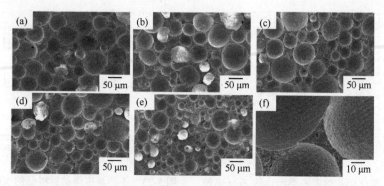

图 5-25　DTAC 添加量对多孔莫来石孔径的影响（50 vol% 固含量）

（a）0.11 wt‰（b）0.17 wt‰；（c）0.22 wt‰；（d）0.28 wt‰；（e）0.34 wt‰；（f）孔壁

图 5-26 是不同固含量浆料制备得到的多孔莫来石的平均孔径。高固含量浆料发泡得到的多孔莫来石孔径更小，且随着 DTAC 添加量的增加，多孔莫来石的平

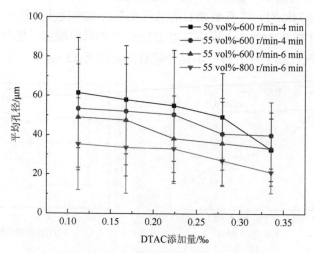

图 5-26　不同固含量浆料制得多孔莫来石的平均孔径

均孔径会逐步减小。当 DTAC 添加量由 0.11 wt‰升高至 0.34 wt‰时，50 vol%和 55 vol%固含量浆料制得的多孔莫来石的平均孔径分别由（61.4±28.1）μm 和（53.5±30.1）μm 降低至（32.8±16.0）μm 和（40.1±16.8）μm。结果表明，提高浆料固含量有利于制备低孔隙率、细小均匀孔径的多孔莫来石陶瓷。

总之，浆料的固含量对多孔莫来石的孔隙率、孔结构和孔径都具有显著的影响。高固含量浆料黏度更高，经过发泡制得的多孔陶瓷孔隙率更低，相对闭气孔率更高，平均孔径更细小，烧结后收缩率更低。这说明高固含量的浆料有利于制备孔径细小均匀并具有闭孔结构的多孔莫来石。对于大尺寸陶瓷的制备，提高浆料固含量可以有效减少烧结收缩，一定程度上避免样品在烧结过程中的开裂。高速搅拌具有消泡和细化泡沫的作用（图 5-26）。在较低搅拌速率下，多孔莫来石孔隙率高，孔径较大，具有开孔的孔结构；随着搅拌转速的提高，制得的多孔莫来石的孔隙率逐渐降低，但是显微结构下孔径会更加细小均匀，相对闭气孔率会逐渐提高。通过控制浆料固含量和搅拌工艺，得到孔隙率为 44%～70%的多孔莫来石，随着孔隙率的升高，其介电常数由 3.86 逐渐降低至 2.25，介电损耗由 1.13×10^{-3} 上升至 1.34×10^{-3}，热导率由 1.46 W/(m·K)降低至 0.80 W/(m·K)，制备的多孔莫来石具有良好的介电性能和一定的隔热能力。然而，莫来石中孔隙的引入使强度显著降低，限制了莫来石天线罩材料在航空航天领域的应用。为此，亟须寻找一种增强工艺，以提高多孔莫来石的强度，满足高速飞行器的应用需求。

3. 晶须自增强多孔莫来石陶瓷的制备[40]

在 5.4.4 节第 2 部分发泡结合反应烧结法制备多孔莫来石陶瓷的基础上，为了进一步提高多孔莫来石的抗压强度，在浆料配制过程中添加 $AlF_3 \cdot 3H_2O$。该添加剂在高温烧结中形成气相，促进莫来石晶须生长，达到支撑孔壁的作用。而且，这种添加剂在烧结过程中会形成气体排出体系，不对莫来石陶瓷产生污染。

本节选用的原料粉、分散剂和发泡剂与上一节相同。实验流程如下：分别称取相对于粉体质量 0.16 wt%的 Ib600，71.8 wt%氧化铝粉和 28.2 wt%氧化硅粉，并依次加入水中，搅拌均匀，配制 55 vol%固含量的复合粉体浆料。随后，加入相对于粉体质量 2 wt%～6 wt%的 $AlF_3 \cdot 3H_2O$，搅拌均匀。在浆料中再滴加 0.11 wt‰～0.34 wt‰的 DTAC，搅拌均匀后继续以 250 r/min 球磨 30 min。出料后进行搅拌发泡（转速 1000 r/min，搅拌 6 min），将泡沫浆料浇注至模具中，凝胶固化 12 h 后脱模，室温下干燥两天，得到具有一定强度的泡沫素坯，在 1400～1600℃高温下烧结 5 h，得到晶须自增强多孔莫来石。

如图 5-27 所示，多孔莫来石的孔隙率随 DTAC 添加量的变化而基本不变，保持在 55%～60%。而且，经阿基米德法测试发现，加入 2 wt%～6 wt% $AlF_3 \cdot 3H_2O$ 的所有多孔莫来石陶瓷样品的闭气孔率均低于 5%。随着烧结温度的升高，晶须自增强多孔莫来石的气孔率略微升高。此外，在不同的烧结温度下，泡沫陶瓷的收缩率不大于 7%，这样低的烧结收缩率对于制备大尺寸或复杂形状部件是十分有利的。

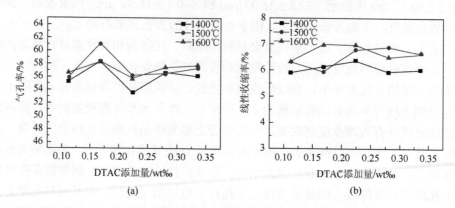

图 5-27　晶须自增强多孔莫来石的气孔率（a）和收缩率（b）

图 5-28 是添加 0.17 wt‰ DTAC 的素坯经 1600℃烧结后得到的晶须自增强多孔莫来石的显微结构。由于烧结过程中晶须在孔中生长，使经过发泡得到的原始孔结构被覆盖，很难观测到圆形孔结构，而是变成了晶须相互交叉形成的通道状孔。进一步放大观测倍数，可以发现晶须通过在原始孔中交汇甚至贯穿形成支撑孔壁的结构，从而达到增强的作用。

如图 5-29 可知，晶须自增强多孔莫来石的抗压强度随密度的升高而增大。对于相近密度（1.25 g/cm³）的样品，晶须自增强多孔莫来石的抗压强度高达（104.6±7.8）MPa，高于未增强多孔莫来石的抗压强度 [（92.4±13.1）MPa]，强度提高了近 13%。

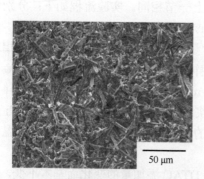

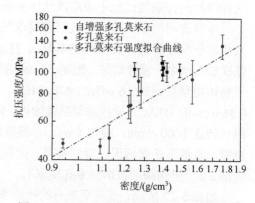

图 5-28　晶须自增强多孔莫来石的显微形貌（0.17 wt‰ DTAC，1600℃烧结）

图 5-29　晶须自增强多孔莫来石的抗压强度

介电性能测试结果表明，经过不同温度烧结，制得的晶须自增强多孔莫来石均具有良好的介电性能。经过 1400℃烧结，随着气孔率由 54%上升至 58%，样品的介电常数由 2.92 降低至 2.75；介电损耗维持在 $1×10^{-3}$ 左右。进一步升高烧结温度，在气孔率相近的情况下，烧结温度对介电常数的影响不明显，但可以显著降低多孔莫来石的介电损耗。例如，对于 58%气孔率的晶须自增强莫来石，经过 1600℃烧结得到的样品介电损耗为 $8.67×10^{-4}$，较 1400℃烧结得到相同气孔率的样品介电损耗（$1.02×10^{-3}$）降低了 15%。这说明提高晶须自增强多孔莫来石的烧结温度，可以在不影响介电常数的情况下降低介电损耗。这可能是由于 $AlF_3·3H_2O$ 在烧结过程中与粉体中的杂质反应形成气相排出，提高了样品纯度，从而降低多孔莫来石的介电损耗。

5.5　本 章 小 结

本章将自固化凝胶成型与直接发泡法相结合制备泡沫陶瓷。

直接发泡法离不开表面活性剂（发泡剂），常用的阴离子型发泡剂在气液界面的吸附能量较小（通常在几个 kT），容易从界面脱附，引起泡沫合并和粗化。即使采用自发凝固体系稳定泡沫，使用阴离子型发泡剂制备的泡沫陶瓷在高孔隙率的情况下仍是开孔结构，不同的发泡剂和添加量对气孔率和孔径有影响。采用该组合方法，添加一种发泡剂，分别制备了氧化铝和氧化锆泡沫陶瓷。添加两种发泡剂，氧化铝泡沫陶瓷气孔率可以达到 92.4%。

疏水性颗粒在气液界面的吸附能量高达数千到数百万 kT，泡沫具有优异的稳定性，适合制备闭孔结构的泡沫陶瓷。采用 DTAC 疏水修饰阴离子分散剂（Isobam，PAA 或 TAC），使其兼具分散、发泡和凝胶固化功能，拓宽了颗粒稳定泡沫的研究范畴。以此方法制备高闭气孔率、高强度的氧化铝泡沫陶瓷，同时具有低的介电常数，已应用于某飞行器微波天线窗口。同法制备了莫来石泡沫陶瓷，在莫来石泡沫陶瓷制备过程中添加 $AlF_3·3H_2O$，成功制备了晶须自增强多孔莫来石。密度为 1.25 g/cm^3（气孔率 60%）的莫来石泡沫陶瓷的抗压强度达到（104.6±7.8）MPa，热导率低于 1 W/(m·K)，介电常数及介电损耗分别低于 3 和 $1×10^{-3}$，在天线罩领域具有巨大的应用潜力。

参 考 文 献

[1]　Wang H T，Liu X Q，Zheng H，et al. Gelcasting of La$_{0.6}$Sr$_{0.4}$Co$_{0.8}$Fe$_{0.2}$O$_{3-δ}$ from oxide and carbonate powders. Ceramics International，1999，25（2）：177-181.

[2]　陈军超，任凤章，马战红，等. 泡沫陶瓷的制备方法及应用. 中国陶瓷，2009，45（1）：8-12.

[3]　杨秋婷，史阳. 泡沫陶瓷的研究现状和发展前景. 佛山陶瓷，2009，19（4）：40-43.

[4]　王连洲，施剑林，禹剑，等. 介孔氧化硅材料的研究进展. 无机材料学报，1999，14（3）：333-342.

[5]   Andrew J, Sherman H, Robert, et al. Refractory ceramic foams: A novel, new high-temperature structure. Ceramics Bulletin, 1991, 70 (6): 1025-1029.

[6]   Teresa V S, Gregorio M, Antonio B F. Low-temperature SCR of NO_x with NH_3 over carbon-ceramic cellular monolith-supported manganese oxides. Catalyst Today, 2001, 69 (1-4): 259-264.

[7]   Kato S, Hirano Y, Iwata M, et al. Photocatalytic degradation of gaseous sulfur compounds by silver-deposited titanium dioxide. Applied Catalysis B: Environment, 2005, 57: 109-115.

[8]   Rambo C R, Cao J, Sieber H. Preparation and properties of highly porous, biomorphic YSZ ceramics. Materials Chemistry and Physics, 2004, 87: 345-352.

[9]   Young A C, Omatete O O, Janney M A, et al. Gelcasting of alumina. Journal of the American Ceramic Society, 1991, 74 (3): 612-618.

[10]   Takeshita M, Kurita S. Development of self-hardening slip casting. Journal of the European Ceramic Society, 1997, 17 (2-3): 415-419.

[11]   Mao X J, Shimai S Z, Dong M J, et al. Investigation of new epoxy resins for the gelcasting of ceramics. Journal of the American Ceramic Society, 2008, 91 (4): 1354-1356.

[12]   Yang Y, Shimai S Z, Wang S W. Room-temperature gelcasting of alumina with a water-soluble copolymer. Journal of Materials Research, 2013, 28 (11): 1512-1516.

[13]   Hu L F, Wang C A, Huang Y. Porous YSZ ceramics with unidirectionally aligned pore channel structure: Lowering thermal conductivity by silica aerogels impregnation. Journal of the European Ceramic Society, 2011, 31: 2915-2922.

[14]   Hou Z G, Liu J C, Du H Y, et al. Preparation of porous Y_2SiO_5 ceramics with relatively high compressive strength and ultra-low thermal conductivity by a TBA-based gel-casting method. Ceramics International, 2013, 39: 969-976.

[15]   Yang Y, Shimai S Z, Sun Y, et al. Fabrication of porous Al_2O_3 ceramics by rapid gelation and mechanical foaming. Journal of Materials Research, 2013, 28 (15): 2012-2016.

[16]   Mao X J, Shimai S Z, Wang S W. Gelcasting of alumina foams consolidated by epoxy resin. Journal of the American Ceramic Society, 2008, 28 (1): 217-222.

[17]   赵瑾. 表面活性剂疏水修饰陶瓷颗粒制备泡沫陶瓷. 北京: 中国科学院大学, 2018.

[18]   张小强. 高气孔率泡沫陶瓷的注凝成型. 上海: 中国科学院大学, 2015.

[19]   Binks B P. Particles as surfactants-similarities and differences. Current Opinion in Colloid & Interface Science. 2002, 7 (1): 21-41.

[20]   Sepulveda P, Binner J. Processing of cellular ceramics by foaming and in situ polymerisation of organic monomers. Journal of the European Ceramic Society, 1999, 19 (12): 2059-2066.

[21]   Ortega F S, Valenzuela F A O, Scuracchio C H, et al. Alternative gelling agents for the gelcasting of ceramic foams. Journal of the European Ceramic Society, 2003, 23 (1): 75-80.

[22]   Pickering S U. Cxcvi. —emulsions. Journal of the Chemical Society, Transactions, 1907, 91: 2001-2021.

[23]   Ramsden W. Separation of solids in the surface-layers of solutions and 'suspensions' (observations on surface-membranes, bubbles, emulsions, and mechanical coagulation). —Preliminary account. Proceedings of the Royal Society of London, 1903, 72 (477-486): 156-164.

[24]   Dickinson E. Food emulsions and foams: Stabilization by particles. Current Opinion in Colloid & Interface Science, 2010, 15 (1-2): 40-49.

[25]   吴玮, 陈洪龄. 颗粒稳定乳液和泡沫体系的原理和应用 (III) ——气/水界面的 Pickering 现象. 日用化学工业, 2013, 43 (3): 173-178.

[26] Gonzenbach U T, Studart A R, Tervoort E, et al. Ultrastable particle-stabilized foams. Angewandte Chemie-International Edition, 2006, 45 (21): 3526-3530.

[27] Zhao J, Shimai S Z, Zhou G H, et al. Ceramic foams shaped by oppositely charged dispersant and surfactant. Colloids and Surfaces A: Physicochemical and Engineering Aspects, 2018, 537: 210-216.

[28] Wang L Y, An L Q, Zhao J, et al. High-strength porous alumina ceramics prepared from stable wet foams. Journal of Advanced Ceramics, 2021, 10 (4): 852-859.

[29] Zhao J, Yang C, Shimai S Z, et al. The effect of wet foam stability on the microstructure and strength of porous ceramics. Ceramics International, 2018, 44: 269-274.

[30] Claro C, Muñoz J, de la Fuente J, et al. Surface tension and rheology of aqueous dispersed systems containing a new hydrophobically modified polymer and surfactants. International Journal of Pharmaceutics, 2008, 347: 45-53.

[31] Ren J T, Ying W, Zhao J, et al. High-strength porous mullite ceramics fabricated from particle-stabilized foams via oppositely charged dispersants and surfactants. Ceramics International, 2019, 45: 6385-6391.

[32] Ding S, Zeng Y P, Jiang D, Fabrication of mullite ceramics with ultrahigh porosity by gel freeze drying. Journal of the American Ceramic Society, 2007, 90: 2276-2279.

[33] Kim K H, Yoon S Y. Park H C. Recycling of coal fly ash for the fabrication of porous mullite/alumina composites. Materials, 2014, 7: 5982-5991.

[34] Yuan L, Ma B, Zhu Q, et al. Preparation and properties of mullite-bonded porous fibrous mullite ceramics by an epoxy resin gel-casting process. Ceramics International, 2017, 43: 5478-5483.

[35] Vijayan S, Wilson P, Prabhakaran K. Ultra low-density mullite foams by reaction sintering of thermo-foamed alumina-silica powder dispersions in molten sucrose. Journal of the European Ceramic Society, 2017, 37: 1657-1664.

[36] Liu S, Liu J, Hou F, et al. Microstructure and properties of inter-locked mullite framework prepared by the TBA-based gel-casting process. Ceramics International, 2016, 42: 15459-15463.

[37] Li N, Zhang X Y, Qu Y N, et al. A simple and efficient way to prepare porous mullite matrix ceramics via directly sintering SiO_2-Al_2O_3 microspheres. Journal of the European Ceramic Society, 2016, 36: 2807-2812.

[38] She J H, Ohji T. Fabrication and characterization of highly porous mullite ceramics. Materials Chemistry and Physics, 2003, 80: 610-614.

[39] Han L, Deng X, Li F, et al. Preparation of high strength porous mullite ceramics via combined foam-gelcasting and microwave heating. Ceramics International, 2018, 44: 14728-14733.

[40] 任剑海. 多孔莫来石的制备及其性能研究. 上海: 上海大学, 2019.

第6章　自固化凝胶成型应用技术与成果转化

6.1　引　　言

研以致用是科学研究的根本目的，也是笔者团队的研究理念。在研究自固化凝胶成型机理和普适性的基础上，笔者团队开展了一系列基于自固化凝胶成型的实用化技术开发和成果推广工作。

陶瓷成型主要包括干法、湿法和塑性成型三大类。模压和冷等静压属于干法成型，均已成为批量化的生产技术。在湿法方面，注浆和流延成型已成为批量化的生产技术。介于干法和湿法之间的塑性成型技术如热压铸、注射、挤出也已成为规模化技术，为日用瓷和先进陶瓷的发展作出了重要贡献。为了提高注浆的成型效率，发展了压力注浆和压滤等技术。对于大尺寸部件而言，采用上述相关技术所制备的素坯存在密度不均匀的问题。注凝成型是新的湿法成型技术，因浆料中的陶瓷颗粒被原位固化，所以制备的素坯密度均匀，陶瓷的性能优于冷等静压成型的样品[1]；但是该技术存在有机物添加量较大（4 wt%~5 wt%）及其导致的湿坯干燥和干坯脱粘困难等问题。相比于注凝成型，自固化凝胶成型体系优势更加明显：有机物添加量少（0.5 wt%），形成的有机网络有利于干燥过程中水分输运和应力释放，坯体干燥后不变形。同时，坯体在脱粘过程产生的内外温差波动小，坯体烧结后不开裂。与冷等静压成型相比，自固化凝胶成型不需要造粒、模压和冷等静压等三台重资产设备，且有机物添加量少，是一种低能耗、低排放、低运行成本的大尺寸陶瓷制造方法，契合双碳达标的国家战略。

自 2011 年发现自发凝胶固化现象以来，笔者团队一直致力于该成型技术的实用化研究，先后开展了陶瓷无界面连接、自固化凝胶成型结合压滤、凝胶再流动、泡沫前驱体制备氮化铝粉体等关键技术以及大尺寸高纯氧化铝陶瓷部件、泡沫陶瓷的工程化产业化研究工作。

6.2　陶瓷无界面连接技术

类似于食品凝胶，PIBM 自发凝固形成的氧化铝陶瓷凝胶具有自发脱水收缩特性[2]。即在常温密闭无蒸发的情况下，水从凝胶中脱出，凝胶发生收缩。氧化铝陶瓷凝胶经原位固化形成宏观整体的陶瓷凝胶后，坯体内部仍然存在活性反应基团，通过 PIBM 分子链中—COOH、—NH$_2$ 以及 NH$_4^+$ 等官能团的氢键以及 PIBM 憎水基团的疏水作用，有机网络间还能够持续进行凝胶固化，排出部分水分，使坯体发生一定的收缩。

利用该特性，彭翔等[3]发明了一种新的陶瓷坯体连接方法，在不利用任何黏结剂的条件下，实现了陶瓷坯体的直接连接，并可以保证连接处显微结构的均匀性。具体做法如图 6-1 所示，将氧化铝陶瓷浆料注入模具，密封后放入 50℃烘箱进行原位固化和脱水收缩。取出脱水收缩时间不同的样品，脱模后用手术刀切平陶瓷凝胶的连接面，然后将两块陶瓷凝胶直接进行对接。连接后的陶瓷凝胶放在室温下干燥和高温烧结。

图 6-1　连接前（a）和连接后（b）的氧化铝陶瓷凝胶

如图 6-2 所示，氧化铝陶瓷的弯曲强度随自发脱水时间的延长而降低。这主要是因为自发脱水时间越长，凝胶固化越充分，凝胶网络的交联度越高。相应地，陶瓷凝胶连接面上的分子链相互作用的能力减弱，连接能力变弱，导致连接界面产生缺陷。脱水收缩 10 h 后连接的氧化铝陶瓷，平均弯曲强度达到 468.5 MPa，与母材弯曲强度（470 MPa）非常接近。通过陶瓷凝胶的连接，可以制备不同形状的陶瓷制品（图 6-3），该连接方法或许可以为大尺寸陶瓷的制备提供一种新思路。

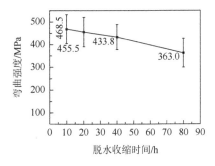 

图 6-2　自发脱水时间对连接氧化铝陶瓷弯曲　　　　图 6-3　连接制备的不同形状氧化铝陶瓷
　　　　　强度的影响

6.3　压滤辅助自固化凝胶成型技术

6.3.1　压滤辅助自固化凝胶成型制备高性能氧化铝陶瓷

1. 氧化铝浆料制备与压滤装置设计

为了解决自固化凝胶成型湿坯干燥时间长的问题（原位固化成型的共性问

题），狄正贤等[4]提出对自固化凝胶成型湿坯采用压滤辅助脱水的方法，以缩短干燥时间。

将 PIBM（0.1 wt% Ib104 + 0.2 wt% Ib600，相对于氧化铝的质量分数）溶于去离子水中，缓慢地添加氧化铝粉体（AES-11），边加边搅拌，氧化铝颗粒固含量为 50 vol%～56 vol%；然后，放入行星式球磨机以转速 250 r/min 混合 2 h，得到混合均匀、分散良好的陶瓷浆料；接着，浆料经真空脱气后注入尺寸 ϕ57.5 mm×25 mm 的圆柱形不锈钢模具中。自固化凝胶成型的浆料在 25℃下密封固化 20 h 后脱模干燥。压滤辅助自固化凝胶成型模具示意图如图 6-4 所示，在底部带有排水孔道的不锈钢模具上放置钢网和滤纸。钢网的作用是疏散被压出的水分，滤纸材质是有机聚合物。上表面覆盖一层有机薄膜密封，防止水分的蒸发以及引入空气。浆料浇注后立即加压，施加压力为 0.1 MPa 和 0.4 MPa，加压时间为 30～300 min。开始时的升压以及结束时的降压都在 1 min 内完成，压滤结束后立即脱模，湿坯放入恒温恒湿箱进行干燥。

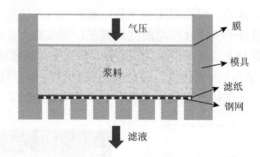

图 6-4　压滤辅助自固化凝胶成型模具示意图

干燥条件均为：温度 25℃，相对湿度 85%。素坯干燥后在马弗炉中预烧 1000℃×2 h，升温速率 1℃/min；最后，在空气气氛下烧结 1550℃×2 h 得到氧化铝陶瓷。

2. 脱水率的影响因素

针对固含量为 50 vol%的浆料，分别采用 0.1 MPa 和 0.4 MPa 的压力，测量浆料在不同时间点的脱水率。从图 6-5 可以看出，在 0.1 MPa 的压力下，随着加压时间的延长，脱水率缓慢增大，5 h 时最大达到 34.3 wt%。在 0.4 MPa 压力下，随着加压时间的延长，脱水率迅速增大，在加压 1 h 之后几乎达到一个稳定的平台，2 h 后脱水率就达到 35.3 wt%。结果表明，压力 0.4 MPa 要比 0.1 MPa 更高效快速地脱水。

值得注意的是，尽管浆料已发生了自发的凝胶化，但仍可以通过施加低压从湿坯中排出部分水分。与丙烯酰胺自由基聚合[5]、环氧树脂-多胺亲核加成[6]等传统注凝成型的有机物添加量（约 4 wt%）相比，自固化凝胶成型的有机物添加量（0.3 wt%）较低。这种低的添加量的有机物形成的有机网络密度低，有利于排水和干燥应力的释放，干燥后能够得到不变形的素坯，如图 3-34 所示。自固化凝胶成型制备的凝胶样品的强度低于其他注凝体系的强度[7]，并且凝胶固化速率慢，一般在 10~20 h[8, 9]。因此，凝胶化的湿坯中形成的低密度有机网络不会成为压滤水分排出的障碍，反过来说，外加压力不会破坏凝胶网络；而且，压滤对固化具有一定的促进作用，使湿坯具有初步强度。一般来说，在加压的前 20 min，可观察到较多水分从模具内排出，之后水分排出很少，主要发生颗粒的重排。

图 6-6 给出了不同固含量的浆料加压 0.4 MPa×2 h 后的脱水率和湿坯的相对密度。随着固含量的增加，脱水率减小，固含量从 50 vol%增大到 56 vol%时，脱水率从 35.3 wt%减小到 24.3 wt%，同时，湿坯相对密度从 58.1%逐渐增加到 61.1%。上述结果与压滤成型相似粒径的氮化硅浆料的结果相似[10]。

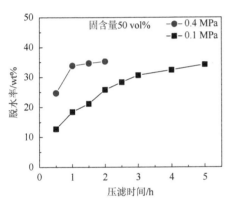 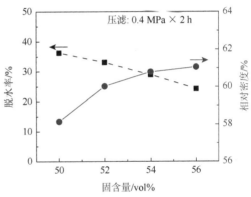

图 6-5　压强和压滤时间对脱水率的影响　　图 6-6　浆料固含量对脱水率和湿坯
　　　　　　　　　　　　　　　　　　　　　　　　相对密度的影响

压滤时浆料需要具备一定的固含量以确保成型速率以及成型体的结构均匀性。在加压过程中，随着固含量的增加，浆料中的固液比逐渐提高，固相所占体积增大，导致压滤阻力增大。另外，颗粒间距变窄，固体颗粒间的自由水含量减少，通过压滤排出的水分降低，浆料的脱水率减小。同时，固体颗粒在外力作用下重排的堆积密度提高。据报道，陶瓷浆料中存在颗粒团聚体，其体积分数随固含量的增加而增加[11]。固含量较高的浆料中湿坯的高堆积密度可能是浆料中的团聚体所致。高的堆积密度将导致较高的坯体强度以及较小的干燥和烧结收缩。

3. 压滤效果

图 6-7 是不同固含量的自固化凝胶成型样品和压滤样品在温度 25℃、相对湿

度 85%下的失水曲线，表 6-1 给出了恒速干燥阶段（CRP）的时长，CRP 阶段结束后坯体内的含水量，以及坯体残余含水量到达 0.4 wt%时的干燥时间。对于自固化凝胶成型样品来说，不同固含量的湿坯，CRP 阶段的时长不同。例如，当固含量从 50 vol%增加到 56 vol%，湿坯的含水量从 20 wt%降低到 16 wt%，CRP 阶段的时间从 42 h 降低到 28 h。另外，虽然湿坯的起始含水量和 CRP 阶段不同，但它们总的干燥时间几乎都是 139 h。

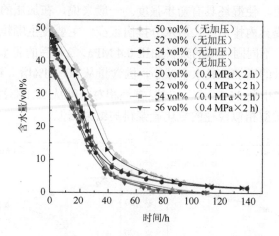

图 6-7　自固化凝胶成型湿坯和压滤湿坯的干燥曲线

　　压滤湿坯的含水量（12.7 wt%～13.7 wt%）比自固化凝胶成型湿坯的含水量（16 wt%～20 wt%）低。当固含量从 50 vol%增加到 56 vol%时，湿坯的含水量从 13.7 wt%降低到 12.7 wt%，CRP 阶段的时间从 39 h 缩短到 27 h，总的干燥时间从 80 h 缩短到 65 h。可以看出，通过压滤辅助自固化凝胶成型的方法排出浆料中部分水分，可以将干燥时间从 139 h 缩短到 80 h 以下，即干燥时间缩短了 42%以上[4]，这对提高工业化生产效率是十分有意义的。

　　进一步比较自固化凝胶成型湿坯和压滤湿坯的干燥曲线，可以发现：压滤湿坯 CRP 阶段的时长和 CRP 阶段结束后的残余水含量均小于相同固含量的自固化凝胶成型湿坯。例如，固含量为 50 vol%时，自固化凝胶成型湿坯 CRP 阶段的时长和 CRP 阶段结束后的残余水含量分别为 42 h 和 3.9 wt%；压滤湿坯 CRP 阶段的时长和 CRP 阶段结束后的残余水含量分别为 39 h 和 2.0 wt%，如表 6-1 所示。最终，当素坯残余水含量约为 0.4 wt%时，压滤湿坯所需的干燥时间为 80 h，比自固化凝胶成型湿坯（139 h）缩短了 42%。

　　表 6-1 显示了在温度 25℃和湿度 85%下干燥 139 h 后，固含量为 50 vol%～56 vol%的自固化凝胶成型样品和压滤样品的径向线性收缩率。对于自固化凝胶成型样品，固含量从 50 vol%增加到 56 vol%时，线性收缩率从 4.6%下降到 2.4%。

压滤样品的线性收缩率几乎不受固含量的影响，保持在 0.5%左右。很明显，压滤样品的线性收缩率远小于自固化凝胶成型样品。主要原因是通过压滤排出浆料部分水分，降低了干燥的时间和难度；而且，压滤提高了坯体的堆积密度，从而减小了干燥过程中颗粒的迁移距离。综上所述，压滤方法降低了后期的干燥收缩，在一定程度上对防止开裂是十分有利的，特别有利于大尺寸陶瓷部件的制备。

表 6-1　CRP 阶段时间和残余水含量为 0.4 wt%时的干燥时间

样品	固含量/vol%	恒速干燥时间/h	恒速干燥后残水率/wt%	0.4 wt%时的干燥时间/h	干燥收缩率/%
凝胶湿坯	50	约 42	约 3.9	约 139	4.6
	52	约 39	约 3.6	约 139	3.5
	54	约 28	约 4.0	约 139	3.0
	56	约 28	约 4.8	约 139	2.4
压滤湿坯	50	约 39	约 2.0	约 80	0.6
	52	约 37	约 1.9	约 75	0.52
	54	约 35	约 2.5	约 70	0.5
	56	约 27	约 3.4	约 65	0.5

图 6-8 是采用压汞法测得两种成型方法的素坯上表面单位重量的孔隙体积。当浆料固含量为 50 vol%时，自固化凝胶成型样品上表面的孔隙体积是 0.139 mL/g，压滤样品的孔隙体积降低到 0.132 mL/g。同样，当固含量 56 vol%时，自固化凝胶成型样品上表面的孔隙体积是 0.127 mL/g，压滤样品孔隙体积降低到 0.125 mL/g。可见，压滤样品的孔隙体积小于自固化凝胶成型样品，说明压滤是一种降低孔隙体积的有效方式，即提高了颗粒堆积密度。

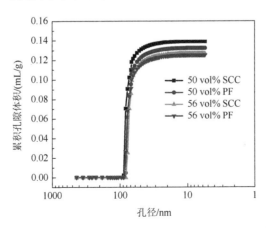

图 6-8　自固化凝胶成型素坯和压滤素坯的孔隙体积随浆料固含量的变化

通过对高固含量的浆料采用压滤辅助自固化凝胶成型的方法，提高了素坯的密度，降低了素坯的平均孔径，使小孔在后期的烧结中更易于排出。可见，压滤辅助自固化凝胶成型是一种可行的成型方法。

表 6-2 显示了由自固化凝胶成型和压滤工艺制备的陶瓷的密度及密度差随浆料固含量的变化关系。用平均值和相对标准差评价同一样品上、中、下三部分的密度差。对于自固化凝胶成型工艺制备的陶瓷，当浆料固含量从 50 vol%增加到 56 vol%时，平均密度在 3.909～3.922 g/cm³ 范围内，密度的相对标准偏差在 0.04%～0.12% 范围内。对于压滤工艺制备的陶瓷，浆料固体含量由 50 vol%提高到 56 vol%时，平均密度从 3.928 g/cm³ 提高到 3.938 g/cm³（相对密度 98.8%），密度的相对标准偏差降低（0.03%～0.07%）。与自固化凝胶成型工艺制备的陶瓷相比，压滤工艺制备的陶瓷密度更高，相对标准偏差更小（表 6-2）。例如，源于 50 vol%固含量浆料自固化凝胶成型的样品，平均密度为 3.909 g/cm³，相对标准偏差为 0.12%；压滤成型的样品，平均密度提高到了 3.928 g/cm³，相对标准偏差降至 0.03%。

表 6-2　自固化凝胶成型样品和压滤样品的平均体积密度和密度差

样品	固含量/vol%	密度/(g/cm³)	相对标准偏差/%
凝胶湿坯	50	3.909	0.12
	52	3.922	0.04
	54	3.922	0.10
	56	3.915	0.08
压滤湿坯	50	3.928	0.03
	52	3.932	0.07
	54	3.932	0.04
	56	3.938	0.03

图 6-9 给出了自固化凝胶成型和压滤成型所制备陶瓷的三点弯曲强度。从图中可以看出，来自浆料固含量 50 vol%的陶瓷，压滤样品强度为 538 MPa，自固化凝胶成型样品强度为 504 MPa，压滤样品的弯曲强度高于自固化凝胶成型样品。主要原因是压滤工艺提高了颗粒堆积密度，降低了坯体的孔隙率和孔隙尺寸，使坯体中的孔隙在烧结时易于排出。对于浆料固含量为 56 vol%的陶瓷，自固化凝胶成型和压滤工艺所制备的陶瓷的强度几乎相同，但低于浆料固含量为 50 vol% 的样品。原因可能是高固含量的浆料黏度高，脱气不充分，导致烧结陶瓷中有大的气孔或缺陷，在加压过程中形成裂纹，发生断裂；另一种原因可能是由高固含量浆料制备的坯体颗粒堆积密度高，在同样的烧结温度下，晶粒容易长大从而导致弯曲强度下降。

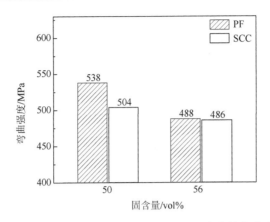

图 6-9　自固化凝胶成型和压滤工艺所制备陶瓷的弯曲强度

陶瓷的显微结构决定着它的宏观性质，图 6-10 所示是分别由自固化凝胶成型和压滤工艺制备的陶瓷的断面形貌。从图中可以看出，随着浆料固含量的增加，陶瓷的气孔数量减小，致密度增加；但是，晶粒内部微小气孔的数量增加，这主要是随着固含量的增加，浆料的黏度增大，脱气不充分造成的。与自固化凝胶成型工艺制备的陶瓷相比，由压滤工艺制备的陶瓷致密度更好，这与密度结果一致。

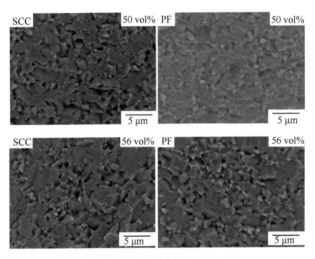

图 6-10　陶瓷显微结构（固含量 50 vol%和 56 vol%）

另外，随着浆料固含量的增加，烧结陶瓷的晶粒尺寸也有所增加。Michálková 等[11]研究发现，随着固含量的增加，特别是在高固含量的浆料中，存在团聚体，这会引起陶瓷的晶粒长大。与浆料固含量 50 vol%的陶瓷相比，在固含量为 56 vol% 的陶瓷中，观察到大的晶粒以及大晶粒间的小晶粒簇团，陶瓷的晶粒尺寸分布更宽，因此，固含量为 56 vol%的陶瓷弯曲强度有所降低。

4. 分散剂的影响

狄正贤等[12]研究了不同特性的分散剂［PIBM 和聚丙烯酸铵（PAA）］对压滤辅助成型制备坯体的颗粒堆积密度和密度差的影响。与 PAA 制备的湿坯相比（图 6-11），由 PIBM 制备的湿坯的体积密度更高，上下表面的密度差更小（高度约 23 mm）。为了揭示这种差异的形成原因，设计了用于收集浆料中团聚体的专门装置（图 6-12）。研究两种分散剂所制备的浆体中团聚体的成因、尺寸分布和形貌等，发现 PIBM 分散的浆料中含有粒径分布较宽、平均粒径较大、球形度较高的团聚体［图 6-13（a）］，经压滤后形成颗粒堆积密度较高、堆积结构较均匀的湿坯。因此，采用 PIBM 为分散剂制备的大尺寸陶瓷（280 mm×130 mm×20 mm）几乎没有变形，采用 PAA 分散制备的湿坯在烧结后变形严重（图 6-14）。

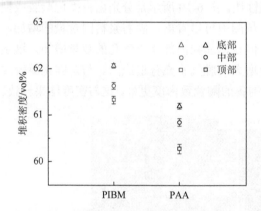

图 6-11　不同分散剂制备的陶瓷素坯的密度差

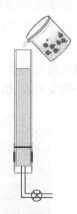

图 6-12　收集团聚体的沉降装置

图 6-13　固含量 56 vol%的浆料中收集的团聚体微观形貌

（a）PIBM；（b）PAA

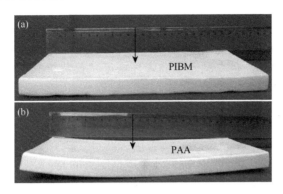

图 6-14　PIBM（a）和 PAA（b）分散制备的氧化铝素坯（280 mm×130 mm×20 mm）
烧结后的结果

5. 压滤辅助自固化凝胶成型制备半透明氧化铝

在自固化凝胶成型制备半透明氧化铝陶瓷的研究中，陈晗等[13]以高纯氧化铝粉体（SMA6）为原料，制备 50 vol%固含量浆料，采用 0.1～0.4 MPa 的压力辅助脱水，保压时间 1 h，对湿坯的干燥曲线进行分析，结果如图 6-15 所示。湿坯的初始含水量为 20%，随着压力的增加，坯体的含水量逐渐降低，经过 0.4 MPa 的压力作用，湿坯中的含水量降低为 14.5%，湿坯含水量降低有利于缩短干燥过程。自固化凝胶成型体系的凝固是基于物理作用实现的凝固，颗粒间的相互作用力较弱，故当有外力作用时，颗粒能够重排，水分能够在颗粒间输运。未经压力作用的湿坯干燥完成的时间约为 64 h，随着压力从 0.1 MPa 增加到 0.4 MPa，湿坯的干燥时间依次为 44 h、40 h、35 h 和 30 h，表明压力的作用可以有效地加速干燥过程，这也有助于解决因干燥导致的变形、开裂等问题。

将干燥后的素坯 1860℃真空烧结 6 h，对制得的陶瓷进行光学性能表征，样品厚度为 1 mm，结果如图 6-16 所示。其中，无压样品的透过率为 27.1% @ 650 nm，

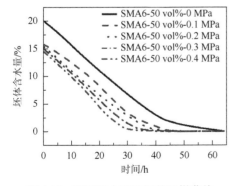

图 6-15　不同压力下湿坯的干燥曲线

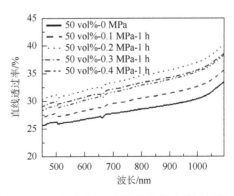

图 6-16　不同压力下制备的陶瓷直线透过率
（1 mm 厚度）

压力从 0.1 MPa 到 0.4 MPa 所制备的样品透过率依次为 28.8%、32.5%、31.3% 和 30.8%，加压样品的透过率优于无压样品。可以看出，引入压滤辅助脱水，不仅有利于提高干燥效率，也有利于提高素坯密度，最终提升氧化铝透明陶瓷的透过率。

6.3.2　压力辅助自固化凝胶成型制备 MgAl$_2$O$_4$ 透明陶瓷[14]

本节介绍浆料固含量对压力辅助注凝成型制备的 MgAl$_2$O$_4$ 透明陶瓷性能的影响。此外，还拓展压力辅助自固化凝胶成型技术，实现了具有梯度结构和内嵌异质结构 MgAl$_2$O$_4$ 透明陶瓷的制备。

1. MgAl$_2$O$_4$ 陶瓷浆料制备与压滤

根据第 4 章的工作已知，采用分子量小的分散剂可以制备高固含量的浆料，并且利用 MgAl$_2$O$_4$ 粉体（S25CR）中存在的氧化镁，可以实现自固化凝胶成型。根据预设的浆料参数（浆料体积、固含量、分散剂量）称取去离子水、分散剂（CE64）、MgAl$_2$O$_4$ 粉体、研磨球，制备浆料并浇注到组装好的模具中；模具密封后，对浆料加 0.4 MPa 的压力，保压 1 h。脱模后的样品在干燥箱中干燥，在马弗炉中脱粘，升温速率为 1℃/min，温度为 800℃，保温时间为 6 h。

陶瓷坯体的烧结分为预烧和热等静压后处理。预烧在马弗炉中进行，热等静压的烧结参数是：烧结温度 1550℃；压强 180 MPa；保温时间 3 h；气氛是氩气。烧结后的样品需研磨、抛光等机械加工。

图 6-17（a）是由固含量为 44 vol% 浆料制备的陶瓷坯体烧结得到的透明陶瓷样品照片（直径 80 mm）。图 6-17（b）是由不同固含量浆料制备的陶瓷坯体烧结

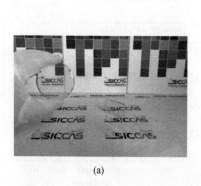

(a)

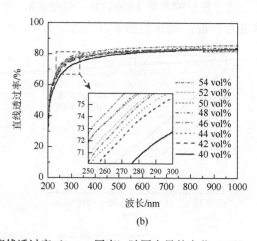

(b)

图 6-17　透明陶瓷样品照片（a）和直线透过率（3 mm 厚度）随固含量的变化（b）

后得到的透明陶瓷直线透过率，样品厚度均为 3 mm。可以看出，由不同固含量的浆料制备的陶瓷坯体经烧结后，均获得了良好的光学性能。例如，在 600 nm 波长时，所有样品的直线透过率均在 81.3%～84.3%。

图 6-17（b）的内嵌图是透过率曲线在 250～300 nm 波段的局部放大。从内嵌图可以清楚地看出浆料固含量和透明陶瓷光学性能之间的关系。随着固含量的增加，透明陶瓷直线透过率显著升高。热等静压处理后，陶瓷样品均实现了透明化。

图 6-18 是透明陶瓷维氏硬度与浆料固含量之间的关系，测试载荷为 1 kgf（kgf 表示千克力），每个数据均是 20 个测量值的平均值。由图可见，随着浆料固含量的增加，维氏硬度呈下降趋势。即随浆料固含量从 40 vol%增加到 54 vol%，相应的陶瓷维氏硬度从 12.9 GPa 降到约 12.4 GPa。根据陶瓷材料晶粒尺寸和力学性能之间的 Hall-Petch 关系[15]，晶粒尺寸越小，力学性能越好。由低固含量浆料制备的陶瓷坯体，经预烧结合热等静压后处理两步烧结后获得的透明陶瓷具有较小的平均晶粒尺寸，因此具有较高的维氏硬度。

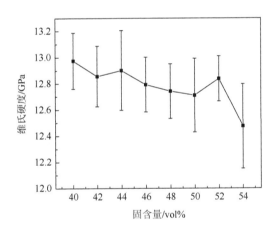

图 6-18　透明陶瓷维氏硬度随浆料固含量的变化

2. 压力辅助成型复合结构 $MgAl_2O_4$

压力辅助自固化凝胶成型工艺过程中，浆料中水分在压力作用下，由高压面向低压面输运并排出。在水分排出过程中，颗粒发生重排，从而促进坯体相对密度的提高。采用分步的压力辅助成型，可制备三维可调的材料。

如图 6-19 所示，先浇注固含量为 44 vol%的 $MgAl_2O_4$ 陶瓷浆料，经凝胶固化制备第一层坯体；再浇注添加了 1 wt% Eu_2O_3 的固含量为 44 vol%的 $MgAl_2O_4$ 陶瓷浆

图 6-19　压力辅助注凝成型
制备梯度陶瓷示意图

料，继续加压脱水，直至固化完成，即可获得具有梯度结构的陶瓷坯体。采用预烧结合热等静压工艺对具有梯度结构的陶瓷坯体进行烧结。空气预烧的温度为1500℃，保温时间为 6 h；热等静压后处理温度为 1800℃，压力为 180 MPa，保温时间为 3 h。

图 6-20 是紫外灯照射下具有梯度结构的 $MgAl_2O_4$ 透明陶瓷。掺入了 Eu_2O_3 的 $MgAl_2O_4$ 透明陶瓷在紫外灯照射下会发光，掺杂和未掺杂 Eu_2O_3 部分呈现出明显的界面。

采用类似的工艺，可以制备具有内嵌异质结构的透明陶瓷。例如，先浇注浆料固含量为 44 vol%的 $MgAl_2O_4$ 陶瓷浆料，加压固化；在第二次浇注前，使用墨水在已经固化的陶瓷坯体上书写 SICCAS 字样，墨水是添加了 1 wt% Eu_2O_3 的固含量为 44 vol%的 $MgAl_2O_4$ 陶瓷浆料。然后再次浇注和加压固化，即可获得具有内嵌异质结构的陶瓷坯体（图 6-21）。掺入 Eu_2O_3 的 $MgAl_2O_4$ 透明陶瓷在紫外灯照射下呈现可以发光的 SICCAS 字样。

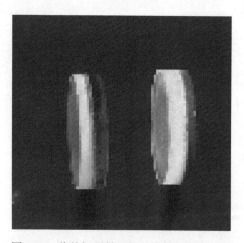

图 6-20　紫外灯照射下的压力辅助自固化凝胶成型制备的梯度结构陶瓷

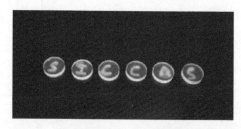

图 6-21　压力辅助自固化凝胶成型制备内嵌异质结构的 $MgAl_2O_4$ 透明陶瓷

6.4　湿凝胶再流动结合压滤成型技术

6.4.1　湿凝胶脱水收缩再流动

对于浆料原位固化成型而言，高固含量低黏度的浆料是制备高颗粒堆积密度湿坯的前提，湿坯密度越高，干燥收缩和随后烧结收缩越小，陶瓷变形开裂风险越低。但是，对于给定的粉体，可以通过分散剂的匹配和浆料 pH 调节等方法提高固含量。吴晓浪[16]另辟蹊径，利用 PIBM 陶瓷凝胶的特性提高浆料的固含量。

PIBM 陶瓷凝胶是一种物理凝胶，具有可逆性，即形成的凝胶在外力作用下可以变回浆料，恢复流动性。另外，PIBM 凝胶具有自发脱水特性，即在密封的条件下，PIBM 凝胶会自发排出部分水分，并伴随着体积收缩。通过去除自发脱水排出的水分，再施加外力使凝胶恢复流动性，可得到更高固含量的浆料，据此有望制备更高密度的陶瓷素坯。

以 AES-11 氧化铝粉为原料，PIBM 为分散固化剂制备浆料。图 6-22（a）是常温下不同固含量 PIBM 氧化铝凝胶的脱水率随时间变化的趋势图。可以看出不同固含量的 PIBM 氧化铝凝胶脱水率随着脱水时间的延长而增加，随后逐渐趋于平缓。这是因为随着脱水收缩的进行，PIBM 凝胶内部可排出的自由水分逐渐减少；另外，PIBM 凝胶内的颗粒堆积更加紧密，水分输送通道变窄，排出阻力增加。

图 6-22（b）是不同固含量氧化铝凝胶的固含量随脱水时间变化的趋势图。固含量的变化趋势和脱水率变化趋势是一致的。经过 6 天的脱水收缩后，52 vol% 的氧化铝凝胶固含量提高了 0.9 vol%，54 vol% 和 56 vol% 的氧化铝凝胶固含量分别提高了 1.1%。随着脱水收缩时间延长至 30 天，52 vol% 的氧化铝凝胶的固含量提升了 2.6%，54 vol% 和 56 vol% 的氧化铝凝胶固含量均提升了 2.3%。

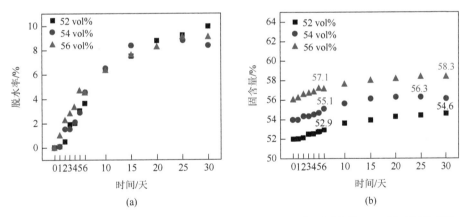

图 6-22　室温下不同固含量氧化铝凝胶脱水率（a）和脱水后固含量（b）随时间的变化

上述研究表明，经过脱水收缩后 PIBM 凝胶的固含量有了明显的提升。Carretti 等[17]对凝胶施加超声或者机械力将固态的凝胶恢复成具有流动性的物质。Balzer 等[18]对直接凝固注模成型得到的湿坯施加一定的机械振动后，使湿坯重新恢复了流动性。吴晓浪[16]采用离心脱泡机对脱水后的 PIBM 凝胶施加非介入式剪切机械力，使湿凝胶从固体的凝胶状态恢复成可流动的液态。非介入式剪切过程在密封的环境下进行不会引入空气，且时间不超过 1 min，避免了再流动过程中水分的蒸发。

　　图 6-23（a）展示脱水时间对再流动氧化铝浆料黏度的影响。随着自发脱水的进行，浆料黏度逐渐上升。56 vol%-0（新制备的 56 vol%固含量浆料）在剪切速率 100 s^{-1}处的黏度为 0.55 Pa·s，经过 6 天脱水收缩后再流动，56 vol%-6 浆料黏度上升到 1.42 Pa·s。此外，浆料发生剪切增稠所对应的临界剪切速率逐渐减小，这表明脱水越久的再流动浆料越易出现剪切增稠现象。例如，56 vol%-4 浆料在剪切速率 118 s^{-1}发生剪切增稠现象，56 vol%-6 的浆料在剪切速率 100 s^{-1}处就出现了剪切增稠现象。总的来说，再流动浆料黏度特性变化规律和一般高固含量陶瓷浆料的变化规律一致，固含量越高，陶瓷颗粒间的间距减小，表面吸附的具有一定链长 Isobam 陶瓷颗粒之间的作用力越强，黏度越高；在一定的剪切速率下越容易形成更多更大的"粒子簇"，从而产生剪切增稠现象。

　　图 6-23（b）展示脱水时间对再流动浆料储能模量的影响。储能模量上升越快表明浆料的固化能力越强。自发脱水时间越长，浆料的起始储能模量越高，这主要是因为再流动浆料固含量增加，固态特性增强。56 vol%-3、4、6 的固含量要高于 56 vol%-0，但是，储能模量上升速率却小于 56 vol%-0，这不同于 Yang 等的研究结果[8]。当自发脱水时间延长到 10 天后，再流动浆料的储能模量最高。

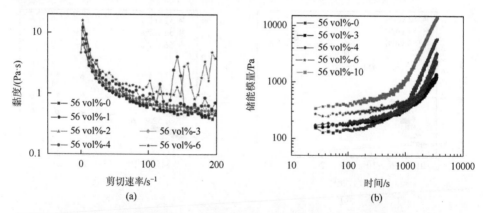

图 6-23　脱水时间对再流动浆料黏度（a）和储能模量（b）的影响

　　彭翔等[3]认为 PIBM 分子的活性随着自发脱水时间的延长而降低，从而影响 PIBM 氧化铝凝胶的连接能力。通过非介入式剪切作用虽然能让浆料恢复流动性但是无法让陶瓷颗粒和 PIBM 恢复到初始状态，因而使再流动浆料的固化能力减弱。

　　狄正贤等[4]研究表明，PIBM 制备的氧化铝浆料中存在团聚体（微凝胶），这是自发凝固特性决定的。将 56 vol%-0 和 56 vol%-1 浆料直接进行冷冻干燥，相比于 56 vol%-0 样品，56 vol%-1 样品中出现了明显的团聚体（图 6-24），尺寸为数微米。虽然通过非介入式剪切作用能够破坏湿凝胶中结合力较弱的部分使其恢复流动性，但是不能恢复到起始颗粒完全分散的状态，所以，在再流动浆料中保留着一部分微凝胶团簇。它与起始颗粒形成颗粒级配，可以提高颗粒堆积密度。

图 6-24　56 vol%-0（a）和 56 vol%-1（b）浆料冷冻干燥后形貌图

表 6-3 是脱水收缩 1 天再流动对素坯密度的影响。和直接制备的素坯相比，再流动浆料制备的素坯密度都有提高。50 vol%固含量的浆料经过脱水收缩再流动后所得素坯的密度从 2.354 g/cm³ 提高到 2.413 g/cm³，56.5 vol%浆料经过脱水收缩 1 天再流动后所得素坯的密度从 2.540 g/cm³ 提高到 2.580 g/cm³。可以看出脱水收缩 1 天再流动对素坯密度提升的效果相当于在直接制备的浆料原有固含量的基础上再提高 2%。如 52 vol%-1 的素坯密度和 54 vol%-0 的素坯密度相接近，54 vol%-1 的密度和 56 vol%-0 的密度相近。据此，可以推测 56 vol%-1 的素坯密度和直接制备的 58 vol%-0 的素坯密度相当。

表 6-3　脱水收缩再流动对不同固含量素坯密度的影响

样品	50 vol%-0	50 vol%-1	52 vol%-0	52 vol%-1	54 vol%-0
密度/(g/cm³)	2.354	2.413	2.428	2.471	2.474
样品	54 vol%-1	56 vol%-0	56 vol%-1	56.5 vol%-0	56.5 vol%-1
密度/(g/cm³)	2.518	2.517	2.558	2.540	2.580

图 6-25 是 56 vol%-0 和 56 vol%-1 样品的累积孔隙体积和孔径分布曲线。56 vol%-0 和 56 vol%-1 样品的累积孔隙体积分别是 0.148 mL/g 和 0.139 mL/g。中位孔径分别是 82 和 79 nm。经过自发脱水再流动后素坯的孔径分布右移，中位孔径减小了 3 nm，且峰高降低、峰的宽度变窄。这说明再流动在提高素坯密度的同时改善了孔径分布。

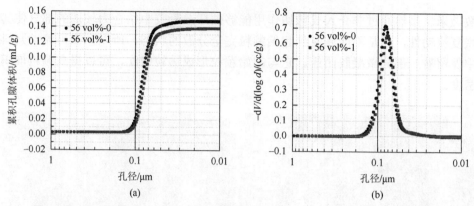

图 6-25 56 vol%-0 和 56 vol%-1 素坯累积孔隙体积（a）和孔径分布（b）的差异

图 6-26 是 56 vol%-0 和 56 vol%-1 样品烧结后的密度和烧结收缩率，烧结参数是（1400～1550℃）×2 h。56 vol%-1 在不同烧结温度下的密度始终高于 56 vol%-0，在 1550℃下烧结 2 h 后 56 vol%-1 的密度为 3.929 g/cm³，高于 56 vol%-0 的 3.917 g/cm³。但是，随着烧结温度的提高，两者之间的密度差逐渐从 0.03 g/cm³ 减小到 0.01 g/cm³。当烧结温度较低时，素坯的密度差别会在烧结过程中保留下来。随着烧结温度的升高，高密度素坯的优势逐渐减小。该结果和 Krell 等[1]的结果具有一致性。这不难理解，当烧结温度低时，陶瓷的致密化速率慢，素坯的密度差别得以保留；但是，随着烧结温度升高，陶瓷的致密化速率增大，56 vol%-0 和 56 vol%-1 的密度差逐渐减小。另外，在不同的烧结温度下 56 vol%-1 的烧结收缩率都小于 56 vol%-0。通过再流动，素坯的烧结收缩率从 14.1%降低到 13.4%。

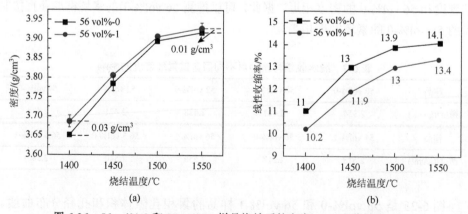

图 6-26 56 vol%-0 和 56 vol%-1 样品烧结后的密度（a）和收缩率（b）

6.4.2 再流动浆料的压滤成型

压滤成型有助于制备更高密度的素坯，Lange 等[19]研究了低固含量（20 vol%～

30 vol%）浆料的压滤成型，20 vol%的絮凝浆料在 1 MPa 的压力下可以获得 54%堆积密度的素坯，进一步提高压力至 100 MPa，素坯的堆积密度相应提高至 60%。Hirata 等[20]研究了 pH 和固含量在低压力压滤（0.2～0.4 MPa）下对氧化铝素坯密度的影响，结果表明，浆料固含量的提高将会显著提高氧化铝素坯的密度。Michálková 等[11]发现浆料中存在的团聚体有助于提高压滤素坯的密度。

　　图 6-27 是压滤辅助再流动成型对陶瓷密度和烧结收缩率的影响。当烧结温度在 1500℃以下时，56 vol%-0-Y 和 56 vol%-1-Y 密度差较大，随着烧结温度继续升高，陶瓷致密化速率加快，两者的密度差逐渐减小。56 vol%-1-Y 在 1550℃下烧结 2 h 后氧化铝陶瓷的密度为 3.952 g/cm³，高于 56 vol%-0-Y 的 3.942 g/cm³。另外，56 vol%-0-Y 的烧结收缩率始终低于 56 vol%-1-Y，在 1550℃下烧结 2 h 通过再流动的烧结收缩率从 13.2%降低至 12.6%。该结果表明，在压滤条件下，再流动的浆料有利于在更低的烧结收缩率下制备出致密的陶瓷。

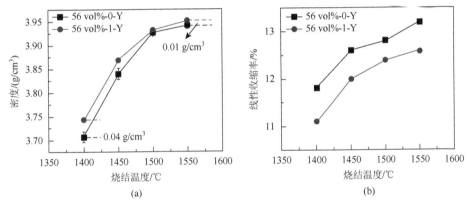

图 6-27　56 vol%-0-Y 和 56 vol%-1-Y 样品烧结后的密度（a）和收缩率（b）

　　图 6-28 是 56 vol%-0-Y 和 56 vol%-1-Y 在 1500℃下烧结 2 h 和 6 h 后氧化铝陶瓷的弯曲强度。可以看出，56 vol%-1-Y 的弯曲强度高于 56 vol%-0-Y。值得一提的是，56 vol%-1-Y 在 1500℃下烧结 6 h 后的弯曲强度达到了 545 MPa。Sun 等[9]使用同样的粉体在 1600℃下烧结 3 h 后陶瓷的弯曲强度为 534 MPa。该结果表明，压滤辅助再流动成型有利于低温烧结制备高性能的氧化铝陶瓷。

　　综上所述，通过非介入式剪切作用能迅速使凝固的 PIBM 湿坯恢复流动性，且不会引入气泡。由于自发脱水再流动浆料固含量的提高，浆料的黏度增加；但是，再流动浆料的固化能力减弱。这可能是因为自发脱水再流动过程不但改变了陶瓷粉体颗粒表面吸附的 PIBM 状态，也改变了浆料的微观结构。

　　再流动浆料制备的凝胶具有较大的干燥收缩率，固含量 56 vol%自发脱水 1 天再流动后浆料固化制备的素坯密度从 63.2%提高到 64.2%。并且再流动浆料在压

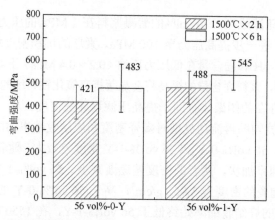

图 6-28　经不同烧结温度烧结后 56 vol%-0-Y 和 56 vol%-1-Y 的弯曲强度

滤时具有更好的可压缩性，对此浆料施加 0.4 MPa 的压力辅助脱水后素坯密度可以进一步提高到 65.7%。高密度的素坯具有更小的烧结收缩率。在 1550℃下烧结 2 h，脱水收缩 1 天再流动浆料制备的素坯烧结收缩率是 13.4%，低于初始浆料制备素坯的烧结收缩率（14.1%）；再流动结合压滤制备的素坯，烧结收缩率进一步降低至 12.6%。并且，再流动结合压滤制备的样品在 1500℃下烧结 6 h 后得到的陶瓷弯曲强度达到了 545 MPa，高于相同烧结条件下直接压滤制备的陶瓷（483 MPa）。

6.4.3　颗粒级配浆料自固化凝胶成型

研究表明，用 PIBM 制备的 AES-11 浆料固含量难以超过 58 vol%。Velamakanni 等[21]研究发现经过颗粒级配后的浆料黏度显著降低，因此，适当的颗粒级配可以制备出高固含量低黏度的浆料。张金栋等[22]研究了粒径比为 2 的氧化铝粉体的成型行为，细粉占比 33%时的颗粒级配浆料应用压滤成型（45 MPa）获得的素坯密度高达 72%。Lv 等[23]以 PIBM 为分散剂和固化剂，将预烧处理的氧化铝粉体和未处理的氧化铝粉体混合，制备了烧结收缩率为 7.79%、弯曲强度为 293 MPa 的氧化铝陶瓷（1600℃×2 h）。该研究利用颗粒级配原理，达到了降低氧化铝陶瓷烧结收缩率的目的。

采用中位粒径分别为 0.45 μm 和 5 μm 的 AES-11 和 AM-21 氧化铝粉体为原料，以 Ib104 和 Ib600 为分散剂和凝胶剂，通过调控粗细粉体的比例制备出具有自固化凝胶成型能力的高固含量颗粒级配浆料。AES-11 占比为 70%的固含量 62 vol%颗粒级配氧化铝浆料在剪切速率 100 s^{-1} 处的黏度为 0.91 Pa·s [图 6-29（a）]，1000 s 处的储能模量已经达到 1.6×10^{4}Pa [图 6-29（b）]。

该浆料经过脱水收缩 3 天再流动后制备的素坯密度 2.710 g/cm³ 提高到 2.750 g/cm³，相对密度从 68.1%提高到 69.1%。1550℃的烧结收缩率从 10.8%降低至 9.9%。图 6-30 是再流动对颗粒级配陶瓷弯曲强度的影响。对于直接浇注制备的颗粒级配陶瓷，烧结温度从 1550℃提高至 1600℃后，陶瓷的弯曲强度保持 360 MPa，没有显著的变化；经过再流动后制备的级配氧化铝陶瓷的弯曲强度从 360 MPa 降低到 337 MPa。

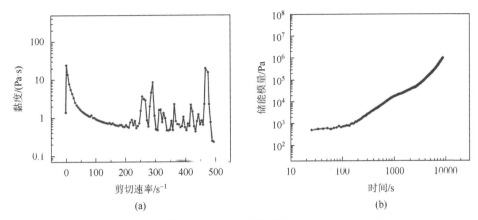

图 6-29　固含量 62 vol%浆料的黏度（a）和储能模量（b）（AM-21：AES-11 = 3：7）

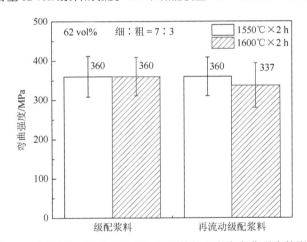

图 6-30　再流动（固化 3 天后）对颗粒级配陶瓷弯曲强度的影响

6.5　泡沫前驱体制备 AlN 粉体

AlN 陶瓷是高密度、大功率和高速集成电路基板和封装的理想材料，在国防、航空航天、通信、微电子等领域应用前景十分广阔。高质量 AlN 粉体是制备高性能 AlN 陶瓷的前提。传统碳热还原氮化（CRN）法合成粉体存在前驱体粉料堆积体上下表面反应不均一的问题，而且，在设备抽真空、通入氮气的过程中存在原料粉悬浮和损耗的问题。受泡沫陶瓷的启发，茅茜茜[24]提出了一种改进的 CRN 新方法。先采用机械搅拌发泡和自固化凝胶成型相结合的工艺制备高孔隙率的泡沫前驱体以取代粉料堆积体，再通过 CRN 过程合成 AlN 粉体。前驱体中连通的孔隙结构促进了 N_2 分子在原料内部的扩散，有利于提高原料上下表面反应的均匀性并加快反应速率，最终获得高质量的 AlN 粉体。另外，经过凝胶固化的泡沫前驱体可以避免粉体原料的损耗。

以 γ-Al_2O_3 和炭黑为原料，采用直接发泡工艺与自固化凝胶成型相结合的方法，制备出 Al_2O_3/C 泡沫，作为合成 AlN 粉体的前驱体。泡沫孔隙尺寸为几十微米到几百微米，联通的孔隙结构解决了 Al_2O_3/C 粉料堆积体反应不完全的问题，孔隙率≥80%的泡沫极大地提高了 CRN 反应的效率。XRD 分析结果显示，采用孔隙率为 80%的泡沫作为前驱体，1300℃下发生 γ-Al_2O_3 到 α-Al_2O_3 的相转变，相转变前后前驱体孔隙结构依然完整（图 6-31），没有观察到任何破裂、坍塌现象，表明相转变不会影响泡沫的孔隙结构，这有利于进行下一步的碳热还原氮化反应。反应起始温度约为 1400℃，在 1550℃反应 2 h 可获得纯 AlN 相。进一步研究了原料配比、氮气压力和添加剂对 CRN 反应过程及 AlN 粉体粒径、形貌等性能的影响，发现在一定范围内增加炭黑用量、使用添加剂都有利于促进 Al_2O_3 向 AlN 转化；另外，提高氮气压力有利于获得颗粒细小的 AlN 粉体。在 1650℃反应 2 h 后得到的 AlN 陶瓷具有较好的颗粒球形度和表面光滑度，粉体平均粒径不超过 1 μm，氮含量可达到 32.9 wt%，氧含量为 1.1 wt%。

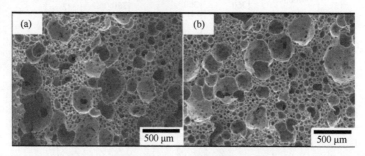

图 6-31　孔隙率为 80%的前驱体在 1300℃煅烧 2 h 前后（a，b）的显微形貌

虽然泡沫前驱体解决了固-气反应不完全的问题，极大地提高了 CRN 反应的效率，但存在 γ-Al_2O_3 和炭黑混合不均、合成反应早期粉体烧结团聚的问题。以蔗糖替代炭黑作为新的碳源。蔗糖以分子状态溶解在分散介质中，与氧化铝达到分子级别的分散均匀，氧化铝和蔗糖裂解后的产物间不存在明显的界限，氧化铝的分散均匀性与 Al_2O_3/炭黑体系相比得到了明显提升，氧化铝颗粒被蔗糖的裂解产物包围，达到了氧化铝和碳源面接触的效果。XRD 分析结果（图 6-32）显示，CRN 过程中 γ-Al_2O_3 直接反应生成了 AlN，不存在 γ-Al_2O_3 到 α-Al_2O_3 的相转变。图 6-33 是 Al_2O_3/蔗糖泡沫前驱体 1550℃反应 2 h 后得到粉体的形貌图。粉体的均匀性得到了明显改善，颗粒尺寸小，球形度高，不存在明显的团聚。

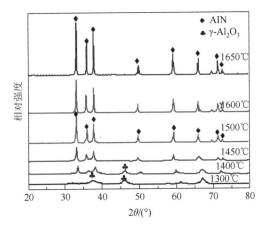

图 6-32　Al₂O₃/蔗糖前驱体在不同温度下反应 2 h 后的 XRD 谱图

图 6-33　由 Al₂O₃/蔗糖泡沫前驱体得到的粉体 SEM 图

6.6　AlN 陶瓷自固化凝胶-流延成型

　　流延成型具有可连续操作、自动化水平高、坯体性能均一等特点，是制备陶瓷基片的主要方法，获得了广泛的应用。传统的有机流延成型工艺具有有机溶剂挥发快、相容性好、防止粉料水化、浆料黏度低等特点；得到的素坯膜结构均匀、强度高、柔韧性好。但是，使用的溶剂（如甲苯、二甲苯、三氯乙烯等）具有一定的毒性，污染环境，危害操作人员的健康。此外，素坯膜密度低、有机物含量高。因此，从保护环境、降低成本和提高产品质量的角度考虑，需要研究水基流延成型工艺。

　　Xiang 等[25]结合注凝成型与流延成型技术，提出了一种新型的水基注凝-流延成型工艺。他们使用水溶性的有机单体配制水基陶瓷浆料，流延成型之后在一定条件下固化得到素坯。但该工艺存在单体有毒、添加剂种类多和操作复杂等问题。采用第 2 章的自发凝固一元凝胶体系[8]，即采用一种异丁烯与马来酸酰共聚物（PIBM），既充当分散剂，又充当凝胶剂，在常温空气环境实现 Al_2O_3 的凝胶化，操作十分简便。结合 PIBM 体系，本节研究自固化凝胶-流延成型 AlN 陶瓷[26]。

6.6.1 AlN 粉体的抗水化处理

AlN 粉体极易水化，要探索 AlN 的水基注凝-流延成型，首先需要抗水化处理。将 AlN 粉末（Tokuyama Soda，日本，平均粒径为 1.07～1.17 μm，Grade H）和作为烧结助剂的 Y_2O_3 粉（江阴加华新材料资源有限公司，$D_{50} = 2.0$ μm，JH-5N）在无水乙醇（纯度 99.7%，上海振兴化工一厂）中分散，以聚丙烯酸作为分散剂，再加入适当比例的四乙烯五胺（国药集团化学试剂有限公司，分子量：189.3）和防水涂料，均匀混合后，烘干将无水乙醇去除，得到抗水性 AlN 粉体。将该粉体和未经处理的粉体分别在去离子水中浸泡，测定悬浮液 pH 的变化情况，结果如图 6-34 所示。

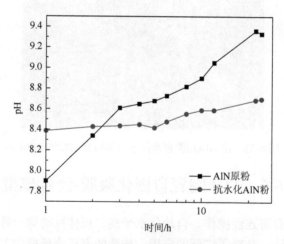

图 6-34　AlN 粉末在水中浸泡引起的 pH 变化

经过抗水化处理的 AlN 粉，在水中引起的 pH 变化很小，由于使用的抗水化剂是碱性的，故溶液起点呈弱碱性。未经抗水化处理的 AlN 粉，引起 pH 大幅上升。这说明 AlN 与水发生了反应，生成了 NH_3，NH_3 与水反应导致溶液 pH 上升。

图 6-35 是抗水化处理前后的 AlN 粉在去离子水中浸泡 24 h 后的 XRD 谱图。可以看出，未经抗水化处理的 AlN 粉中除了 AlN 相和作为烧结助剂的 Y_2O_3 相，还有 $Al(OH)_3$ 相［图 6-35（a）］，与 Fukumoto 等[27]的研究结果一致。抗水化处理过的 AlN 粉，在水中浸泡 24 h 后，没有出现 $Al(OH)_3$ 相和其他相［图 6-35（b）］。因此，可以认为采取的抗水化处理效果比较好。

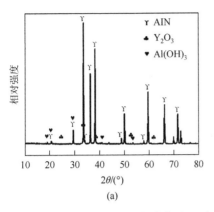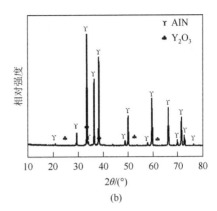

图 6-35　AlN 粉（a）和抗水化处理后 AlN 粉（b）水中浸泡 24 h 后的 XRD 图

6.6.2　自固化凝胶-流延工艺流程

自固化凝胶-流延成型的实验流程与传统流延成型相似。首先将一定量的 Isobam 110（密度为 1.3 g/cm³，平均分子量为 160000～170000，一种异丁烯与马来酸酐的共聚物，经氨化处理转变为一种酰胺-铵盐类的共聚物。它是一种碱性的水溶性共聚物，外观为白色粉末状，日本可乐丽株式会社生产）溶解在去离子水中，然后加入抗水化处理后的 AlN 和 Y₂O₃ 粉体，以 200 r/min 的转速球磨 2 h，再加入塑化剂 PEG（聚乙二醇 300，PEG，平均分子量 280.0～320.0，国药集团化学试剂有限公司）；球磨 2 h，得到的浆料真空除气后进行流延成型，干燥后得到素坯膜，素坯经过脱粘后无压烧结制备 AlN 陶瓷。在 AlN 浆料配制过程中，分别研究 Isobam 110 含量和固含量对浆料流变性的影响，以及塑化剂对浆料储能模量的影响。浆料的固含量和 Isobam 110 含量如表 6-4 所示。

表 6-4　浆料配方

编号	固含量/vol%	Isobam 110 含量/wt%
1	38	2
2	38	3
3	38	4
4	40	3
5	42	3

6.6.3　AlN 浆料流变性的影响因素

首先将浆料的固含量固定为 38 vol%，研究不同的 Isobam 110 含量对浆料流变性的影响。从图 6-36（a）可以清楚地看出，所有浆料随着剪切速率的增加都表现出剪切变稀的特点，满足流延成型的要求。此外，浆料的黏度随着 Isobam 110 含量的增加而增大；当 Isobam 110 含量从 3 wt%增加到 4 wt%时，浆料的黏度变化很小；当 Isobam 110 含量很小时（2 wt%），素坯强度很差，脱膜时很难得到完整的素坯膜。因此，选择 Isobam 110 含量为 3 wt%的浆料进行注凝-流延成型。

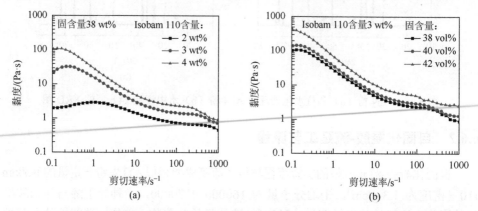

图 6-36　浆料黏度随 Isobam 110 含量（a）和固含量（b）的变化曲线

　　将浆料中 Isobam 110 含量定为 3 wt%，研究不同的固含量对于浆料黏度的影响，固含量分别为 38 vol%、40 vol%、42 vol%，结果如图 6-36（b）所示。所有的浆料都具有剪切变稀的特点，并且固含量为 38 vol%和 40 vol%浆料的黏度曲线非常接近，当固含量增加到 42 vol%时，浆料的黏度明显增大。理想的浆料应该具有稳定、均一的特点，并且需要具有尽可能高的固含量和好的流动性。但是，当固含量过高时，会导致浆料的黏度过高，破坏浆料的均一性。从实验结果来看，当固含量为 40 vol%时，浆料的固含量较高且黏度合适。从图 6-36 来看，当固含量为 40 vol%，Isobam 110 用量为 3 wt%时，浆料的性能优异，可以进行注凝-流延成型。

　　在传统的注凝成型中，一般不会使用塑化剂，干燥后的素坯硬且脆。在注凝-流延成型过程中，为了获得和有机基流延成型一样的柔性素坯，使用了塑化剂。添加塑化剂和未添加塑化剂时浆料储能模量的变化结果如图 6-37 所示。不添加塑化剂时，浆料在测试开始阶段就有一个比较高的储能模量，并且和一般的凝胶过程一致，储能模量随时间的延长而增大。当加入塑化剂后，浆料的储能模量具有相似的变化趋势，但数值大幅降低。换句话说，塑化剂大大延长了凝胶化时间，干燥以后可以得到具有一定柔韧性的素坯。

6.6.4　AlN 素坯和致密陶瓷

　　通过向 AlN 浆料中添加适量的塑化剂，经过流延、干燥，可以得到柔性的素坯，

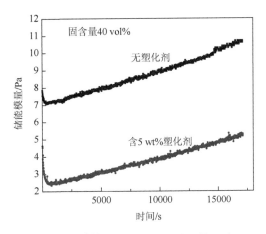

图 6-37　塑化剂对浆料储能模量的影响

如图 6-38（a）所示。浆料的固含量为 40 vol%，PIBM 含量为 3 wt%，经过流延得到的素坯表面光滑、均匀一致并且没有开裂。素坯膜的微观结构如图 6-38（b）所示。AlN 颗粒均匀分散，并且没有明显的缺陷。素坯在空气气氛中，500℃下脱粘。

图 6-38　AlN 素坯的照片（a）和微观结构（b）

将 AlN 素坯在 N_2 气氛中，1840℃下无压烧结保温 4 h，就可以得到致密的 AlN 陶瓷。其微观结构如图 6-39 所示，晶粒的平均粒径大约为 7 μm，并且没有观察到气孔和缺陷。但是，在晶界上可以明显看到有第二相存在（浅色）。经过 EDS 测试表明，Y 元素和 O 元素分布在晶界上，Y_2O_3 是作为烧结助剂加入到浆料中的，它的作用就是净化 AlN 晶格中的 O，第二相应该是 Y、Al、O 的化合物。第二相的组成和在晶界上的分布会影响 AlN 陶瓷的热导率[28]。

图 6-39　AlN 陶瓷断面的照片

　　阿基米德法测试密度结果表明，AlN 陶瓷的密度为 3.31 g/cm³，激光闪光法测试的热扩散率（α）为 0.66284 cm²/s，AlN 的热容为 0.734 J/(g·K)；经计算（$\lambda = \alpha \rho C_p$，$\lambda$ 为热导率，ρ 为体积密度，C_p 为比热容），AlN 陶瓷的热导率为 161 W/(m·K)，比文献报道[204 W/(m·K)][29]低一些。AlN 陶瓷的热导率受到晶界上低热导率第二相的影响，包括第二相的组成和分布。从图 6-39 的微观结构分析和 EDS 分析中可以看出，晶界上的第二相彼此相连，阻隔了 AlN 之间的导热通道，导致 AlN 陶瓷热导率降低。

6.7　成　果　转　化

6.7.1　概述

　　早在 2001 年中国科学院上海硅酸盐研究所王士维团队就开始与企业合作，克服困难坚持走成果转移转化的道路，成功开发了高效节能陶瓷金卤灯用半透明氧化铝管。

　　陶瓷金卤灯是集高压钠灯和石英金卤灯优点于一身的高效节能绿色照明光源，属高强度气体放电光源。陶瓷金卤灯（白光）的显色指数可达 90～98，光通量利用率是高压钠灯（黄光）的 4～8 倍；另外，陶瓷金卤灯的光效比石英金卤灯高出 20%。可替代高压钠灯、高压汞灯和石英金卤灯用于其照明场合，大幅提高照明质量。陶瓷金卤灯的全球发展势头迅猛，2004 年的销售量已达 2000 万只，每年以 20%～30%的幅度增长。小功率陶瓷金卤灯可以进入家庭，市场前景十分广阔。

　　复杂形状的半透明氧化铝管是陶瓷金卤灯的关键部件。笔者团队在半透明氧化铝管的基础研究、制备和工程化产业化等方面取得了具有国际先进水平的系列创新性成果，主要包括：①采用螺杆挤出成型和共烧结技术，成功制备 70 W、150 W 陶瓷金卤灯用"五件式"半透明氧化铝管［图 6-40（a）］；②采用压力注浆工艺成功制备了 70 W、150 W 陶瓷金卤灯用"一体式"半透明氧化铝管［图 6-40（b）］。陶瓷金卤灯用半透明氧化铝管制备技术已成功实现了成果转移转化，获得了 500 万元技术转让费，组建了浙江中科天一照明有限公司具体实施半透明氧化铝管的批量化生产，已实现批量生产，制定了行业标准[30]。产品销往韩国和国内十余家装灯企业，并成功在 2010 年上海世博会中国馆未来家居展厅展示，取得了良好的经济效益和社会效益。

　　2003 年起团队开始研发原位凝固成型的新体系，发展了基于亲核加成聚合原理的环氧树脂-多胺凝胶体系，结合表面活性剂机械发泡，制备了氧化铝泡沫陶瓷[31]。通过委托研发，该技术与洛阳欣珑陶瓷有限公司合作，实现了泡沫陶瓷的批量生产。泡沫氧化铝具有低的热导率，可以用作高温炉的内衬，具有节能降耗和炉内清洁的特色。图 6-41（a）和（b）分别是企业批量制备的氧化铝泡沫陶瓷和真空炉的内衬。

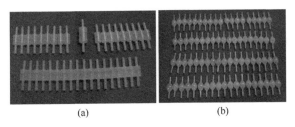

图 6-40 五件式（a）和一体式（b）透明氧化铝管

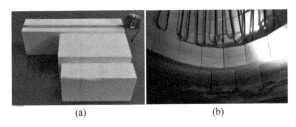

图 6-41 氧化铝泡沫陶瓷（a）和真空炉的内衬（b）

2010 年笔者团队研发了自固化凝胶成型新体系，在开展凝胶固化机理和普适性研究的同时，开发硅晶圆研磨抛光用氧化铝载盘制备技术。与此同时，根据用户的低介电高强度的应用需求，将自固化凝胶成型的闭孔结构细晶泡沫氧化铝制备技术输入到洛阳欣珑陶瓷有限公司，制备的细晶泡沫氧化铝陶瓷成功应用于飞行器的透波通信窗口。

6.7.2 自固化凝胶成型制备大尺寸、复杂形状陶瓷部件

大尺寸氧化铝陶瓷部件产品制备技术主要由日本和美国掌握。Kyocera（京瓷）株式会社可以制备直径达 1 m 的氧化铝陶瓷圆盘[32]，ASUZAC 株式会社能够制备长度为 3 m 的氧化铝长条[33]。美国 CoorsTek 公司专门在韩国设立工厂，主要生产半导体制造装备用陶瓷部件；另外，CoorsTek 收购的日本 Covalent Materials（原东芝陶瓷）也是制备大尺寸陶瓷部件的著名公司[34]。在国内，杭州大和热磁电子有限公司在大尺寸高性能氧化铝陶瓷材料制备和加工方面具有很强的实力。但是，国内能够供应大尺寸氧化铝陶瓷材料的公司屈指可数，成型工艺以等静压为主，生产的氧化铝陶瓷盘最大直径为 570 mm，弯曲强度为 300～350 MPa[35]，只能满足国内低端市场需求。硅晶圆研抛所需的氧化铝载盘依赖国外进口。

2017 年，自固化凝胶成型技术转移至江西萍乡，建立批量生产装备并攻克了浆料制备和浇注以及陶瓷部件的干燥、脱粘和高温烧结等关键制备技术，能够批量生产直径 360～600 mm 等多种规格氧化铝陶瓷盘（图 6-42）和尺寸为 1180 mm× 490 mm×20 mm 的大尺寸氧化铝陶瓷板（图 6-43），其中直径 520 mm 陶瓷盘在

6 英寸硅晶圆研抛中获得了实际应用。最近成功制备了直径达 1010 mm 的高纯氧化铝圆盘（图 6-44）。

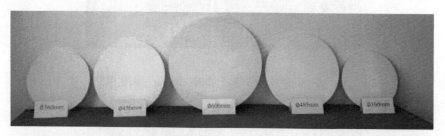

图 6-42　自固化凝胶成型制备的直径 360～600 mm 的高性能氧化铝陶瓷盘

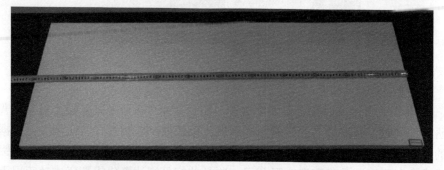

图 6-43　自固化凝胶成型制备的尺寸为 1180 mm×490 mm×20 mm 的高性能氧化铝陶瓷板

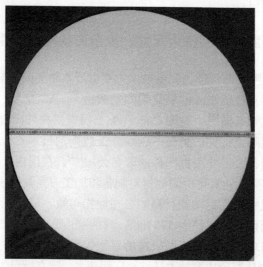

图 6-44　直径 1010 mm 氧化铝圆盘照片

经郑州磨料磨具磨削研究所有限公司和上海百兰朵电子科技有限公司等公司精加工后，一致认为：φ520 mm 研磨盘经过反复应用验证，抛光后表面干净无颗粒污染，满足单晶硅片的研磨抛光要求；国内其他厂家等静压的产品抛光后表面嵌入颗粒，不能使用。用户黄山芯微电子股份有限公司也证明："该研磨盘质地致密，使用后无颗粒嵌入污染，完全满足高精度晶圆的研磨抛光。产品能重复使用，性能优于国内等静压产品，达到日本京瓷同类产品水平。"该产品的成功应用打破了中国芯片生产前道工序中关键研磨抛光盘依赖于进口的被动局面。同时，为上海空间推进研究所提供了十三种氧化铝部件，满足应用需求。部分零件照片如图 6-45 所示。

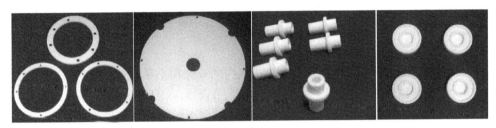

图 6-45　空间电推进应用的部分高性能氧化铝陶瓷零件

此外，笔者团队开展了复杂形状部件的制备技术的探索，成功制备了内径130 mm、壁厚 5 mm 且带 20 mm 边檐的半球状氧化铝部件、200 mm 长氧化铝陶瓷导轨、氮化铝热沉以及氧化锆底流口（图 6-46），为推动自固化凝胶成型技术走向更广阔的应用打下坚实基础。

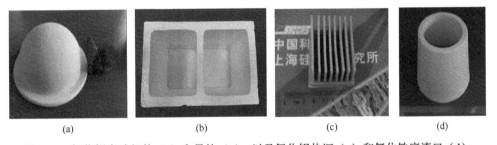

(a)　　　　　　　(b)　　　　　　　(c)　　　　　　　(d)

图 6-46　氧化铝半球部件（a）和导轨（b），以及氮化铝热沉（c）和氧化锆底流口（d）

6.8　本章及全书小结

迄今，自固化凝胶成型发展了十余年，笔者团队从最初发现一个具有自发凝固特性的阴离子型高分子分散剂，经过自固化凝胶成型机理和普适性研究，发展到可以在不同的阴离子分散剂分子链上接枝疏水基团，设计合成系列的集分散-固化和分散-发泡-凝固于一体的成型剂：在发挥浆料分散作用之后，浆料通过陶瓷颗粒上分散剂之间的疏水缔合形成陶瓷凝胶；接枝短链疏水基团的分散剂可用于致密陶瓷和透明陶瓷的素坯成型，接枝长链疏水基团的分散剂可用于泡沫陶瓷的素坯成型，以此形成了内涵丰富的自固化凝胶成型体系。

　　与此同时，开展了自固化凝胶成型体系的实用化技术开发，例如，陶瓷浆料制备，颗粒尺寸与分散剂匹配，陶瓷无界面连接，陶瓷凝胶自发脱水和恒温恒湿分步干燥，微波干燥，压滤辅助自固化凝胶成型，自固化凝胶成型结合模板晶粒定向，自固化凝胶-流延成型，泡沫前驱体制备氮化铝粉体，湿凝胶再流动，颗粒级配，大尺寸氧化铝研磨盘和载运板及复杂形状部件制备，开孔/闭孔结构、孔径和孔隙率可控的泡沫陶瓷成型等技术，以及浆料中团聚体收集和"压痕法"测试湿坯硬度等装置和技术。其中，大尺寸氧化铝和泡沫陶瓷制备技术已实现了转移转化，所制备的氧化铝致密陶瓷和泡沫陶瓷已经在半导体制造、高温设备和微波通讯等领域获得实际应用。

　　在多年的成果转移转化过程中，深感其中的难处和不易，体会颇多。①什么是成功的成果转移转化？笔者以为，对于科研人员而言，能够帮助企业建成批量生产线，实现产品销售，就是成功的。稳定质量，扩大市场应该是企业做的事。②科研人员和企业家应该清醒地认识到实验室的技术成果是不成熟的。由于缺乏中试，如果直接到企业转化，那么失败的概率很大。为了减少企业的损失，笔者在转移转化自固化凝胶成型氧化铝致密陶瓷技术时，曾利用中国科学院嘉兴中心平湖无机非金属材料分中心的资源，购置了浆料制备、真空脱泡和高温烧结炉。企业只需招聘几名员工，采购原材料等少量投入就可开展中试工作，最大限度减轻企业的压力。③组织力量，集中精力搞中试。在原有实验室搞放大工作比较困难，一是场地和资金的限制，二是缺乏中试设备设计开发的能力，三是缺乏时间节点概念，做事不紧不慢。④有意承接科研机构技术的企业应该具有技术相关性。科研人员在基本原理和配方方面有优势，但开发中试技术需要多方面的技术支持。笔者在 2004 年转移转化半透明氧化铝电弧管时，合作的企业完全没有技术相关性，导致研发周期延长。⑤有效管理。企业应具有良好的管理，管理出质量，管理出效益；同时，又能确保关键技术秘密不泄露。⑥融资和开拓市场能力。开发新技术和新产品，本质上说是烧钱的活，企业应有一定的实力和融资能力；产品技术一旦突破，开拓市场成为又一关键。⑦科研成果转移转化离不开地方政府的支持。政-企-研的合作归根到底是人与人的合作，坦诚、互信和充分的沟通是合作成功的基础。

　　先进陶瓷在航空航天、半导体、尖端装备等诸多领域具有不可替代性，正在发挥越来越重要的作用。在当前的国际形势下，先进陶瓷材料及部件的自给自足已成为共识。面对应用日趋广泛的大而形状复杂陶瓷部件的开发，自固化凝胶成型仍有大量的基础和工艺工作有待开展。自固化凝胶成型技术的不断拓展创新任重道远，自固化凝胶成型技术推广应用转化为更多的生产力任重道远！

　　自固化凝胶成型研究得到以下项目和企业的资助：中国科学院嘉兴中心平湖无机非金属材料分中心项目，上海市优秀技术带头人项目（14XD1421200），国家自然科学基金面上项目（51772309），国家重点研发计划项目（2017YFB0310500，

2017YFB0310600），山东省重大科技创新工程项目（2019JZZY010314），中国科学院 STS 项目，江西省重点项目；江西中科特瓷新材料有限公司，洛阳欣珑陶瓷有限公司，山东合创明业精细陶瓷有限公司，山东硅元新型材料股份有限公司，萍乡顺鹏新材料有限公司。

参 考 文 献

[1] Krell A，Blank P，Ma H W，et al. Processing of high-density submicrometer Al_2O_3 for new applications. Journal of the American Ceramic Society，2003，86（4）：546-553.

[2] 彭翔. 大尺寸氧化铝陶瓷的注凝成型研究. 北京：中国科学院大学，2016.

[3] Peng X，Shimai S Z，Sun Y，et al. Wet green-state joining of alumina ceramics without paste. Journal of the American Ceramic Society，2015，98（9）：2728-2731.

[4] Di Z X，Shimai S Z，Zhao J，et al. Dewatering of spontaneous-coagulation-cast alumina ceramic gel by filtrating with low pressure. Ceramics International，2019，45（10）：12789-12794.

[5] Young A C，Omatete O O，Janney M A，et al. Gelcasting of Alumina. Journal of the American Ceramic Society，1991，74（3）：612-618.

[6] Mao X J，Shimai S Z，Dong M J，et al. Gelcasting of alumina using epoxy resin as a gelling agent. Journal of the American Ceramic Society，2007，90（3）：986-988.

[7] Peng X，Shimai S Z，Sun Y，et al. Effect of temperature difference on presintering behavior of gelcast thick alumina bodies. Ceramic International，2015，41：7151-7156.

[8] Yang Y，Shimai S Z，Wang S W. Room-temperature gelcasting of alumina with a water-soluble copolymer. Journal of Materials Research，2013，28（11）：1512-1516.

[9] Sun Y，Shimai S Z，Peng X，et al. A method for gelcasting high-strength alumina ceramics with low shrinkage. Journal of Materials Research，2014，29（2）：247-251.

[10] Greil P，Gruber U，Travitzky N，et al. Pressure filtration of silicon-nitride suspensions with constant filtration-rate. Materials Science and Engineering A：Structural Materials Properties Microstructure and Processing，1992，151（2）：247-254.

[11] Michálková M，Ghillányová K，Galusek D. The influence of solid loading in suspensions of a submicrometric alumina powder on green and sintered pressure filtrated samples. Ceramics International，2010，36（1）：385-390.

[12] Di Z X，Shimai S Z，Zhao J，et al. Density difference in pressure-filtrated wet cakes produced from spontaneous gelling slurries. Journal of the American Ceramic Society，2020，103（2）：1396-1403.

[13] Chen H，Shimai S Z，Zhao J，et al. Pressure filtration assisted gel casting in translucent alumina ceramics fabrication. Ceramics International，2018，44（14）：16572-16576.

[14] 刘梦玮. 细晶高强 $MgAl_2O_4$ 透明陶瓷的制备及晶粒生长行为研究. 北京：中国科学院大学，2022.

[15] Ryou H，Drazin J W，Wahl K J，et al. Below the hall-petch limit in nanocrystalline ceramics. ACS Nano，2018，12（4）：3083-3094.

[16] 吴晓浪. PIBM 凝胶再流动制备高颗粒堆积密度氧化铝素坯. 北京：中国科学院大学，2022.

[17] Carretti E，Dei L，Weiss R G. Soft matter and art conservation. Rheoreversible gels and beyond. Soft Matter，2005，1（1）：17-22.

[18] Balzer B，Hruschka M K M，Gauckler L J. Coagulation kinetics and mechanical behavior of wet alumina green bodies produced via DCC. Journal of Colloid and Interface Science，1999，216（2）：379-386.

[19] Lange F F，Miller K T. Pressure filtration：consolidation kinetics and mechanics. American Ceramic Society Bulletin，1987，66（10）：1498.

[20] Hirata Y，Onoue K，Tanaka Y. Effects of pH and concentration of aqueous alumina suspensions on pressure filtration rate and green microstructure of consolidated powder cake. Journal of the Ceramic Society of Japan，2003，111（2）：93-99.

[21] Velamakanni B V，Lange F F. Effect of interparticle potentials and sedimentation on particle packing density of bimodal particle distributions during pressure filtration. Journal of the American Ceramic Society，1991，74（1）：166-172.

[22] 张金栋，施剑林. 氧化铝粉料的颗粒级配对成型行为和烧结行为的影响. 无机材料学报，1997（2）：175-180.

[23] Lv L，Lu Y J，Zhang X Y，et al. Preparation of low-shrinkage and high-performance alumina ceramics via incorporation of *pre*-sintered alumina powder based on Isobam gelcasting. Ceramics International，2019，45（9）：11654-11659.

[24] 茅茜茜. AlN 粉体的碳热还原氮化合成研究. 北京：中国科学院大学，2017.

[25] Xiang J H，Huang Y，and Xie Z P. Study of gel-tape-casting process of ceramic materials. Materails Science and Engineering A：Structural Materials Properties Microstructure and Processing，2002，323（1-2）：336-341.

[26] Shu X，Li J，Zhang H L，et al. Gelcasting of aluminum nitride using a water-soluble copolymer. Journal of Inorganic Materials，2014，29（3）：327-330.

[27] Fukumoto S，Hookabe T，Tsubakino H. Hydrolysis behavior of aluminum nitride in various solutions. Journal of Materials Science，2000，35（11）：2743-2748.

[28] Yan H，Cannon W R，Shanefield D J. Evolution of carbon during burnout and sintering of tape-cast aluminum nitride. Journal of the American Ceramic Society，1993，76（1）：166-172.

[29] Lee H M，Bharathi K，Kim D K. Processing and characterization of aluminum nitride ceramics for high thermal conductivity. Advanced Engineering Materials，2014，16（6）：655-669.

[30] 中华人民共和国工业和信息部. 陶瓷金卤灯用半透明氧化铝管. JC/T2024-2010.

[31] 毛小建. 新型凝胶注成型及其在氧化物陶瓷中的应用. 上海：中国科学院上海硅酸盐研究所，2008.

[32] Kyocera Corporation. Semiconductory/LLD Processing Equipment. https://global.kyocera.com/prdct/fc/list/category/semiconductor/index.html. [2024-02-20].

[33] ASUZAC Fine Cecamics Division. Large parts for Manufacturing Equipment. https://asuzac-ceramics.jp/products/products2.htm. [2024-02-20].

[34] CoorsTek Corporation. Products. https://www.coorstek.co.jp/eng/products/index.html. [2024-02-20].

[35] 江苏省陶瓷研究所有限公司工程陶瓷分公司. 大规格陶瓷平板. http://www.jsgctc.com/product/89. [2024-02-20].